甲醇生产技术

主　编　周少丽　王博涛
副主编　斯钦德力根　陶　燕
参　编　宋军旺　王彩琴　唐党超

北京理工大学出版社
BEIJING INSTITUTE OF TECHNOLOGY PRESS

内 容 简 介

教材内容对接甲醇合成工的内操和外操岗位任务，融入全国职业院校碳中和–煤炭清洁利用大赛、煤炭清洁高效利用职业技能等级证书考核标准以及新型催化剂开发、新型采气方法等四新技术内容。

结合高职学生特点及岗位需求，采用任务导向、问题导向的编写思路。每一个项目先提出与之对应的知识、能力、素质目标要求，特别是将生产过程的素质、安全、环保要求加入目标要求。每个知识点都通过一个典型的生产任务或生产中的故障引入知识内容，并针对技术技能人才培养需求，在每个任务下加入拓展知识，拓展的内容包括四新内容、安全生产、节能环保、质量控制、项目操作等内容。

教材中通过二维码方式增加设备、工艺动画视频线上资源，学生可通过扫码方式进行泛在学习，有效提高学生学习兴趣和学习效果。

图书在版编目（CIP）数据

甲醇生产技术 / 周少丽，王博涛主编. -- 北京：
北京理工大学出版社，2025. 1.
ISBN 978-7-5763-4648-0

Ⅰ. TQ223.12

中国国家版本馆 CIP 数据核字第 2025Y2X433 号

责任编辑： 王玲玲	**文案编辑：** 王玲玲
责任校对： 刘亚男	**责任印制：** 李志强

出版发行 / 北京理工大学出版社有限责任公司

社　　址 / 北京市丰台区四合庄路 6 号

邮　　编 / 100070

电　　话 /（010）68914026（教材售后服务热线）
　　　　　　（010）63726648（课件资源服务热线）

网　　址 / http://www.bitpress.com.cn

版印次 / 2025 年 1 月第 1 版第 1 次印刷

印　　刷 / 涿州市京南印刷厂

开　　本 / 787 mm × 1092 mm　1/16

印　　张 / 15.75

字　　数 / 367 千字

定　　价 / 79.00 元

前　言

本书贯彻落实《习近平新时代中国特色社会主义思想进课程教材指南》文件要求和党的二十大精神，党的二十大报告中提出"极稳妥推进碳达峰碳中和，深入推进能源革命，加强煤炭清洁高效利用"。习近平总书记指出："煤化工产业潜力巨大、大有前途，要提高煤炭作为化工原料的综合利用效能，促进煤化工产业高端化、多元化、低碳化发展。"

甲醇是现代煤化工产业链中第一环节的产品，煤制甲醇是煤炭向清洁化、绿色化、低碳化方向转型的重要方面。为了适应现代煤化工生产的需要，我们联合陕西蒲城清洁能源化工有限责任公司、中煤鄂尔多斯能源化工有限公司等多家国内知名的甲醇生产企业，开发了本书。书中融入了目前煤制甲醇生产的新工艺、新设备和新方法，并结合职业教育对学生素质能力要求，以知识拓展的形式加入了安全生产、绿色低碳、岗位操作、技术强国、化工名人等内容。

本书根据甲醇生产企业生产流程，设置了甲醇原料气的制取、变换、气体净化、甲醇合成和粗甲醇精制 5 个项目，每个项目包涵了目前国内外主流的工艺和设备，如德士古水煤浆气化工艺、壳牌气化工艺、宽温耐硫变换工艺、低温甲醇洗脱硫脱碳工艺、Lurgi 合成工艺、联醇工艺、双效法三塔精馏工艺等。

本书在内容组织上突出了理论够用、重视实践的特点。全部内容以工作任务为中心进行编写，对学生难以理解的工艺流程、设备结构等重难点内容，在书中增加了动画资源，学生可通过扫码进行学习。同时，教材匹配了可满足在线学习的网络资源（智慧树网站），学生可通过扫码进行学习，既满足了校内教学要求，也满足了现代煤化工企业员工、社会人员的线上学习要求。

本书由陕西能源职业技术学院周少丽、王博涛主编完成，副主编有内蒙古化工职业学院斯钦德力根、陕西能源职业技术学院陶燕，参加编写的人员有：陕西能源职业技术学院宋军旺、王彩琴，陕西蒲城清洁能源化工有限责任公司唐党超。其中宋军旺、斯钦德力根编写项目一煤炭气化，王彩琴编写项目二原料气变换，陶燕编写项目三原料气净化、周少丽、唐党超编写项目四甲醇合成及绪论，王博涛编写项目五甲醇精制。陕西蒲城清洁能源化工有限责任公司唐党超、中煤鄂尔多斯能源化工有限公司调度中心主任刘致江为本书的编写提供了企业生产的最新资料。全书由陕西能源职业技术学院赵新法审稿。

由于编者水平有限，书中不妥之处难免，恳请广大读者批评指正。

编　者

目　录

绪　　论

甲醇是最简单的脂肪醇，是重要的化工基础原料和清洁液体燃料，广泛应用于有机合成、染料、医药、涂料、交通和国防等工业中。甲醇是除合成氨之外，唯一煤经气化和天然气经重整大规模合成的化学品，是重要的碳——化工基础产品和有机化工燃料。甲醇作为固体煤或天然气转化成的液体清洁燃料，便于储存和运输，是重要的能源载体。由于甲醇具有既可作为高附加值化工产品，又可作为车用替代燃料的能源产品的特点，近年来成为煤化工和天然气化工发展的主要产品，甲醇工业已成为化学工业与能源工业的一个重要领域。

一、甲醇的物理化学性质

（一）甲醇的一般物理性质

甲醇又称为木醇、木精，是结构最为简单的饱和一元醇，分子式 CH_3OH，相对分子质量为 32.04，甲醇的密度比水的小，常温常压下是易燃、易挥发的无色液体，有类似酒精气味。甲醇具有很强的毒性，误饮能使眼睛失明甚至

甲醇的物理性质

死亡。甲醇也可通过呼吸道和皮肤等途径进入人体而导致人体中毒，人口服中毒最低剂量约为 100 mg/（kg 体重），经口摄入 0.3～1 g/kg 可致死，操作场所空气中允许最高甲醇蒸汽浓度为 0.05 mg · L^{-1}。甲醇的一般性质见表 0.1。

表 0.1　甲醇的一般性质

性质	数值	性质	数值
密度（0 ℃）	0.810 0 g · mL^{-1}	热导率	2.09 × 10^{-3} J/（cm · s · K）
相对密度	0.793 1（d_4^{10}）	表面张力	22.53 × 10^{-3} N/cm（22.55 dyn/cm）（20 ℃）
沸点	64.5～64.7 ℃		
熔点	−97.8 ℃	折射率	1.328 7（20 ℃）
闪点	16 ℃（开口容器），12 ℃（闭口容器）	蒸发潜热	35.295 kJ/mol（64.7 ℃）
自燃点	473 ℃（空气中），461 ℃（氧气）	熔融点	3.169 kJ/mol
临界温度	240 ℃	燃烧热	727.038 kJ/mol（25 ℃液体）742.738 kJ/mol（25 ℃气体）
临界压力	79.54 × 10^5 Pa（78.5 atm）		
临界体积	117.8 mL/mol	生成热	2 387.798 kJ/mol（25 ℃液体）201.385 kJ/mol（25 ℃气体）
临界压缩系数	0.224		
蒸气压	1.287 9 × 10^4 Pa（98.6 mmHg）（20 ℃）	膨胀系数	0.001 10（20 ℃）
比热容	2.51～2.63 J/（g ·℃）（20～25 ℃液体），45 J/（mol · ℃）（25 ℃液体）	腐蚀性	在常温无腐蚀性，对铅、铝例外
黏度	5.945 × 10^{-4} Pa · s（0.594 5 cP）（20 ℃）	爆炸性	6.0%～36.5%（体积分数）（在空气中爆炸范围）

（二）甲醇的溶解性

甲醇能和水以任意比例互溶，但不与水形成共沸物，因此可用精馏方法来分离甲醇和水。甲醇也可以任意比例同多种有机化合物混合，而且与其中的一些有机化合物混合后可生成共沸混合物。据文献记载，现已发现与甲醇一起生成共沸混合物的物质有 100 种以上。在蒸馏粗甲醇时，可以蒸馏出的一些共沸混合物的组成和沸点见表 0.2。

表 0.2　与甲醇生成共沸混合物的化合物和共沸混合物的沸点

化合物	化合物沸点/℃	共沸混合物	
		沸点/℃	甲醇浓度/%
丙酮（CH_3COCH_3）	56.4	55.7	12.0
醋酸甲酯（CH_3COOCH_3）	57.0	54.0	19.0
甲酸乙酯（$HCOOC_2H_5$）	54.1	50.9	16.0
双甲氧基甲烷［$CH_2(OCH_3)_2$］	42.3	41.8	8.2
丁酮（$CH_3COC_2H_5$）	79.6	63.5	70.0
丙酸甲酯（$C_2H_5COOCH_3$）	79.8	62.4	4.7
甲酸丙酯（$COOC_3H_7$）	80.9	61.9	50.2
二甲醚（CH_3OCH_3）	38.9	38.8	10.0
乙醛缩二甲醇［$CH_3CH(OCH_3)_2$］	64.3	57.5	24.2
丙烯酸乙酯（$CH_2=CHCOOC_2H_5$）	43.1	64.3	84.4
甲酯异丁酯（$HCOOC_4H_9$）	97.9	64.6	95.0
环己烷（C_6H_{12}）	80.8	54.2	61.0
二丙醚［$(C_3H_7)_2O$］	90.4	63.3	72.0

从表 0.2 可以看出，许多共沸混合物的沸点与甲醇的沸点接近，这将影响到甲醇精制过程中对有机物的清除，增加了精制工段的负荷。

（三）甲醇的化学性质

甲醇不具有酸碱性，对酚酞和石蕊均呈中性。甲醇中含有一个甲基与一个羟基，羟基使其具有醇类的典型反应，甲基使其能进行甲基化反应。因此，甲醇具有很好的活泼性，可以与一系列物质反应，在工业上用途十分广泛。

甲醇的化学性质

1. 氧化反应

甲醇在电解银催化剂上可被空气氧化成甲醛，是工业制备甲醛的重要方法。

$$CH_3OH + 0.5O_2 \longrightarrow HCHO + H_2O \qquad (0-1)$$

甲醛进一步氧化为甲酸：

$$HCHO + 0.5O_2 \longrightarrow HCOOH \qquad (0-2)$$

甲醇在 Cu-Zn/Al$_2$O$_3$ 催化剂发生部分氧化生成 H$_2$ 和 CO$_2$：

$$CH_3OH + 0.5O_2 \longrightarrow 2H_2 + CO_2 \tag{0-3}$$

甲醇完全燃烧时氧化成 CO$_2$ 和 H$_2$O，并放出大量热：

$$CH_3OH + O_2 \longrightarrow CO_2 + H_2O \tag{0-4}$$

2. 胺化反应

将甲醇与氨以一定比例混合，在 370～420 ℃，5～20 MPa 压力下，以活性氧化铝为催化剂进行胺化反应，可制得甲胺（一甲胺、二甲胺、三甲胺混合物）。

$$CH_3OH + NH_3 \longrightarrow CH_3NH_2 + H_2O \tag{0-5}$$

$$2CH_3OH + NH_3 \longrightarrow (CH_3)_2NH + 2H_2O \tag{0-6}$$

$$3CH_3OH + NH_3 \longrightarrow (CH_3)_3N + 3H_2O \tag{0-7}$$

3. 酯化反应

甲醇可与多种无机酸和有机酸发生酯化反应。甲醇和硫酸发生酯化反应生成硫酸氢甲酯，硫酸氢甲酯经减压蒸馏生成重要的甲基化试剂硫酸二甲酯：

$$CH_3OH + H_2SO_4 \longrightarrow CH_3OSO_3H + H_2O \tag{0-8}$$

$$2CH_3OSO_3H \longrightarrow (CH_3)_2SO_4 + H_2SO_4 \tag{0-9}$$

甲醇和甲酸反应生成甲酸甲酯：

$$HCOOH + CH_3OH \longrightarrow HCOOCH_3 + H_2O \tag{0-10}$$

4. 羰基化反应

在压力 65 MPa，温度 250 ℃下，以碘化钴作催化剂，甲醇和 CO 发生羰基化反应生成醋酸或醋酐：

$$CH_3OH + CO \longrightarrow CH_3COOH \tag{0-11}$$

$$2CH_3OH + 2CO \longrightarrow (CH_3CO)_2O + H_2O \tag{0-12}$$

在压力 3 MPa，温度 130 ℃下，以 CuCl 作催化剂，甲醇和 CO、O$_2$ 发生氧化羰基化反应生成碳酸二甲酯：

$$CH_3OH + CO + 0.5O_2 \longrightarrow (CH_3O)_2CO + H_2O \tag{0-13}$$

在钴催化剂作用下，甲醇和 CO$_2$ 发生羰基化反应生成碳酸二甲酯：

$$2CH_3OH + CO_2 \longrightarrow (CH_3O)_2CO \tag{0-14}$$

5. 脱水反应

甲醇在高温和酸性催化剂（如 ZSM-5、γ-Al$_2$O$_3$）作用下，发生分子间脱水生成二甲醚：

$$2CH_3OH \longrightarrow CH_3OCH_3 + H_2O \tag{0-15}$$

6. 裂解反应

在铜催化剂上，甲醇可裂解为 CO 和 H$_2$，此反应为甲醇合成反应的逆反应：

$$CH_3OH \longrightarrow CO + 2H_2 \tag{0-16}$$

7. 氯化反应

甲醇和氯化氢在 ZnO/ZrO 催化剂上发生氯化反应生成一氯甲烷：

$$CH_3OH + HCl \longrightarrow CH_3Cl + H_2O \tag{0-17}$$

8. 其他反应

甲醇和异丁烯在酸性离子交换树脂的催化作用下生成甲基叔丁基醚（MTBE）：

$$CH_3OH + CH_2 = C(CH_3)_2 \longrightarrow CH_3OC(CH_3)_3 \qquad (0-18)$$

220 ℃，20 MPa 下，甲醇在钴催化剂的作用下，发生同系化反应生成乙醇：

$$CH_3OH + CO + H_2 \longrightarrow CH_3CH_2OH + H_2O \qquad (0-19)$$

240～300 ℃，0.1～1.8 MPa 下，甲醇和乙醇在 Cu/Zn/Al/Zr 催化作用下，生成醋酸甲酯：

$$CH_3OH + C_2H_5OH \longrightarrow CH_3COOCH_3 + H_2 \qquad (0-20)$$

750 ℃下，甲醇在 Ag/ZSM-5 催化剂作用下生成芳烃：

$$6CH_3OH \longrightarrow C_6H_6 + 6H_2O + 3H_2 \qquad (0-21)$$

甲醇和 CS_2 在 $\gamma-Al_2O_3$ 催化作用下生成二甲基硫醚，进一步氧化成二甲基亚砜：

$$4CH_3OH + CS_2 \longrightarrow 2(CH_3)_2S + CO_2 + 2H_2O \qquad (0-22)$$

$$3(CH_3)_2S + 2HNO_3 \longrightarrow 3(CH_3)_2SO + 2NO + H_2O \qquad (0-23)$$

二、甲醇的用途

目前甲醇的消费已经超过其传统的用途，潜在的耗用量远远超过其他化工产品，已经渗透到国民经济的各个部门，特别是随着能源结构的改变，甲醇又可以作为清洁能源或汽油的添加剂等，需求量十分巨大。

（1）甲醇是一种重要的有机化工原料。主要用于生产甲醛，甲醛则是生产各种合成树脂的主要原料；用甲醇作甲基化试剂可用于生产丙烯酸甲酯、对苯二甲酸二甲酯、甲胺、甲基苯胺、甲烷氯化物等；甲醇羰基化可生产醋酸、醋酐、甲酸甲酯等重要有机合成中间体，它们是制造各种染料、药品、农药、炸药、香料、油漆的原料。目前用甲醇合成生成烯烃、乙二醇、二甲醚、芳烃日益受到重视。

（2）甲醇是一种重要的有机溶剂。其溶解性能优于乙醇，甲醇可用于调制油漆；一些无机盐如碘化钠、氯化钙、硝酸铵、硫酸铜、硝酸银、氯化铵、氯化钠等也都或多或少地能溶于甲醇。

（3）甲醇可以掺入汽油用作汽车燃料。甲醇汽油的甲醇掺入量一般为 5%～20%。以掺入 15%者为最多，称为 M15 甲醇汽油。其抗爆性能好，燃烧排出物的毒性比普通含铅汽油小，排气中一氧化碳含量也较少，燃烧清洁、性能良好，是新一代的能源替代品。

（4）甲醇可以生产单细胞蛋白（甲醇蛋白）。甲醇蛋白具有许多优点，转化率高、发酵速度快、无毒性、价格低廉，其生产不受地理位置和气候条件的限制，我国饲养业对甲醇蛋白的需求量很大，甲醇蛋白发展很有前途。

（5）其他用途。如甲醇也是一种很好的分析试剂，可用于色谱分析等，甲醇也可做防冻剂、酒精变性剂等。

三、甲醇生产工艺

甲醇生产工艺

工业上甲醇合成反应是典型的催化反应，已有 80 多年的发展历史，其主要方法是采用 CO、CO_2 加压催化氢化合成甲醇。生产工艺包括 5 个步骤：① 煤、焦炭或天然气等含碳原料制合成气；② 合成气变换；③ 气体净化；④ 甲醇合成；

⑤ 粗甲醇精制。合成路线如图 0.1 所示。其中最重要的是甲醇合成工序，其关键技术是甲醇合成催化剂和反应器。合成原理如下：

$$CO + 2H_2 \rightleftharpoons CH_3OH \qquad\qquad (0-24)$$

$$CO_2 + 3H_2 \rightleftharpoons CH_3OH + H_2O \qquad\qquad (0-25)$$

以上合成反应是在铜基催化剂或锌铬催化剂作用下，在 5.0～30.0 MPa，240～400 ℃下进行的。

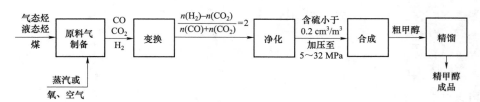

图 0.1　甲醇合成路线图

1. 原料气的制备

甲醇合成的原料气主要成分有 H_2、CO 和 CO_2。由甲醇合成反应方程式可知，若以氢气和一氧化碳为原料合成甲醇，其物质的量之比应为 $n(H_2):n(CO)=2:1$；以氢与二氧化碳为原料，其物质的量之比则为 $n(H_2):n(CO_2)=3:1$。实际生产过程中，原料气中同时含有 H_2、CO 和 CO_2，故其氢碳比应满足 $\dfrac{n(H_2)-n(CO_2)}{n(CO)+n(CO_2)}=2$。

目前，工业上用煤、焦炭、天然气、焦炉煤气、石脑油、重油和乙炔尾气等含碳氢或含碳的资源均可制得甲醇原料气。

自 1923 年开始甲醇工业化生产以来，甲醇合成的原料路线经历了很大变化。20 世纪 50 年代以前多以煤和焦炭为原料；50 年代以后，以天然气为原料的甲醇生产流程被广泛应用；进入 60 年代以来，以重油为原料的甲醇装置有所发展。对于我国，从资源背景看，煤炭储量远大于石油、天然气储量，随着石油资源紧缺、油价上涨，而且在国家大力发展煤炭洁净利用技术的背景下，在很长一段时间内，煤是我国甲醇生产的主要原料。

2. 原料气的变换

调节原料气中的氢碳比。理论上，甲醇合成原料气中，氢碳比应满足 $\dfrac{n(H_2)-n(CO_2)}{n(CO)+n(CO_2)}=2$ 的要求，而实际生产中，往往采用氢过量进行生产，原料气中氢碳比远远大于 2。当原料气中氢含量过高时（如以甲烷为原料），应补充一定量的二氧化碳；如果气体中一氧化碳含量过高（如以煤、重油部分氧化气制气），则采取变换的方法将部分 CO 转变为 H_2 和 CO_2，增加氢气的同时减少一氧化碳的含量，再采用脱炭的方法除去原料气中多余的二氧化碳。

3. 原料气的净化

原料气的净化即脱除对甲醇合成催化剂有毒害作用的硫化合物，并同时脱除原料气中多余的 CO_2。甲醇生产中所使用的多种催化剂都易受硫化物毒害而失去活性，故在原料气进入合成塔前，必须将硫化物除净，要求脱硫后原料气体中的硫含量降至 $0.2\ cm^3/m^3$ 以下。脱硫工序在整个甲醇生产工艺流程中的位置，要视所采用的原料、原料气的制备方法、变换催化剂而定。之前变换所用催化剂遇硫化物中毒，故在原料气变换之前应先脱硫，防止硫化物造成变换催化剂的中毒失活，而目前所使用的变换催化剂均为耐硫催化剂，故而脱硫设置在变换工段之后。目前所使用的脱硫方法主要以低温甲醇洗为主，在脱除原料气中硫化物的同时，也可脱去原料气中的 CO_2。

4. 甲醇的合成

甲醇的合成是在高温、高压、催化剂的作用下进行碳的氧化物与氢的合成反应，由于受催化剂选择性的限制，生成甲醇的同时，还伴随有许多副反应发生，所以得到的产品是以甲醇和水为主同时含有许多有机杂质的混合溶液，称为粗甲醇。

5. 粗甲醇精馏

粗甲醇中含有水分、高级醇、醚、酮等杂质，需要精制。精制过程包括化学处理和精馏。化学处理主要是用碱破坏在精馏过程中难以分离的杂质，并调节 pH。精馏主要根据粗甲醇中各杂质挥发度的不同除去易挥发组分如二甲醚，难挥发组分乙醇、高级醇、水等，从而制得符合一定质量标准的纯度较高的甲醇，称为精甲醇。同时，可以获得少量副产物。

四、国内外甲醇发展现状及前景

（一）国内外甲醇发展史

1661 年，英国的波义尔（Robert Boyle）发现焦木酸中含有一种"中性物质"，称其为木醇（Wood Alcohol），木材在长时间加热炭化过程中，产生可凝和不可凝的挥发性物质，这些可凝性液体中含有甲醇、乙酸和焦油。除去焦油的焦木酸可通过精馏分离出天然甲醇和乙酸，这是生产甲醇的最古老方法。1834 年，杜马（Dumas）和彼利哥（P'eligot）从焦木酸中分离出甲醇，并测定了甲醇的相对分子质量。1857 年，法国伯特格（Berthelot）用一氯甲烷水解制得甲醇。

真正的甲醇合成工业生产始于 1923 年，德国巴登苯胺纯碱公司（BASF 公司，现在的巴斯夫公司）首先建成一套以 CO 和 H_2 为原料，采用锌铬催化剂，反应压力为 30～35 MPa，年产 300 t 甲醇的高压合成法装置。从 20 世纪 20 年代至 60 年代中期，所有甲醇生产装置均采用此法，由于此法采用较高的压力进行生产，故工业上称高压法。1966 年，英国帝国化学工业公司（ICI）研制成功铜基催化剂，并开发了低压工艺，简称 ICI 工艺。由于低压法比高压法在能耗、装置建设和单系列反应器生产能力方面具有明显的优越性，从 20 世纪 70 年代中期以后，世界上新建和扩建的甲醇装置几乎全部采用低压法。目前世界上典型的甲醇合成工艺主要有 ICI 工艺、Lurgi 工艺和三菱瓦斯化学公司（MGC）工艺等。各种新工艺也在不断研发，如液相甲醇合成新工艺具有投资少、热效率高、生产成本低的显著优点，尤其是 LPMEOHTM 工艺，采用浆态反应器，特别适用于用现代气流床煤气化炉生产的低 H_2/（CO+CO_2）比的原料气，在价格上能够与天然气原料竞争。

我国的甲醇生产始于 1957 年，50 年代在吉林、兰州和太原等地建成了以煤或焦炭为原料生产甲醇的装置。60 年代建成了一批中小型装置，并在合成氨工业的基础上开发了联产法生产甲醇的工艺。70 年代四川维尼纶厂引进了一套以乙炔尾气为原料的 95 kt/a 低压法装置，采用英国 ICI 技术。1995 年 12 月，由化工部第八设计院和上海化工设计院联合设计的 200 kt/a 甲醇生产装置在上海太平洋化工公司顺利投产，标志着我国甲醇生产技术向大型化和国产化迈出了新的一步。2000 年，杭州林达公司开发了拥有完全自主知识产权的 JW 低压均温甲醇合成塔技术，打破长期来被 ICI、Lurgi 等国外少数公司所垄断的局面，并在 2004 年获得国家技术发明二等奖。2005 年，该技术成功应用于国内首家焦炉气制甲醇装置上。

近十年来，我国的甲醇工业有了突飞猛进的发展，在原料路线、生产规模、节能降耗、过程控制与优化、产品市场与其他化工产品联合生产等方面都有了新的突破和进展。尤其是我国是煤炭生产和消费大国，除了用煤直接氧化生产甲醇外，由于炼焦工业采用洁净工艺和综合利用，焦炉煤气也成为我国甲醇生产的原料。

（二）国内外甲醇工艺发展现状

国外大型甲醇装置多以天然气为原料，采用天然气两段转化或自热转化技术，包括德国鲁奇公司（Lurgi）、丹麦托普索公司（Tosole）、英国卜内门化工公司（ICI）和日本三菱公司（MGC）等企业的技术。相对煤基甲醇技术，天然气转化技术成熟可靠，转化规模受甲醇规模影响较小，装置紧凑，占地面积小。

目前，国内甲醇装置规模普遍较小，且多采用煤头路线，以煤为原料的约占到 78%；单位产能投资高，约为国外大型甲醇装置投资的 2 倍。截至 2016 年年底，我国有近 300 家甲醇生产企业，其中，规模在 50 万吨以上的甲醇生产企业达到 49 家，占全国甲醇企业数量的 15%。而以中东和中南美洲为代表的国外甲醇装置普遍规模较大。国际上最大规模的甲醇装置产能已达到 170 万吨/年。2008 年 4 月底，沙特甲醇公司 170 万吨/年的巨型甲醇装置在阿尔朱拜勒投产，使该公司 5 套大型甲醇装置的总产能达到 480 万吨/年。

近年来，我国成功研发了一批具有自主知识产权的先进工艺技术与装备：多喷嘴式水煤浆气化技术、粉煤加压气化技术、经济型气流床分级气化技术、甲醇低压合成技术及装置、精脱硫技术、醇烃化技术、醇氨联产技术、新型低温甲醇合成催化剂、超滤甲醇分离技术、甲醇精馏技术及自动化、信息化管理技术等的开发应用，使甲醇生产技术水平进一步提高。特别是以煤、天然气、焦炉气为原料的甲醇装置的大型化，提升了我国甲醇工业整体水平，部分装置已经接近或达到世界先进水平。

（三）我国甲醇发展前景

我国甲醇工业的发展是伴随着能源和煤化工工业的发展而崛起的。近年来，由于国际油价的节节攀升，煤化工产业对发挥我国丰富的煤炭资源优势，补充国内油、气资源不足和满足对化工产品的需求，推动煤炭清洁利用，保障能源安全，促进经济的可持续发展发挥着重要作用。煤化工的产量占化学工业（不包括石油和石化）大约 50%，合成氨和甲醇两大基础化工产品主要以煤为原料。目前，全国各地拟上和新上的煤化工项目很多，大部分以煤基合成甲醇为主要路线。甲醇作为"功能"储备以补充石油的不足，对于促进我国"双碳"目标达成，促进煤化工长期战略发展，保证我国的能源安全有重要意义。

目前，中国甲醇行业产能增速维持放缓态势，企业间兼并重组、集团化、大型化及链条延伸化等发展特点尤为明显。2021 年，国内甲醇全年产能达到 9 738.5 万吨，较 2020 年提高 302 万吨，增幅为 3.20%。截至 2022 年年底，我国甲醇总产能达到 9 947 万吨，规模在 50 万吨/年及以上的产能占比超七成；我国 2022 年全年甲醇产量超 8 100 万吨，产能利用率超八成。

甲醇转化为烯烃（MTO）和汽油（MTG）的工业化进程取得重大进展，为甲醇进一步转为石油大宗基础产品的工业化运行创造了条件，将使甲醇的消费量大增。新型煤化工的煤制甲醇、烯烃、二甲醚等在我国能源领域中已显示出十分重要的地位，正面临前所未有的新的发展机遇和长远的发展前景。国家《煤化工产业中长期发展规划》表明，以煤基合成甲醇为主要内容的新型煤化工将进一步得到快速发展，以煤气化为核心的多联产技术，特别是煤基甲醇–燃气联合循环发电多联产技术（UGCC），将获得空前发展。煤基甲醇合成和应用有利于煤炭的清洁利用，也是发展煤炭能源低碳化利用的有效途径，前景十分广阔。

【自我评价】

一、填空题

1. 目前甲醇工业合成的原料是_____、_____和少量的_____。

2. 工业甲醇生产的步骤包括_____、变换、_____、_____和_____。

3. 甲醇的爆炸范围是_____。

二、选择题

1. 关于合成甲醇方法正确的为（　　　）。

A. 一氧化碳、二氧化碳加压催化氢化　　　B. 一氧化碳加压催化氢化

C. 二氧化碳加压催化氢化　　　　　　　　D. 一氧化碳、二氧化碳氢化

2. 甲醇的物理性质正确的为（　　　）。

A. 相对分子质量为32.042　　　　　　　　B. 不易挥发

C. 不与水混溶　　　　　　　　　　　　　D. 无色无味

3. 甲醇的用途不正确的是（　　　）。

A. 生产甲醛　　　　　　　　　　　　　　B. 生物发酵生产甲醇蛋白

C. 用作甲基化剂　　　　　　　　　　　　D. 调味

4. 目前合成甲醇最通用的方法是（　　　）。

A. 氯甲烷水解法　　　　　　　　　　　　B. 甲烷部分氧化法

C. 由碳的氧化物与氢合成　　　　　　　　D. 甲烷直接氧化法

5. 对于甲醇的物理性质，下列叙述正确的是（　　　）。

A. 最简单的饱和醇　　　　　　　　　　　B. 易挥发的气体

C. 自燃点为65 ℃　　　　　　　　　　　　D. 闪点为239.43 ℃

三、判断题

1. 甲醇对人体主要作用于神经系统，因此可用作麻醉剂。　　　　　　　　（　　　）

2. 目前工业上几乎都是采用一氧化碳、二氧化碳加压催化氢化合成甲醇。　（　　　）

3. 当前甲醇生产工艺发展方向是单系列、大型化。　　　　　　　　　　　（　　　）

4. 甲醇是一种易燃易爆的液体。　　　　　　　　　　　　　　　　　　　（　　　）

四、简答题

1. 甲醇有哪些用途？

2. 甲醇生产有哪些工序？各工序的主要任务是什么？

3. 甲醇工业的未来发展趋势是什么？

项目一　甲醇原料气的制取

项目简介

　　甲醇生产原料比较复杂，目前已经形成煤、油、气并存的局面。最初以固体燃料制水煤气是甲醇生产的唯一工艺途径，20 世纪 50 年代以后，原料结构发生了变化，甲醇生产由以固体燃料为主逐渐转移到以气体、液体燃料为主，其中，以天然气为原料的比重增长最快。随着石脑油蒸气转化时，抗析碳反应催化剂的开发，天然气贫乏的国家和地区建立了石脑油制甲醇的生产工艺。在重油部分氧化制气工艺成熟后，来源广泛的重油也成为甲醇生产的重要原料。针对我国少油多煤的现状，我国甲醇生产厂大部分以煤为原料制取甲醇合成气，也有部分以焦炉煤气或天然气制甲醇。本项目内容将重点讲解以煤为原料制取甲醇合成气。

教学目标

　　知识目标：

1. 掌握煤气化的原理、工艺、设备结构过程；
2. 掌握德士古水煤浆气化、Shell 气化的工艺原理；
3. 能选择不同的工艺方法。

　　能力目标：

1. 能按照操作规程进行生产操作；
2. 能对气化过程中常见的故障进行分析、处理；
3. 能对一些具体的气化工艺进行简单的优化。

　　素质目标：

1. 通过查找控制点和工艺参数等使学生具有严谨的工作作风；
2. 通过分组讨论、集体完成项目培养学生团队合作的意识。

任务导入

　　煤气化作为煤制甲醇的源头，直接影响着甲醇的产量和质量，把煤制成甲醇合成原料气需要怎样的过程呢？有哪些常用的气化方法可以实现煤制气的过程？我们需要怎么操作才能制备合格的甲醇合成原料气？

任务一　认识煤气化过程

【任务分析】

煤气化是煤在高温、常压或加压的情况下，与气化剂反应，转化为气体产物和少量残渣的过程。气化剂主要是水蒸气、空气（氧气）或者它们的混合气体。煤的气化反应比较复杂，包括了一系列均相与非均相的化学反应。不同的气化方式和不同的气化剂下，煤气化反应有其特殊性，但无论哪种气化方式，在气化炉内，煤都要经历干燥、热解、燃烧和气化的过程。在本次任务中，要了解煤气化过程及相应的物理变化和化学反应。

【知识链接】

煤气化过程

知识点一：煤气化过程

煤炭的气化是以煤炭为原料，在气化炉内，在高温高压下使煤炭中的有机物质和气化剂发生一系列的化学反应，使固体的煤炭转化成可燃性气体的生产过程。通常以氧气（富氧空气）和水蒸气为气化剂，生成的可燃性气体以一氧化碳、氢气及甲烷为主要成分。煤炭气化包括高温使煤炭干燥脱水，热解使挥发物析出，挥发物、煤炭与水蒸气反应气化三个过程。

一、干燥过程

原料煤（块煤、碎煤、粉煤、煤浆）加入气化炉后，由于煤与炉内热气流之间的热传（对流或辐射），煤中的水分蒸发，即

$$湿煤 \xrightarrow{\text{加热}} 干煤 + H_2O$$

煤中水分的蒸发速率与颗粒的大小及传热速率密切相关，颗粒越小，蒸发速率越快；传热速率越快，蒸发速率也越快。对于以干粉或水煤浆为原料的气流床气化过程，由于大部分煤的颗粒小于 200 目，炉内平均温度在 1 300 ℃以上，可认为水分是在瞬间蒸发的。

二、热解过程

煤是由矿物质、有机大分子化合物等组成的极其复杂的物质，在受热后，煤自身会发生一系列复杂的物理变化和化学变化，这一过程传统上称为"干馏"，现在一般称为热解或热分解。炼焦过程就是一个典型而完整的煤热解的例子。气化过程中煤的热解，除与煤的物理化学性质、岩相结构等密切相关外，还与气化条件密不可分。

在以块状或大颗粒煤为原料的固定床气化过程中，煤与气化后的气体产物逆向接触，进行对流传热，升温速率相对较慢，其热解温度通常在 700 ℃以下，属于低温热解。

在以粉煤或水煤浆为原料的气流床气化过程中，煤颗粒的平均直径只有几十微米，气化炉内温度极高，水分蒸发与热解速率极快，热解与气化反应几乎同时发生，属于高温快速热解过程。

煤的气化过程，特别是气流床气化过程中，煤颗粒和气流的流动属于复杂的湍流多相流动，流动与混合过程对煤的升温速率和热解产物的二次反应有显著影响，这种热解过程与炼焦过程的热解明显不同。

1. 煤热解过程的物理变化

热解过程中，煤中的有机物随温度的升高将发生一系列变化，其宏观的表现是析出挥发分、残余部分形成半焦或焦炭。一般将煤的热解过程分为三个阶段：从室温到 350 ℃ 为第一阶段；350～550 ℃ 为第二阶段；550 ℃ 以上为第三阶段。气化过程，特别是气流床气化过程，煤的升温速率很快，这三个阶段并无特别明显的界限。

热解过程的物理变化主要表现在：低温下，煤中吸附的气体析出，主要为甲烷、二氧化碳和氮气。温度继续升高，会发生有机物的分解，生成大量挥发分（煤气和焦油），煤黏结成半焦，煤中灰分全部存在于半焦之中，煤气成分除热解水、一氧化碳、二氧化碳外，还有气态烃。一些中等煤阶的煤（如烟煤），会经历软化、熔融、流动和膨胀直到再固化，期间会形成气、液、固三相共存的胶体质。研究表明，在 450 ℃ 左右时，焦油最大，450～550 ℃ 范围内气体析出量最多。温度进一步升高时，会发生缩聚反应和烃类挥发分的裂解，半焦变成焦炭，气体主要为烃类、氢气、一氧化碳和二氧化碳。

2. 煤热解过程的化学变化

煤热解过程涉及的化学反应非常复杂，反应途径多种多样。一般认为煤热解过程通常包括两大类主要的反应，即裂解反应和缩聚反应，热解前期以裂解反应为主，热解后期以缩聚反应为主。

裂解反应通常有四类：一是桥键断裂生成自由基，煤中的桥键主要有 CH_2—、—CH_2——CH_2—、—O—、—CH_2—O—、—S—S— 等，其作用在于连接煤的结构单元，是煤结构中最弱的环节，受热后很容易生成自由基；二是脂肪侧链的裂解，其产物是 CH_4、C_2H_6、C_2H_4 等；三是含氧官能团的裂解，煤中含氧官能团的稳定次序为—OH（羟基）>C=O（羰基）>—$COOH$（羧基），其中羟基最稳定，在高温和有氢存在时可以生成水，羰基在 400 ℃ 左右可裂解生成一氧化碳，羧基在 200 ℃ 以上可裂解生成二氧化碳；四是低分子化合物的裂解，煤中以脂肪结构为主的低分子化合物受热后液化，并不断裂解，生成较多的挥发性产物。大量的研究表明，煤在热解过程中析出挥发分的次序为 H_2O、CO_2、CO、C_2H_6、CH_4、焦油、H_2 等，这些产物通常称为一次分解产物。

一次分解产物在析出过程中，如果进一步升温，就会发生二次热分解反应，传统观点认为，二次热分解反应主要有裂解、芳构化、加氢和缩聚反应，但在气流床气化过程中，温度很高，气化反应速率极快，一次分解产物应以燃烧反应为主，二次热分解反应可能是次要的。

煤的煤化程度、岩相组成、颗度、环境温度条件、最终温度、升温速率和气化压力等对煤的热解过程均有影响。

知识点二：气化过程中的化学反应

煤气化反应涉及高温、高压、多相条件下复杂的物理和化学过程的相互作用，是一个复杂的体系。对于气流床和流化床气化，由于涉及复杂条件下的湍流多相流动与复杂化学反应过程的相互作用，过程就更为复杂。传统上，气化反应主要指煤中碳与气化剂中的氧气、水蒸气的反应，也包括碳与反应产物及反应产物之间的反应。随着对气流床气化过程研究的深入，发现这样的认识有一定的局限性，比如在以纯氧为气化剂的气流床气化过程中，第一阶段的反应显然以挥发分的燃烧反应为主，当氧气消耗殆尽后，气化过程将以气化产物与残碳的气化反应为主。

1. 挥发分的燃烧反应

气化过程中主要的可燃挥发分有 CO、H_2、CH_4、C_2H_6 等，它们与氧化剂中的氧气将发生下列燃烧反应：

$$CO + \frac{1}{2}O_2 \longrightarrow CO_2 \tag{1-1}$$

$$H_2 + \frac{1}{2}O_2 \longrightarrow H_2O \tag{1-2}$$

$$CH_4 + 2O_2 \longrightarrow CO_2 + 2H_2O \tag{1-3}$$

$$C_2H_6 + \frac{7}{2}O_2 \longrightarrow 2CO_2 + 3H_2O \tag{1-4}$$

2. 焦炭的燃烧反应

化学反应必须要有分子间的接触，从这个角度讲，挥发分的燃烧反应要比焦炭的燃烧反应更加容易进行，焦炭的燃烧反应主要为：

$$C + \frac{1}{2}O_2 \longrightarrow CO \tag{1-5}$$

$$CO + \frac{1}{2}O_2 \longrightarrow CO_2 \tag{1-6}$$

以上反应可以看作一个串联反应过程，即：

$$C + O_2 \longrightarrow CO_2 \tag{1-7}$$

3. 焦炭的气化反应

当氧气消耗殆尽后，气化剂中的 H_2O、燃烧过程生成的 H_2O 和 CO_2 将与焦炭发生下列气化反应：

$$C + H_2O \longrightarrow CO + H_2 \tag{1-8}$$

$$C + CO_2 \longrightarrow 2CO \tag{1-9}$$

4. 挥发分的转化反应

$$CH_4 + H_2O \longrightarrow CO + 3H_2 \tag{1-10}$$

$$CH_4 + CO_2 \longrightarrow 2CO + 2H_2 \tag{1-11}$$

知识点三：气化过程的分类

煤气化分类无统一规定，按供热方式，可分为外热式和内热式两种。外热式气化属间接供热，煤气化时的吸热反应所需的热量由外部供给；内热式气化是指在气化床内燃烧掉一部分原料，以此获得热量供另一部分燃料的气化吸热反应的需要，这种气体方式又称为自热式气化。本书所述及的气化都属于自热式气化。

自热式气化分类最常用的是按原料在气化炉内的移动方式，分为固定床、流化床和气流床三种。与这三种方式相对应的则是固定床（移动床）、流化床（沸腾床）和气流床（夹带床），目前使用较多是流化床气化和气流床气化工艺，固定床气化工艺逐步被淘汰。

也可按煤的粒度、气化剂种类、气化压力、灰渣排出方式、气化过程是否连续等方式来划分。不同的气化技术对煤种的要求不同。

1. 干块煤

制造甲醇合成气采用干块煤，又分为无烟块煤（包括焦炭）和大烟煤块煤。无烟块煤适用于常压固定床气化炉，如间歇式气化炉、富氧连续气化炉和变压间歇气化炉。大烟煤块煤适用于加压鲁奇炉 BGCL 炉及两段炉。

2. 干煤粉

对于加压气化，采用小颗粒粉煤提高反应温度，从而大大强化反应速度。

目前推广的第二代加压粉煤气化技术都是为了达到此目的。采用干煤粉的气化技术主要有温克勒气化炉、鲁奇循环流化床炉、美国 U–gas 炉、中国煤化所灰熔聚炉、K–T 炉、德国 Prenfl 和 GSP 水冷壁炉及荷兰壳牌（Shell）SCGP 水冷壁炉。

3. 水煤浆

美国煤气研究所、烟煤研究公司开发的 Hygas、Bigas，GE 公司的 Texco（原为德士古公司）及我国华东理工大学开发的新型多喷嘴水煤浆气化都是采用水煤浆气流床气化，我国某化工研究院开发的多元液态煤浆同样用于气流床气化。

另外，煤灰中的元素组成、溶渣的高温流动性、煤的可磨性及成浆性均对气化有影响，因此这些特性也是对煤的选择条件。

【知识拓展】

安全生产

安全生产

氢气（Hydrogen）是氢元素形成的一种单质，化学式 H_2，相对分子质量为 2.015 88。常温常压下氢气是一种无色无味、极易燃烧且难溶于水的气体。

氢气是一种极易燃的气体，燃点只有 574 ℃，在空气中的体积分数为 4%～75%时都能燃烧。氢气燃烧的焓变为 −286 kJ/mol，其燃烧反应如下：

$$2H_2(g)+O_2(g) \longrightarrow 2H_2O(l) \qquad \Delta H = -572 \text{ kJ/m} \qquad (1-12)$$

当空气中氢气浓度在 4.1%～74.8%时，遇明火即可引起爆炸。氢气的着火点为 500 ℃。纯净的氢气与氧气的混合物燃烧时放出紫外线，因此氢气被列入《危险化学品名录》，并按照《危险化学品安全管理条例》管控。

1. 安全危害

氢气极易燃，和氟气、氯气、氧气、一氧化碳及空气混合均有爆炸的危险。其中，氢气与氟气的混合物在低温和黑暗环境就能发生自发性爆炸；与氯气的混合体积比为 1:1 时，在光照下也可爆炸。氢气由于无色无味，燃烧时火焰是透明的，因此其存在不易被感官发现，在许多情况下，向氢气中加入有臭味的乙硫醇，以便使嗅觉察觉，并可同时赋予火焰以颜色。氢气比空气轻，在室内使用和储存时，漏气上升滞留屋顶不易排出，遇火源即会引起爆炸。

氢气不同接触对人体危害见表 1.1。

表1.1　不同接触对人体危害

接触类型	危害	预防	急救
吸入	氢气无毒，但吸入过量氢气会导致头晕、头痛、昏睡、窒息	保持室内通风	呼吸新鲜空气，休息
皮肤接触	接触液化氢气会导致皮肤冻伤	戴手套，穿防护服	冻伤时，用大量水冲洗，不要脱去衣服，立即给予医疗护理
眼睛接触	接触液化氢气会导致眼睛冻伤，视线模糊	戴防护眼罩或佩戴面具	冻伤时，用大量水冲洗，立即给予医疗护理

2. 危害防治

密闭操作，加强通风。操作人员必须经过专门培训，严格遵守操作规程。建议操作人员穿防静电工作服。远离火种、热源，工作场所严禁吸烟。使用防爆型的通风系统和设备。防止气体泄漏到工作场所空气中。避免与氧化剂、卤素接触。在传送过程中，钢瓶和容器必须接地和跨接，防止产生静电。搬运时轻装轻卸，防止钢瓶及附件破损。配备相应品种和数量的消防器材及泄漏应急处理设备。

3. 应急处理

如发生 H_2 泄漏，应迅速撤离泄漏污染区人员至上风处，并进行隔离，严格限制出入。切断火源。建议应急处理人员戴自给正压式呼吸器，穿防静电工作服。尽可能切断泄漏源。合理通风，加速扩散。如有可能，将漏出气用排风机送至空旷地方或装设适当喷头烧掉。漏气容器要妥善处理，修复、检验后再用。

4. 灭火方法

当发生 H_2 着火时，应立即切断气源，若不能切断气源，则不允许熄灭泄漏处的火焰。喷水冷却容器，可能的话，将容器从火场移至空旷处。可选用雾状水、泡沫、二氧化碳、干粉等灭火剂灭火。

【自我评价】

一、填空题

1. 煤气化即以＿＿＿＿＿＿为原料，在＿＿＿＿＿＿内，在高温高压下使煤炭中的有机物质和＿＿＿＿＿＿发生一系列的化学反应，使固体的煤炭转化成＿＿＿＿＿＿的生产过程。

2. 气化剂主要包括＿＿＿＿＿＿和＿＿＿＿＿＿。

3. 煤热解过程即煤中的有机物随气化炉内温度的升高析出＿＿＿＿＿＿和＿＿＿＿＿＿的过程。

4. 煤炭气化过程主要包括＿＿＿＿＿＿、＿＿＿＿＿＿、＿＿＿＿＿＿和挥发分的转化反应四个过程。

二、判断题

1. 内在水分指的是煤粒表面附着的水分，通过自然风干即可除去。　　　　（　　）

2. 煤中的灰分不直接参与反应，故其含量多少对气化过程无影响。　　　（　　）

3. CO 中毒后，应立即将中毒者抬至新鲜空气处，注意保暖、安静。　　（　　）

4. 一氧化碳为无色无臭气体,因此极易吸入体内发生中毒。空气中允许浓度为 0.05 mg/L。
( )
5. 煤炭气化过程的燃烧反应主要为气化过程提供足够的热量。 ( )

三、简答题

1. 简述煤气化过程。

2. 简述煤气化过程的化学反应。

任务二 气化工艺设备及操作

【任务分析】

气化是制得合格甲醇原料气的重要过程,通过不同的气化方法,均可以得到含有 CO、H_2 和 CO_2 的甲醇原料气。如何选择合适的气化工艺、气化设备并进行气化操作,最终制取合格的合成气是煤气化的主要工作任务。通过本任务学习,我们将掌握固定床、流化床、气流床等不同的气化工艺,了解不同工艺的优缺点、气化炉结构、工艺流程等,并能完成水煤浆气化工艺仿真操作。

【知识链接】

知识点一:固定气化法

固定床气化一般以一定块径的块煤(焦、半焦、无烟煤)或成型煤为原料,与气化剂逆流接触,用反应残渣(灰渣)和生成气的显热,分别预热入炉的气化剂和煤。固定床气化炉一般热效率较高。多数固定床气化炉采用移动炉算把灰渣从炉底排出,也有采用熔融排渣的固定床气化炉。

固定床间歇气化法是早期国内合成甲醇装置广泛采用的方法,但由于生产能力低,逐步被淘汰,目前在工业应用中较为成熟的技术为鲁奇碎煤加压气化工艺。在加压下氧气与蒸汽连续气化可克服固定床间歇气化的缺点,是大型甲醇装置提高经济效益的方法。加压连续气化可用于生产甲醇,也可用于联产甲醇与氨,或联产甲醇与城市煤气。碎煤加压气化炉是由德国鲁奇公司开发的,称为鲁奇气化炉,简称鲁奇炉。

一、碎煤加压连续气化的特点

(一)碎煤加压气化的优点

1. 原料适应性

① 原料适应范围广。除黏结性较强的烟煤外,从褐煤到无烟煤均可气化。

② 由于气化压力较高,气流速度低,可气化较小粒度的碎煤。

③ 可气化水分、灰分较高的发质煤。

2. 生产过程

① 单炉生产能力大，最高可达 75 000 m³/h（干基）。

② 气化过程是连续进行的，有利于实现自动控制。

③ 气化压力高，可缩小设备和管道尺寸，利用气化后的余压可以进行长距离输送。

④ 气化较年轻的煤时，可以得到各种有价值的焦油、轻质油及粗酚等多种副产品。

⑤ 通过改变压力和后续工艺流程，可以制得 H_2/CO 各种不同比例的化工合成原料气，拓宽了加压气化的应用范围。

（二）碎煤加压气化的缺点

① 蒸汽分解率低。对于固态排渣气化炉，一般蒸汽分解率约为 40%，蒸汽消耗较大，未分解的蒸汽在后序工段冷却，造成气化废水较多，废水处理工序流程长，投资高。

② 需要配套相应的制氧装置，一次性投资较大。

二、碎煤加压气化的工艺流程

1. Lurgi 炉加压气化流程

如图 1.1 所示，煤经过皮带输送机通过煤箱间歇加入气化炉内，氧气和蒸汽由混合总管进入气化炉下部。固体燃料层自下而上为燃烧区、气化区、干馏区，在燃烧区主要进行碳与氧的燃烧反应，在气化区主要进行碳与蒸汽的反应，生成的煤气温度约为 200～250 ℃，进入喷淋冷却器与循环水直接接触，煤气冷却至 150 ℃，与酚水混合物经过煤气冷却器，用水间接冷却至 30 ℃，送往煤气分离器，分离掉焦油、酚水后，煤气送至净化系统。冷却煤气后的酚水及分离下来的焦油可以送往酚和焦油回收工段。

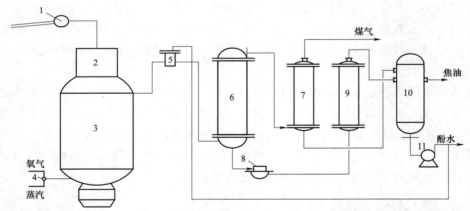

1—皮带输送机；2—煤箱；3—煤气发生炉；4—氧和过热蒸汽混合总管；5—喷淋冷却器；6—煤气冷却器；

7—煤气分离器；8—分罐器；9—酚水冷却器；10—酚水中间罐；11—循环酚水泵。

图 1.1　Lurgi 加压气化流程

2. Lurgi 熔渣炉工艺流程

现在介绍一种采用 Lurgi 熔渣炉的日产千吨甲醇装置。工艺流程如图 1.2 所示。气化炉由英国煤气公司 BGC 将常规 Lurgi 气化炉改进而来，气化压力为 3.0 MPa。由于气化前，新鲜煤先经过炭化，因此煤气中除含有 CO、H_2、CO_2 外，尚含有焦油、轻油和较多甲烷，故在甲醇合成前需要进一步进行转化。

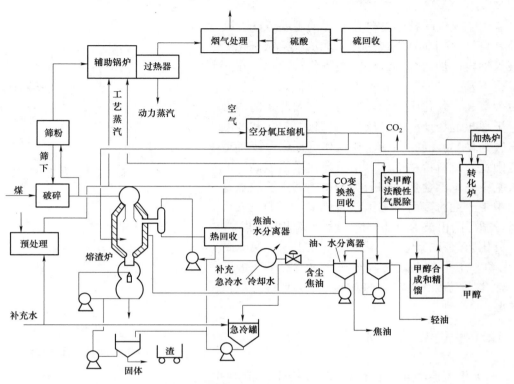

图 1.2　Lurgi 熔渣炉的日产千吨甲醇装置工艺流程

　　煤被粉碎，过细的颗粒经过筛后用于辅助锅炉，筛下的煤料加到熔渣气化炉顶上闭锁的料斗加入气化炉中，该处约为 550 ℃。随着床层下移，炉温上升，煤被干燥与解热，床下部的半焦在足够高度的温度下，与氧气、蒸汽反应，灰分熔化，熔融的灰渣通过底部渣口排出。从气化炉顶出来的煤气被冷却到 160 ℃，冷凝出绝大部分焦油和一些碳氢化合物，煤气全气量通过装有钴钼催化剂的变换炉，除发生一氧化碳变换反应之外，有机硫也转变为无机硫。再通过低温甲醇洗脱除去 CO_2 与 H_2S。净化气在进入合成工序前，在被加热到高温，加入适量蒸汽与氧气，使甲烷转化为氢与一氧化碳，随后被压缩至 5.0 MPa，并送往甲醇合成工序。

三、鲁奇加压气化炉结构

　　Lurgi 加压气化炉如图 1.3 所示。其主要特点是：加料时采用旋转煤分布器，供燃料在炉内分布均匀。下部采用回转炉，通过空心轴从炉箅加入气化剂，炉箅随空心轴转动。设有自动控制装置将灰渣排入灰箱，用水力或机械出灰，炉壁设有水夹套，以生产中压蒸汽。

鲁奇加压气化炉结构

　　Lurgi 加压气化炉的操作压力为 2.0～3.0 MPa，由于生成的甲烷耗氧量少，一般 O_2/H_2O 仅为 0.13～0.14 m^3（标）/kg，目前炉径有 3.6 m、3.9 m、4.27 m 等数量规格，单炉发气量达 30 000～50 000 Nm^3/h。同时，熔炉排渣 Lurgi 加压气化炉也已经投入运行，使该法所用的煤更加广泛，制气效率进一步提高。

知识点二：流化床气化工艺

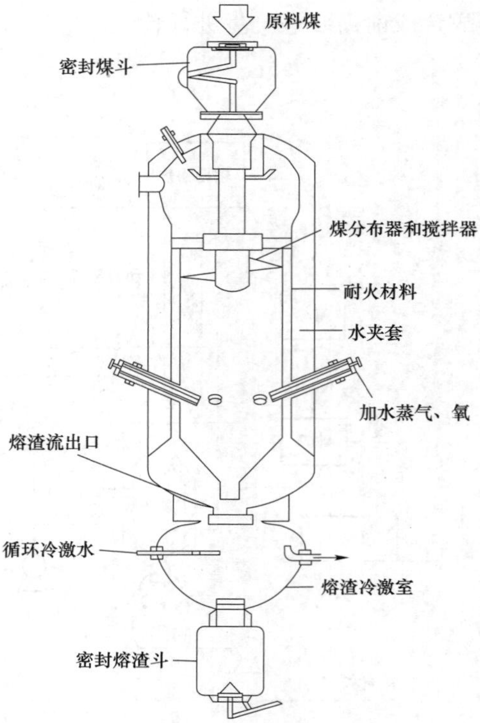

流化床煤气化技术是气化碎煤的主要方法。其过程是将气化剂（氧气或空气与水蒸气）从气化炉底鼓入炉内，炉内煤的细颗粒被气化剂流化，在一定温度下发生燃烧和气化反应，主要优点是传热、传质效率高，气化强度大，床层中气固两相的混合接近于理想混合反应器，床层固体颗粒分布和温度分布较为均匀。同时，使用粉煤作为原料，煤种适用范围宽，原料价格低廉。由于流化床温度高，产品煤气中基本不含焦油和酚类物质。其主要缺点是气体中带出细粉多而影响了碳转化率，但通过采用细煤粉循环回用技术可在一定程度上克服此缺点。

流化床气化首次工业化大规模应用是 Winkler（温克勒）用于粉煤气化，此法在 1922 年获得专利，流化床气化经过多年的发展，目前已经形成很多炉形。

图 1.3　Lurgi 加压气化炉

一、温克勒煤气化技术

（一）高温温克勒（HTW）气化技术的特点

常压温克勒气化存在氧耗高、炭损失大（超过 20%）等缺点，目前运转的项目已经不多。高温温克勒（HTW）气化技术是在常压温克勒基础上，通过提高气化温度和压力，开发的一种新型气化技术，除了保留传统的温克勒优点外，进一步具备了以下特点。

高温温克勒气化工艺

① 提高了操作温度。由原来的 900～950 ℃提高到 950～1 100 ℃，因而提高了碳转化率，增加了煤气产出率，降低了煤气中 CH_4 含量，氧耗量减少。

② 提高了操作压力。由常压提高到 1.0 MPa，因而提高了反应速度和气化炉单位炉膛面积的生产能力。煤气压力的提高可使后序合成气压缩机能耗较大降低。

③ 气化炉粗煤气带出的固体煤粉尘，经分离后返回气化炉循环利用，使排出的灰渣中含碳量降低，碳转化率显著提高，可以气化含灰量高（＞20%）的次烟煤。

④ 由于气化压力和气化温度的提高，使气化炉大型化成为可能。

（二）高温温克勒（HTW）工艺流程

经加工处理合格的原料煤储存在煤斗，煤经串联的几个锁斗逐级下移，经螺旋给煤气化炉下部加入炉内，被气化炉底部吹入的气化剂（氧气和蒸汽）流化并发生气化反应。

经过干燥与粉碎的煤，由原料运输设备送至煤储斗，通过螺旋加煤机连续不断送至气化炉。氧气与过热至 400 ℃以上的蒸汽混合进入炉下吹风室，并通过炉箅细缝均匀吹入炉内，使煤粉流化，并与煤粉发生反应。热煤气夹带细煤粉和灰尘上升，在炉体上部继续反应。从气化炉出来的粗煤气旋风除尘。捕集的细粉循环入炉内，二级旋风捕集的细粉经灰锁斗系统排出。除尘后自进入卧式火管锅炉，被冷却到 350 ℃，同时产生中压蒸汽，然后煤气顺序进入激冷器里的洗涤器和水洗塔，使煤气降温并除尘。再经压缩后送入后工序脱硫、变换与脱碳，制成合成甲醇所需的组成，进入甲醇合成工序。

HTW 煤气化工艺如图 1.4 所示。

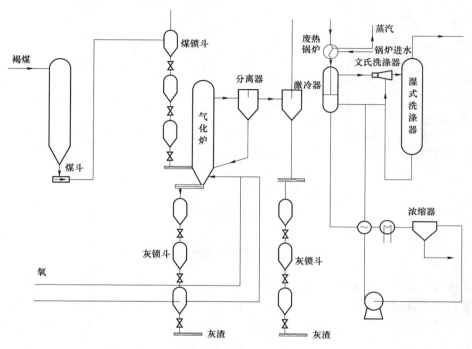

图 1.4　HTW 煤气化工艺

二、恩德炉粉煤流化床气化技术

恩德炉粉煤气化技术是在温克勒气化炉的基础上经过改进形成的实用技术。恩德炉具有技术成熟可靠，运行安全稳定，煤种适应性较宽，操作弹性大，建设投资较少，生产成本低，环境影响小等特点。但也存在设备体积大，飞灰灰渣含碳量较高，碳利用率较低，煤气有效成分（$CO+H_2$）较低，气化压力低等缺点。

恩德炉粉煤气化工艺流程如图 1.5 所示。

小于 10 mm 合格原料煤经螺旋加煤机由气化炉底部送入炉内，空气或氧气和过热蒸汽混合后，分两路由一次喷嘴和二次喷嘴进入气化炉，使粉煤在炉内沸腾流化气化。气化炉下部为密相段，上部为稀相段，二次喷嘴进入的气化剂与稀相段细煤粒进一步发生气化反应。生产的粗煤气由炉顶引出，温度为 900～950 ℃，进入旋风分离器除尘后，再进入废热锅炉回收余热并副产蒸汽，出废热锅炉的煤气（约 240 ℃）进入洗涤冷却塔冷却即得产品煤气。旋风分离器分离下来的细煤粒及飞灰通过回流管返回气化炉底部再次气化，从而使灰中含碳量降低。灰渣下落到气化炉底部，由水内冷的螺旋出渣机排入密闭灰渣斗，定期排到渣车运走。

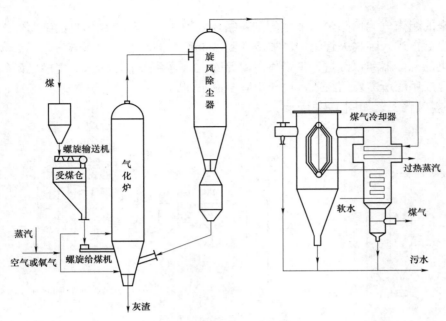

图 1.5　恩德炉粉煤气化工艺流程

知识点三：气流床气化工艺

气流床气化指在固体燃料气化过程中，气化剂（氧与蒸汽）夹带煤粉入炉并进行气化。反应在高温火焰区进行，煤粉及其释放出来的气态烃以极短的时间通过一个温度极高的区域，在此区域迅速分解与气化，燃料与气化剂的反应很快，煤粉不会在塑性阶段凝聚，从而消除内结疤的可能性。在本次任务中，主要介绍三种典型的气流床气化工艺：德士古水煤浆气化工艺、Shell 气化工艺及 Kopers-Totaek 炉气化工艺。

一、水煤浆气化法

水煤浆气化法是指煤或焦炭等固体燃料以水煤浆或多元料浆的形式与气化剂一起通过喷嘴，气化剂高速喷出与料浆并流混合雾化，在气化炉内非催化部分发生氧化反应的工艺过程。具有代表性的工艺技术有美国德士古发展公司开发的水煤浆加压气化技术、道化学公司开发的两段式水煤浆气化技术、我国华东理工大学开发的多喷嘴煤浆气化技术。德士古发展公司水煤浆加压气化技术开发早，在世界范围内的工业化应用广泛。

（一）工艺特点

水煤浆气化反应是一个很复杂的物理和化学反应过程，水煤浆和氧气喷入气化炉后，瞬间经历煤浆升温及水分蒸发、煤热解挥发、残碳气化和气体间的化学反应等过程，最终生成以 CO、H_2 为主要组分的粗煤气，灰渣采用液态排渣。水煤浆气化制粗煤气技术有如下优点。

① 可用于气化的原料范围比较宽。几乎从褐煤到无烟煤的大部分煤种都可采用该项技术进行气化，还可气化石油焦、煤液化残渣、半焦、沥青等原料，1987 年以后又开发了气化可燃垃圾、可燃废料（如废轮胎）的技术。

② 水煤浆进料与干粉进料比较，具有安全并容易控制的特点。

③ 工艺技术成熟，流程简单，过程控制安全可靠，设备布置紧凑，运转率高。气化炉内结构设计简单，炉内没有机械传动装置，操作性能好，可靠程度高。

④ 操作弹性大，气化过程碳转化率较高。碳转化率一般可达 95%～99%，负荷调整范围为 50%～105%。

⑤ 粗煤气质量好，用途广。由于采用高纯氧气进行部分氧化反应，粗煤气中有效成分（$CO+H_2$）可达 80%左右，除含少量甲烷外，不含其他烃类、酚类和焦油等物质。粗煤气后续过程可采用传统气体净化技术。产生的粗煤气可用于生产合成氨、甲醇、羧基化学品、醋酸、醋酐及其他相关化学品，还可用于供应城市煤气，也可用于联合循环发电（IGCC）装置。

⑥ 可供选择的气化压力范围宽。气化压力可根据工艺需要进行选择，目前商业化装置的操作压力等级在 2.6～6.5 MPa 之间，中试装置的操作压力最高已达 8.5 MPa，这为满足多种下游工艺气体压力的需求提供了基础。6.5 MPa 高压气化为等压合成其他碳一类化工产品如甲醇、醋酸等提供了条件，节省了中间压缩工序，也降低了能耗。

⑦ 单台气化炉的投煤量选择范围大。根据气化压力等级及炉径的不同，单台气化炉投煤量一般在 400～1 000 t/d（干煤）左右，美国 Tampa 气化装置最大气化能力达 2 200 t/d（干煤）。

⑧ 气化过程污染少，环保性能好。高温高压气化产生的废水所含有害物极少，少量废水经简单生化处理后可直接排放；排出的粗、细渣既可做水泥掺料或建筑材料的原料，也可深埋于地下，对环境没有其他污染。

水煤浆气化技术也有如下缺点。

① 炉内耐火砖冲刷侵蚀严重，选用的高铬耐火砖寿命为 1～2 年。更换耐火砖费用大，增加了生产运行成本。

② 喷嘴使用周期短，一般使用 60～90 天就需要更换或修复，停炉更换喷嘴对生产连续运行或高负荷运行有影响，一般需要有备用炉，这增加了建设投资。

③ 考虑到喷嘴的雾化性能及气化反应过程对炉砖的损害，气化炉不适宜长时间在低负荷下运行，经济负荷应在 70%以上。

④ 水煤浆含水量高，使冷煤气效率和煤气中的有效气体成分（$CO+H_2$）偏低，氧耗、煤耗均比干法气流床要高一些。

⑤ 渣水处理系统较复杂，一次性投资比较高。

总之，水煤浆气化技术在一定条件下有其明显的优势，当前仍是被广泛采用的一代先进煤气化技术之一。

（二）水煤浆加压气化工艺参数

水煤浆加压气化制取水煤气的目的是得到 H_2 和 CO，用作合成甲醇的原料气。影响水煤浆气化的主要因素有原料煤性质、水煤浆、氧煤比、气化温度和气化压力等。

1. 原料煤的性质

煤的性质对气化过程有很大影响，其中影响较大的是煤的变质程度和煤灰的黏温特性。变质程度较浅的煤，与气化剂的反应能力较强（即化学活性高），气化反应性能好。反之，则气化性能差。

煤灰的黏温特性是指熔融态的煤灰在不同温度下的流动特性，一般用熔融态煤灰的黏度

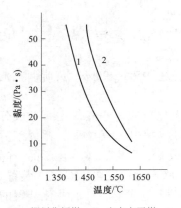

1—铜川焦坪煤；2—山东七五煤。

图1.6　灰渣黏温特性曲线

来表示。铜川焦坪煤和山东七五煤的灰渣黏温特性曲线如图1.6所示。

在水煤浆加压气化过程中，为了保证灰渣以液态形式排出，灰渣的黏温特性是确定气化炉操作温度的主要依据。生产实践证明，为使灰渣从气化炉中能以液态形式顺利排出，熔融态灰渣的黏度以不超过25 Pa·s为宜。从图1.6可以看出，为了使灰渣的黏度不超过25 Pa·s，铜川焦坪煤的操作温度应控制在1 420 ℃以上，山东七五煤的操作温度应控制在1 500 ℃以上。

当以灰渣黏度较高的煤为原料时，为了使气化炉顺利排渣，操作温度必须控制得高些，但是炉温过高，不仅煤耗和氧耗高，而且容易烧坏气化炉的耐火衬里、喷嘴和测温原件的套管。为了改善灰渣的黏温特性，降低熔融灰渣的黏度，在水煤浆中加入石灰石（或CaO）作为助熔剂，可以收到良好的效果。

图1.7所示为添加石灰石后，对灰渣黏度的影响。由图可见，石灰石的添加量在25%以内时，随着水煤浆中石灰石添加量的增加，不仅灰渣黏度降低，而且扩大了熔渣得以顺利流动的温度范围。但是当石灰石的添加量超过30%时，熔渣顺利流动的温度范围反而变小。

2. 水煤浆

德士古气化采用的是水煤浆进料，对原料要求很高，相应地，对水煤浆的性质也有严格的要求。德士古气化对水煤浆的性质要求主要体现在五个方面：浓度、流动性、稳定性、粒度分布、pH。

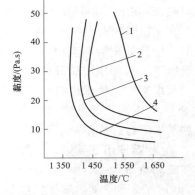

1—不加石灰石；2—加灰量10%；

3—加灰量20%；4—加灰量25%。

图1.7　添加石灰石对灰渣黏度的影响

1）较高的浓度

水煤浆的浓度就是指水煤浆中的固含量。若水煤浆的浓度低，它的黏度也相对较低，虽然有利于泵的输送，但它的气化效率就会降低，进入气化炉水分太大，造成大量水蒸发，使炉温下降，为维持炉温，就须增加氧气用量，从而使氧耗增加，而且煤气质量也有所下降。一般气化用水煤浆浓度控制在60%～70%之间。

2）较好的流动性

水煤浆的流动性用其表观黏度来表示。如果黏度大，流动性就差，不利于泵的输送，雾化效果也差。实验表明，如果煤浆浓度超过50%，黏度会突然增大，以致不能流动，而刚才提到，一般气化用水煤浆浓度在60%～70%之间，那么如何在保障水煤浆高浓度的同时，具有较好的流动性呢？可以选择用一些表面活性剂，即加入合适的添加剂，比如木质素磺酸盐或者萘磺酸盐等，来降低水煤浆的黏度，添加剂用量较少，一般不超过1%。

3）较好的稳定性

煤浆的稳定性是指煤粒在水中的悬浮能力。水煤浆是一种分散的悬浮体系，从单滴水煤浆结构可以看到，每滴水中都分散着多个大小不一的煤粒，所以说，煤粒悬浮于水中。水煤浆存在着因煤粒重力作用引起的沉降问题，特别是在水煤浆静止和低速下，会发生分层、沉降，影响装置的稳定运行。水煤浆的稳定性与煤粒粒度分布及煤的亲水性有关，煤粒粒度越小，煤粒的表面亲水性越强，其稳定性就越好，但黏度会增大，流动性差。仅就对水煤浆稳定性而言，应选用年轻的亲水性好的煤。

4）适宜的粒度分布

水煤浆中粒度分布是成浆的关键因素。如果水煤浆中粗颗粒多，会使表观黏度下降，浆体的流动性会好，但容易导致分层、沉降，如果水煤浆中较细颗粒多，稳定性就好，但流动性变差，对气化反应而言，颗粒越小，反应越安全，效果越好。所以，合格的水煤浆中，大小颗粒互相填充，大小比例要协调。这就要求水煤浆要有适宜的粒度分布。

5）适宜的 pH

如水煤浆呈酸性，会对管道、设备等产生腐蚀，如水煤浆呈强碱性，会在管道中结垢，引起堵塞。另外，添加剂在碱性环境里使用效果好一些，所以，水煤浆 pH 一般控制在 7～9 之间。

3. 氧煤比

氧煤比是德士古气化法的重要指标。在气化炉内，反应物的停留时间较短，仅数秒，在这样短的反应时间内，氧气直接参与氧化反应和部分氧化反应，因此，氧煤比是影响气化反应的重要操作条件之一。增加氧气用量，将有较多煤与氧发生燃烧反应，放出的热量多，气化炉温度将升高，氧煤比与炉温的关系如图 1.8 所示。同时，由于炉温高，为吸热的气化反应提供的热量多，对气化反应有利，煤气中一氧化碳和氢含量增加，碳转化率显著升高，如图 1.9 所示。但是氧煤比过高，一部分碳将完全燃烧，生成二氧化碳，使煤气中无用的二氧化碳含量增加，反而使冷煤气效率降低。由图 1.10、图 1.11 可以看出，当氧煤比为 0.7 m³/kg 时，煤气中二氧化碳含量最低，而此时冷煤气效率却最高，因而存在一个最适宜的氧煤比。

若氧煤比过低，气化炉温度低，对气化反应不利，碳转化率及冷煤气效率降低。由于煤、碳及甲烷与二氧化碳的转化反应速率减慢，煤气中的二氧化碳含量反而增加。另外，如果炉温低于原料煤的灰熔点，将无法进行液态排渣，因此，氧煤比也不能太低。在生产中，氧煤比一般控制在 0.68～0.71 m³/kg 范围内。

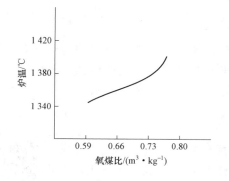

图 1.8　氧煤比与炉温的关系

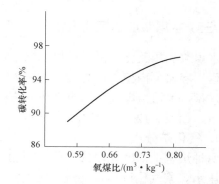

图 1.9　氧煤比与碳转化率的关系

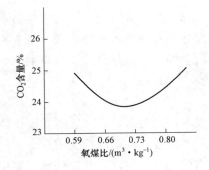

图 1.10　氧煤比与 CO_2 的关系

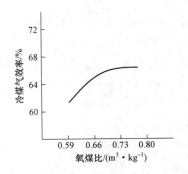

图 1.11　氧煤比与冷煤气效率的关系

4. 气化反应温度

煤、甲烷、碳与水蒸气、二氧化碳的气化反应为吸热反应，气化反应温度高，有利于这些反应的进行。但是为了保持较高的炉温，必须提高氧煤比，使氧耗直线上升。同时，由于氧用量增大，将有较多的碳完全燃烧生成二氧化碳，使冷煤气效率直线下降。例如，炉温由 1 350 ℃提高到 1 550 ℃，冷煤气效率下降 4%，因而气化反应温度不能过高。但是气化反应温度也不能过低，否则将影响液态排渣。气化温度选择的原则是在保证液态排渣的前提下，尽可能维持较低的操作温度。具体的确定方法是使液态灰渣的黏度略低于 250 mPa·s 的温度，即为最适宜的操作温度。由于煤灰的熔点和灰渣黏温特性不同，操作温度也不同，工业生产中，气化温度一般控制在 1 300～1 500 ℃。

5. 气化操作压力

水煤浆加压气化反应是体积增大的反应，提高操作压力，对气化反应的化学平衡不利。但生产中普遍采用加压操作，其原因是：在操作条件下，气化反应远未达到化学平衡，加压操作对化学平衡影响不大，但可增加反应物浓度，加快反应速率，提高气化效率；加压操作有利于水煤浆的雾化；加压下气体体积小，在产气量不变的情况下，可减小设备容积；加压气化可节省压缩功。将水煤浆加压到气化压力所消耗的动力较少，而氧气仅为生成量的 1/4 左右，因此，加压气化比采用常压气化，然后将生成气加压到气化压力时的压缩功消耗下降30%～50%。德士古水煤浆气化工艺的气化压力最高可达 8.0 MPa，通常根据煤气的最终用途，经过经济核算，选择合适的气化压力。

（三）水煤浆加压气化设备

水煤浆加压气化炉是一种以水煤浆进料的加压气流床气化装置，气化炉为一直立圆筒形钢制耐压容器，内壁衬以高质量的耐火材料，可以防止热渣和粗煤气的侵蚀。该炉有两种不同的炉型，根据粗煤气采用的冷却方法不同，可分为淬冷型，如图1.12（a）所示，以及全热回收型，如图1.12（b）所示。

1. 气化炉分类

两种炉型上部气化段的气化工艺相同，下部合成气的冷却方式不同。德士古加压水煤浆气化过程是并流反应过程。合格的水煤浆原料同氧气从气化炉顶部进入。煤浆由喷嘴导入，在高速氧气的作用下雾化。氧气和雾化后的水煤浆在炉内受到高温衬里的辐射作用，迅速进行着一系列的物理、化学变化：预热、

气化炉分类

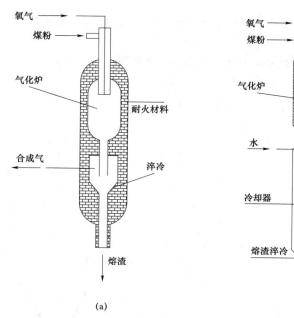

图 1.12　水煤浆加压气化炉

（a）淬冷型；（b）全热回收型

水分蒸发、煤干馏、挥发物裂解燃烧及碳的气化等。气化后的煤气中主要是一氧化碳、氢气、二氧化碳和水蒸气。气体夹带灰分并流而下，粗合成气在冷却后，从炉子的底部排出。

　　在淬冷型气化炉中，粗合成气体经过淬冷管离开气化段底部，淬冷管底端浸没在水池中。粗气体经过急冷到水的饱和温度，并将煤气中的熔渣分离下来，熔渣被淬冷后截留在水中，落入渣罐，经过排渣系统定时排放。之后冷却了的煤气经过侧壁上的出口离开气化炉淬冷段。

　　在全热回收型炉中，粗合成气离开气化段后，在合成气冷却器中从 1 400 ℃被冷却到700 ℃，回收的热量用来生产高压蒸汽。熔渣向下流到冷却器被淬冷，再经过排渣系统排出，合成气由淬冷段底部送下一工序。

　　对于这两种工艺，目前大多数采用淬冷型，优势在于它更廉价，可靠性更高，劣势是热效率较全热回收型的低。

　　2. 喷嘴结构

　　喷嘴也称为烧嘴，作用是将水煤浆充分雾化，使水煤浆与氧气混合均匀。

喷嘴结构

喷嘴对气化操作特别重要，生产中要求喷嘴使用寿命长，燃烧中心向出渣口方向偏移，使煤燃烧不完全。目前常用的结构形式为三套管式，即物料导管由三套管组成，氧气为两部分：一部分走中心管，一部分走外套管；水煤浆走中间环管。设置中心氧所的目的是保证煤浆和氧气的充分混合，中心氧量一般点总量的 10%～25%。外套管外面设有水冷盘管，通入冷却水，用于保护喷嘴。当喷嘴冷却水供给量不足时，气化炉会自动停车。

　　喷嘴必须具有如下特性：良好的雾化及混合效果，以获得较高的碳转化率；一定的喷射角度和火焰长度，以防损坏耐火砖；要具有一定的操作弹性，以满足气化炉负荷变化的需要；要具有较长的使用寿命，以保证气化运行的连续性。

　　气化炉操作条件比较恶劣，固体冲刷、含硫气体腐蚀，再加上高温环境，水煤浆喷嘴头部容易出现磨损和龟裂，使用寿命平均只有 60～90 天，需要定期对喷嘴进行检查维护和更换。

工业化的三流式工艺烧嘴外形如图 1.13 所示，烧嘴头部结构示意如图 1.14 所示。

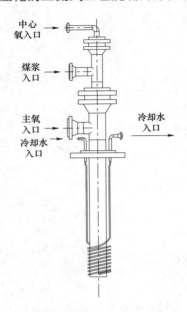

图 1.13　三流式工艺烧嘴外形

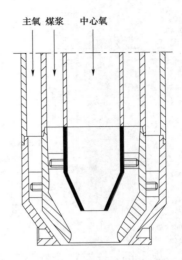

图 1.14　烧嘴头部结构示意

3. 炉体结构

气化炉的作用是使水煤浆与氧气在反应室进行气化，生成以氢和一氧化碳为主体，并含有二氧化碳及少量甲烷、硫化氢的高温水煤气，高温水煤气与熔融态煤灰渣在急冷室被水迅速冷却，水受热蒸发，水煤气为蒸汽所饱和，获得一氧化碳变换所需的蒸汽，并能除去水煤气中大部分灰渣。

炉体结构

图 1.15 为急冷型水煤浆气化炉结构简图，反应室和急冷室在同一高压容器内，上部为反应室，内衬耐火保温材料，下部为急冷室。喷嘴安装在气化炉的顶部。由反应室出来的高温水煤气，直接进入直冷室，被水迅速冷却。急冷室底部设有旋转式灰渣破碎机，将大块灰渣破碎，便于排除。为了调节控制反应物料的配比，在燃烧室中下部设有测量炉内温度用的高温热电偶。为了防止耐火砖破裂后，炉体受到高温破坏，在炉体外壁设置一定数量的表面温度计，一旦超温便自动报警，即可及时处理。

4. 德士古水煤浆加压气化工艺流程

水煤浆加压气化过程分为水煤浆制备、水煤浆加压气化和灰处理三部分。

1）水煤浆制备工艺流程

水煤浆制备的任务是为气化过程提供符合质量要求的水煤浆，工艺流程如

煤浆制备工艺

图 1.16 所示，煤料斗的原料煤经称量给料器加入磨料机中。向磨煤机加入软水（一般为工艺冷凝液），煤在磨煤机内与水混合，被湿磨成高浓度的水煤浆。为了降低水煤浆的黏度，提高稳定性，需要加入添加剂，添加剂用添加剂泵加到磨煤机。氢氧化钠槽中的氢氧化钠溶液，用泵加到磨煤机，用水煤浆调节 pH 到 7～8。为了降低煤的灰熔点，需要加入助熔剂石灰。

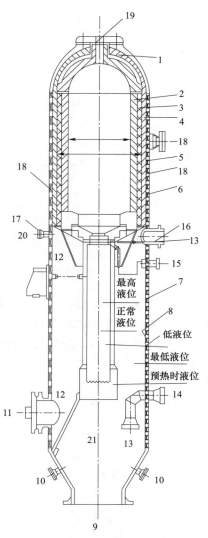

1—浇注料；2—向火面砖；3—支撑砖；4—绝热砖；5—可压缩耐火塑料；6—燃烧炉段炉壳；7—急冷段炉壳；8—堆焊层；
9—渣水出口；10—锁斗再循环；11—人孔；12—液位指示联箱；13—仪表孔；14—排放水口；15—急冷水出口；
16—出口气；17—锥底温度计；18—热电偶口；19—烧嘴；20—吹氮口；21—再循环。

图 1.15   急冷型气化炉结构简图

石灰由储斗经给料输送机送入磨煤机。磨煤机制备好的水煤浆，经过滤除去大颗粒料粒，流入磨煤机出口槽，再经磨煤机出口槽送到气化炉。磨煤机出口槽设有搅拌器。

2）水煤浆加压气化工艺流程

根据气化炉出口高温水煤气废热回收方式的不同，水煤浆气化的工艺流程可分为急冷式、废热锅炉式及混合式三种。急冷流程是高温水煤气与大量冷却水直接接触，水煤气被急速冷却，并除去大部分煤渣。同时，水迅速蒸发进入气相，煤气中的水蒸气含量达到饱和状态。对于要求将煤气中一氧化碳全部变换为氢气的合成氨厂，适宜采用急流流程，这样在急冷室可以得到变换过程所需的水蒸气。

水煤浆加压
气化工艺

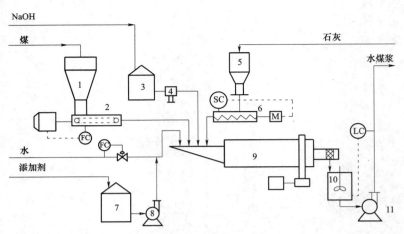

1—煤料斗；2—称量给料器；3—氢氧化钠储槽；4—氢氧化钠泵；5—石灰储斗；6—石灰给料机；7—添加剂槽；
8—添加剂泵；9—磨煤机；10—磨煤机出口槽；11—磨煤机出口槽泵。

图 1.16　水煤浆制备工艺流程

　　废热锅炉流程是高温水煤气进入废热锅炉，煤气被冷却，同时得到副产蒸汽。这种流程适用于对煤气中氢与一氧化碳的比值不必调整或略加调整的生产厂。

　　所谓混合流程，就是出气化炉的高温水煤气，先经过废热锅炉冷却，除去灰渣并副产蒸汽，再经急冷室用急冷水直接冷却，使煤气中含有一定量的水蒸气，以利于下一步的部分变换。这种流程适用于甲醇生产。

　　水煤浆气化急冷工艺流程如图 1.17 所示。浓度为 65%左右的水煤浆，经过振动筛除去机

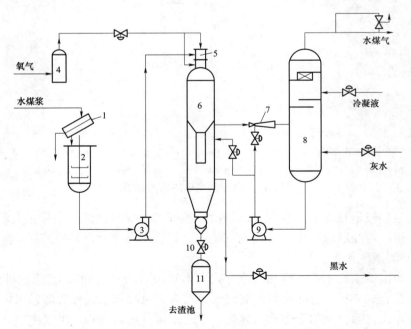

1—煤浆振动筛；2—煤浆槽；3—煤浆泵；4—氧气缓冲罐；5—喷嘴；6—气化炉；7—文丘里洗涤器；
8—洗涤塔；9—急冷水泵；10—锁渣阀；11—锁渣罐。

图 1.17　水煤浆气化急冷工艺流程

械杂质，进入煤浆槽，用煤浆泵加压后送到德士古喷嘴。由空分来的高压氧气，经氧缓冲罐，通过喷嘴，对水煤浆进行雾化后进入气化炉。氧煤比是影响气化炉操作的重要因素之一，通过自动控制系统控制。气化炉是一种衬有耐火材料的压力容器，由反应室和直接连在反应室底部的急冷室组成。

水煤浆和氧气喷入反应室后，在压力为 6.5 MPa 左右、温度为 1 300～1 500 ℃的条件下，迅速完成气化反应，生成以氢和一氧化碳为主的水煤气。气化反应温度高于煤灰熔点，以便实现液态排渣。为了保护喷嘴免受高温损坏，设置有喷嘴冷却水系统。

离开反应室的高温水煤气进入急冷室，用由碳洗涤塔来的水直接进行急速冷却，温度降至 210～260 ℃，同时急冷水大量蒸发，水煤气被水蒸气所饱和，以满足一氧化碳变换反应的需要。气化反应过程产生的大部分煤灰及少量未反应的碳，以灰渣的形式从生成气中除去。根据粒度大小，灰渣以两种方式排出：粗渣在急冷室中沉积，通过水封锁渣罐，定期与水一同排出；细渣以黑水的形式从急冷室连续排出。设置带有锁渣罐循环泵的渣罐循环系统，有利于将煤渣排入锁渣罐。

离开气化炉急冷室的水煤气，一次通过文丘里洗涤器及洗涤塔，用灰处理工段送来的灰水及变换工段的工艺冷凝液进行洗涤，彻底除去煤气中的细灰及未反应的碳粒。净化后的水煤气离开洗涤塔，送到一氧化碳工段变换工序。为了保证气化炉安全操作，设置压力为 7.6 MPa 的高压氮气系统。

灰处理工艺

3）灰处理工艺流程

灰处理的任务是将气化过程送来的灰渣和黑水进行分离，回收的工艺水循环使用，灰渣及细灰作为废料，送出工段。

灰处理工艺流程如图 1.18 所示。从气化炉锁渣罐与水一起排出的粗渣进入渣池，经链式输送机及皮带输送机送入渣斗，排出厂区，渣池中分离出来的含有细灰的水，用渣池泵输送到沉淀池，进一步进行分离。由气化炉工段急冷室排出的含细灰的黑水，经减压阀进入高压闪蒸罐，高温液体在罐内突然降低膨胀，闪蒸出水蒸气及二氧化碳、硫化氢等气体。闪蒸气经灰水加热器降温后，水蒸气冷凝成水，在高压闪蒸气分离器中分离出来，送到洗涤塔给料槽。分离出来的二氧化碳、硫化氢等气体送到变换工段的气提塔中。

黑水经高压闪蒸后，固体含量有所增高，然后送到低压灰浆闪蒸罐，进行第二级减压膨胀，闪蒸气进入洗涤塔给料槽，其中的水蒸气冷凝，不凝气体分离后排入大气。黑水被进一步浓缩后，送到真空闪蒸罐中，在负压下闪蒸出酸性气体及水蒸气。

从真空闪蒸罐底部排出的黑水，含固体量约 1%，用沉淀给料泵送到沉淀池。为了加快固体粒子在沉淀池中的重力沉降速度，送絮凝剂管式混合器前，加入阴、阳离子絮凝剂。黑水中的固体物质几乎全部沉降在沉淀池底部，沉降物固含量 20%～30%，用沉淀池底部泵送到过滤给料槽，再用过滤给料泵送到压滤机，滤渣作为废料排出厂区，滤液返回沉淀池。

在沉淀池内澄清后的灰水，溢流进入立式灰水槽，大部分用灰水泵送到洗涤给料槽。在去洗涤塔给料槽的灰水管线上，加入适量的分散剂，避免灰水在下游管线及换热器中，沉积出固体。从洗涤塔给料槽出来的灰水，用洗涤塔给料泵输送到灰水加热器，加热后作为洗涤用水，送入碳洗涤塔。一部分灰水循环进入渣池；另一部分灰水作为废水，送到废水处理工段，防止有害物在系统中积累。

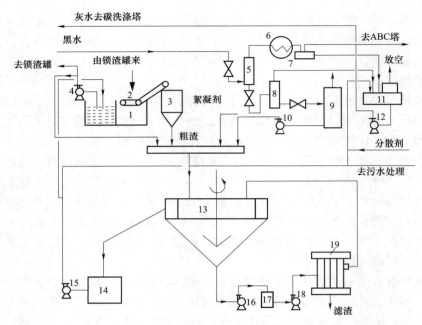

1—渣池；2—输送机；3—渣斗；4—渣池泵；5—高压闪蒸罐；6—灰水加热器；7—分离器；8—低压闪蒸罐；9—真空闪蒸罐；

10—沉淀给料槽；11—洗涤塔给料槽；12—洗涤塔给料泵；13—沉淀池；14—灰水槽；15—灰水泵；

16—沉淀池底泵；17—过滤给料槽；18—过滤给料泵；19—压滤机。

图 1.18　灰处理工艺流程

二、Shell 气化工艺

Shell 气化属于加压气流床粉煤气化，以干粉煤进料，纯氧气作为气化剂，液态排渣，是 20 世纪末实现工业化的新型煤气化工艺，是 21 世纪的煤炭气化主要发展途径之一。

（一）工艺特点

1. 对煤种的适应性广

由于采用干法粉煤进料以及气流床粉煤气化技术，能成功处理高灰分、高水分和高硫煤种，理论上从无烟煤、烟煤、褐煤到石油焦均可气化。

2. 能源利用率高

工艺采用高温加压气化，气化温度为 1 400～1 600 ℃，压力为 3～4 MPa，在此操作条件下，Shell 气化工艺的碳转化率高达 99%，冷煤气效率为 80%～85%，合成气中的有效成分可高达 90%以上。

3. 设备产气能力高

由于采用 3～4 MPa 加压操作，所以气化炉单炉能力大，日处理量达 1 000～2 700 t，在同样的生产能力下，Shell 气化设备尺寸较小，结构紧凑，占地面积小，相对建设投资也比较低。

4. 环境效益好

因为气化在高温下进行，并且原料粒度很小，气化反应进行得较为充分，影响环境的副产物很少,属于洁净煤工艺,Shell 气化工艺脱硫率高达 95%以上,并生产出较为洁净的硫黄,产品气的含尘量可以降到 2 mg/m³ 以下,产生的灰渣和飞灰是非活性的,对环境无害,工艺废水易于净化处理和循环使用,通过简单处理,即可达到排放标准。

（二）工艺流程

SHELL 工艺流程

Shell 气化工艺为对置式多喷嘴、侧喷式、竖管水冷壁,干煤粉气流床气化工艺目前有三种配套工艺,分别为壳牌废锅流程、上行水激冷流程、下行水激冷流程,如图 1.19 所示。壳牌废锅流程为壳牌最开始设计的流程,该技术已被广泛使用,是当前应用经验最丰富的干煤粉气化技术之一,效率和工艺指标的先进性已经得到验证与认可。上行水激冷流程、下行水激冷流程特别适合处理有积垢倾向的煤种,为近几年研发的技术,目前处于推广阶段。

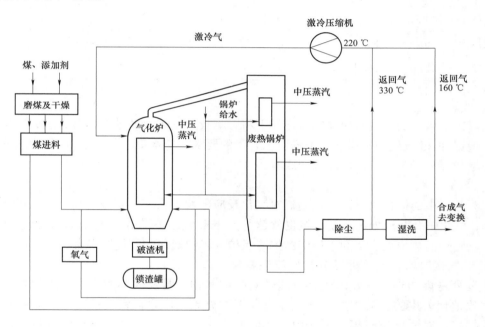

图 1.19　Shell 气化工艺流程

通过带式输送机从煤场取煤,从磨煤与干煤系统中经过研磨和干燥后,通过粉煤加压与给料系统,在一定压力下送入气化炉的工艺烧嘴,与来自空分系统的氧气、中压蒸汽燃烧、反应,生成以一氧化碳和氢气为主的合成气,反应温度为 1 400～1 600 ℃,压力为 3～4 MPa。

出气化炉的气体先在气化炉的顶部被激冷压缩机送来的冷煤气激冷,使煤气中的熔渣固化,然后经输气管换热器、废热锅炉回收热量,并产生中压蒸汽,降温之后的合成气再进入高温高压陶瓷过滤器,除去合成气中的飞灰,出高温高压过滤器的气体分为两股,一股进入激冷气体压缩机压缩后作为激冷气返回气化炉;另一股经水洗后,送至后制程。

气化炉内产生的熔渣沿气化炉炉壁流入气化炉底部渣池,遇水固化成玻璃状炉渣,然后通过收集器、渣锁斗,定时排放至炉渣脱水槽,再通过捞渣机送至渣场。

（三）对原料煤的要求

虽然 Shell 气化炉对于煤种的适应性很广，但也不是万能气化炉，从技术经济角度考虑煤种，还是有一定要求的，见表 1.2。

表 1.2　Shell 气化炉对入炉煤的质量要求

项目		质量要求	说明
水分/%	褐煤	6～10	水分含量应保证粉煤不结团，在制粉过程中，可采用热风干燥，一般控制热风露点温度为 80 ℃左右为宜
	其他	1～6	
灰分/%		<20	
总硫/%		<2	
灰熔点/℃（流动温度 FT）		<1 350	>1 350 ℃，需加助熔剂
煤粉粒度（<0.15 mm 或 100 目）		>90	

1. 水分

原煤中水含量的多少对原煤的输送和下料影响较大，煤湿度过大，势必造成堵料，影响生产。根据 Shell 气化炉粉煤加压输送对水含量的要求，含水量小于 2%，原料中水分过高，必然会增加煤料干燥负荷，增加生产成本。

2. 灰分

灰分是煤中的惰性物质，含量高低对气化反应影响不大，但灰分越高，气化煤耗、氧耗就越高，气化炉及灰渣处理系统负担也就越重。Shell 气化炉采用冷壁结构，以渣抗渣，灰分太低，气化炉的热损大，不利于炉壁的抗渣保护，影响气化炉的使用寿命。

3. 对气化原料粒度、挥发分及反应性要求

挥发分是煤加热后挥发出的有机质及其分解产物，是反映煤的变质程度的重要标志，能够大致地代表煤的变质程度。一般而言，挥发分越高，煤化程度越浅，煤质越年轻，反应活性越好，对气化反应越有利。由于 Shell 气化炉采用的是高温气化，气体在炉内的停留时间比较短，这时气固之间的扩散反应是控制碳的转化的重要因素，因此对煤粉粒度要求比较细，而对挥发分及反应活性的要求不像固定床那样严格。由于煤粉粒度的粗细直接影响了制粉的电耗和成本，因此，在保证碳的转化的前提下，对挥发分含量高、反应活性好的煤可适当放宽煤粉粒度，对于低挥发分、反应活性差的煤（如无烟煤），煤粉粒度应越细越好。

4. 总硫

煤中是有硫元素存在的，在气化的过程中，会形成 H_2S、COS。硫含量过高，会给后系统煤气的净化和脱硫带来负担，并直接影响煤气净化系统的投资和运行成本。对煤中硫含量的选择，应结合净化装置的设计和投资综合考虑。

5. 对气化原料灰分熔点及组成要求

Shell 气化装置属于熔渣、气流床气化，为保证气化炉能顺利排渣，气化操作温度要高于灰熔点（流动温度）约 100～150 ℃，灰熔点过高，势必要求提高气化操作温度，从而影响气化炉运行的经济性。对于高灰熔点的煤，需要加入助熔剂。

煤灰的组成一般对气化反应无多大影响，但煤灰中的酸性成分 SiO_2、Al_2O_3、TiO_2 与碱性成分 Fe_2O_3、CaO、MgO 等的比值越大，灰熔点越大。助熔剂的加入，要结合煤灰的组成，通过添加某些组分，一般选用碱性物质来调整煤灰的组成，用来改善煤灰的熔融特性。

（四）气化炉

Shell 气化炉由于采用了膜式水冷壁结构，内壁衬里设有水冷却管，副产部分为蒸汽，正常操作时，壁内形成炉渣保护层，使用以渣抗渣的方式保护气化炉衬里不受侵蚀，避免了因高温、熔渣腐蚀及开停车产生应力对耐火材料的破坏。

SHELL 气化炉

气化炉主要由内筒和外筒两部分组成，由内而外，包括膜式水冷壁、环形空间和高压容器外壳。

膜式水冷壁安装在壳体内，提高了气化炉的效率，不需要额外加入蒸汽，并可副产蒸汽，膜式水冷壁向火一侧敷有一层比较薄的陶瓷耐火材料，一方面为了减少热损失；另一方面是为了挂渣，挂渣是由于陶瓷材料良好的耐温性及膜式水冷壁的存在，使在气化炉的内腔表面会形成具有一定厚度、质地坚硬的渣层，充分利用这一渣层的隔热功能，以渣抗渣，以渣保护炉壁，熔渣在气化过程中形成，沿着内壁向下走，最后通过底部的开孔排出到渣池段，这种结构可以使气化炉热损失减少到最低，以提高气化炉的可操作性和气化效率。

膜式水冷壁与承压炉体之间是环形空间，主要用于放置容纳水、蒸汽的输入与输出的管线、集箱管和分配管，另外，环形空间也便于管线的安装和检修、检验工作的进行。

气化炉的外壳为压力容器，一般小直径的气化炉用钨合金钢制造，其他用低铬钢制造。气化炉由上而下，分别为气化段、激冷段和渣池段。

即气化过程主要发生在气化段，气化段由圆筒膜式水冷壁、锥形炉底水冷膜式壁、锥形炉顶/激冷底水冷膜式壁、人孔冷却器、喷嘴冷却器和吹灰器组成。煤粉经常压煤粉仓、加压煤粉仓及给料仓，由高压氮气或二氧化碳，将煤粉送入气化炉烧嘴，来自空分的高压氧气经预热后，与中压过热蒸汽混合后导入煤烧嘴。气化炉加料采用侧壁烧嘴，在气化高温区对称布置，可根据气化炉的能力由 4～8 个烧嘴中心对称布置，由于采用多烧嘴结构，气化炉操作负荷具有很强的可调幅能力。煤粉、氧气、蒸汽在气化炉高温加压条件下发生气化反应。气化压力由承压炉体承受，气化炉的内筒上部为燃烧室，也就是气化区，下部为熔渣激冷室，煤粉和氧气在燃烧室反应，温度为 1 700 ℃左右。熔渣在气化过程中形成，沿着内壁向下走，最后通过底部的开孔排出到渣池段。

激冷段由圆筒形水冷膜式壁、正常冷激器和高速冷激器组成，激冷段采用高合金奥氏体钢，而激冷管采用铁素体钢，激冷管设计成膜式冷却系统组成的循环管，循环管与中压蒸汽的系统都采用翅片列管式结构。气化炉顶部的高温煤气激冷至大约 900 ℃后，进入合成气冷却器，经合成气冷却器回收热量后送入除尘系统。

渣池段由水冷壁底锥渣口、渣屏、喷水环和渣斗组成。在水冷壁底锥渣口下安装有圆锥形的捕渣屏，在渣屏和渣池之间安装一个冷却裙座。

三、Kopers-Totaeko 炉气化工艺

Kopers-Totaek 炉（简称 K－T 炉）如图 1.20 所示。

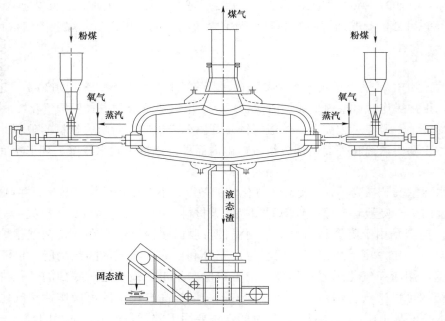

图 1.20　Kopers-Totaek 炉

　　煤粉（85%通过 200 目，即小于 0.1 mm）被氧气与蒸汽混合物并流喷入高温炉头，瞬间着火反应，温度高达 2 000 ℃，火焰末端即气化炉中部，煤粉完全气化，反应时间仅为 1 s，温度高达 1 500～1 600 ℃。60%～70%的灰粒以液态从下部排出，其余细灰随生成气自上部带出。由于是高温反应，生成气中 H_2、CO、H_2O、（$CO+H_2O$）含量高达 85%以上。其组成相当于炉口温度下水煤气反应的平衡组成。出口水煤气通过废热锅炉回收余热，并通过洗气系统进一步降温除尘。K－T 炉可在常压或加压下操作，炉温由氧/煤比或氧/蒸汽比调节，为了得到反应区的高温，一般加入蒸汽量较少，仅为 0.5 m^3（标）/m^3（标）氧。采用氧的浓度大于 98%。早期 K－T 炉为双炉头型，当前发展趋势是能力逐渐加大，新型 K－T 炉采用四个炉头，对称排列，单炉发气量达 50 000 m^3（标）/h。

　　现介绍一种采用 K－T 炉工艺日产千吨甲醇装置流程，如图 1.21 所示。K－T 炉用 0.1 mm 以下煤粉作为原料，与水蒸气和氧气结合，通过四个加料器入炉，在气化炉内于 1 600～1 800 ℃下燃烧，灰粉熔融，一些熔灰形成稠厚的渣层黏附在气化炉的耐火砖上，熔融灰渣流入位于气化炉下面的熔渣冷凝槽。急冷水用生产的蒸汽向上通过气化炉，与煤气一起通过气化炉顶部出口，在出口处喷少量水把煤气冷至灰熔点以下，使煤灰不致黏附在锅炉表面，气体先通过辐射锅炉与废热锅炉回收热量，然后进入洗涤塔，从洗涤塔出来的煤气进入湿式机械除尘器，最后进入电除尘器除尘后送往气柜。将煤气压缩到 5.0 MPa，进行脱硫、部分变换与脱碳，配成合成甲醇所需的气体组成，送往合成工艺。

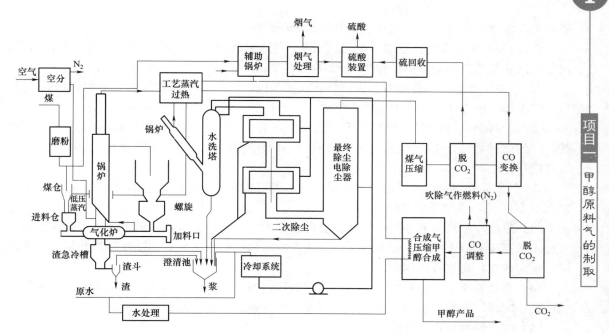

图 1.21　采用 K–T 炉工艺的日产千吨甲醇装置流程

【知识拓展】

德士古水煤浆气化岗位操作

1. 原始开车

新建或大修后的开车，称为原始开车，由于气化炉是由常温状态开车，也称为冷态开车，其步骤如下。

（1）开车前的准备工作如下。

① 系统内所有设备安装或检修完毕，并验收合格，设备及管道清理干净。

② 电子计算机及自控仪表的各项功能经验证正常完好。自动阀门、传送器及温度、压力、流量、液位等测量装置正确无误，达到安全的要求。

③ 全部辅助设施已经开车，高低压蒸汽、仪表空气、中压氮气、预热用煤气、火炬点火用燃料气、新鲜水、电源、化学药品等供应已齐备，并送入车间管网截止阀前。

水煤浆制备系统已经开车，并生产出合格的水煤浆，储备于煤浆槽中待用。

④ 甲空分装置已开车，能提供合格的氮气。循环冷却水系统和废水处理系统已经开车，达到使用要求。

⑤ 所有转动设备单体试车合格，处于备用状态。

⑥ 向系统通入氮气，将压力升至正常操作压力进行试压试漏，用肥皂液检查泄漏处。

（2）气化炉耐火衬里开车前需要进行预热升温。气化炉预热升温也称为烘炉，目的是缓慢除去耐火衬里中的水分，以防开车时在高温下水分急速蒸发，使耐火衬里损坏。同时，烘炉时，将耐火衬里的温度升到 1 217 ℃以上，为开车时投料点火创造条件。烘炉的步骤如下。

① 向渣池和洗涤塔加入新鲜水并达到正常液位，启动预热水循环泵，向急冷室加入热水，

然后沿黑水管道流入渣池，建立急冷室热水循环回路。

② 向开工抽引器分离器加水至正常液位，向抽引器加入 13 MPa 蒸汽，启动开工抽引器。调节蒸汽流量，使气化炉内保持 1.8 kPa 的真空度。

③ 用耐压软管将预热喷嘴和燃料气管连接起来，稍开预热喷嘴的风门和燃料气阀，在炉外点燃喷嘴，用电动吊车将喷嘴吊入炉内，安装在气化炉上，对气化炉进行烘炉。

④ 适当调节炉内负压、燃料气流量及风门开度，严格按照耐火材料制造厂提供的升温曲线，对耐火衬里进行预热升温。当气化炉顶热到最终温度后，将炉温维持在 1 200 ℃以上，等待投料开车。

⑤ 在升温过程要及时增加急冷水量，防止因高温损坏急冷室。同时，渣池水温不能超过70 ℃，防止离心水泵发生高温汽蚀。

（3）启动冷凝液泵向洗涤塔供水。启动急冷水泵向急冷室供水，调节好液位。将系统热水加入沉淀池和灰水槽，启动灰水泵，向洗涤塔给料槽供水，然后启动洗涤塔给料泵向洗涤塔供水，建立起灰水循环回路。

（4）启动真空泵，使真空闪蒸系统达到负压状态。出急冷室的水加入闪蒸罐，停预热水循环泵。同时，锁渣罐自动控制系统和喷嘴冷却水系统分别投入运行。

（5）气化炉投料点火步骤如下。

① 高压灰水供水系统调整到正常运行流程，做好开车准备工作。

② 火炬系统点燃常明小火炬。

③ 当气化炉预热到 1 200 ℃后，拆除预热喷嘴，安装好工艺喷嘴，连接好有关管线。关闭开工抽引器的蒸汽阀。

④ 用氮气置换气化炉至洗涤塔间的设备和管道，洗涤塔后置换气中，氧含量小于 2%为置换合格。

⑤ 启动煤浆泵，煤浆经循环回路返回煤浆槽，建立开工所需的煤浆流量。

⑥ 空分车间送合格的氧气，将压力调节到正常规定的压力，然后放空，建立开工所需要的氧气流量。

⑦ 打开喷嘴中心管氧气阀，流量一般为氧气总流量的 20%左右；打开煤浆阀，将煤浆通过喷嘴喷入气化炉内，开车时，煤浆流量为正常生产时的 50%左右；打开氮气吹除阀，向炉内通入高压氮气；打开氧气阀，向炉内通入氧气点火（由于炉温被预热到 1 000 ℃以上，煤浆和氧气入炉后立即会点火燃烧），此时若气化炉温度上升、火炬管有大量气体排出，证明投料点火成功，否则投料点火不成功。若投料点火不成功，应立即按停车步骤关闭氧气阀和煤浆阀，用氮气置换。当炉温在 1 000 ℃以上时，再按上述投料步骤进行投料开车；气化炉投料点火成功后，及时调节入炉煤浆和氧气流量，将炉温控制在 1 420 ℃左右，调节好急冷室和洗涤塔液位，检查喷嘴冷却水系统是否正常，并使系统各项工艺条件保持稳定。

（6）气化炉升压操作步骤如下。

① 逐渐提高背压控制器的给定值，对系统逐渐进行升压，按每分钟升压 0.1 MPa 的速率升到规定的压力。升压过程应注意炉温及炉压等工况的变化，出现问题应及时调节处理。

② 气化炉压力升至 1 MPa 时，检查系统密封情况。

③ 气化炉压力升至 1.2 MPa 时，黑水排入高压闪蒸罐，高、中压闪蒸罐系统投入运行，将闪蒸罐的液位调节至正常液位。

（7）打开沉淀池底泵，向压滤机供料，使压滤机系统投入运行。

（8）开车结束后，将生产负荷由 50% 逐渐增加到满负荷。在加量时，必须先增加煤浆量，再增加氧气量，而且每次增加量不能过大，确保炉温平稳。同时，将系统的各项工艺指标调节到正常值。当洗涤塔出口气体成分符合要求后，送到后系统，转正常生产。

短期停车后再次开车时，由于炉温较高，也称为热态开车。在这种情况下开车时，省去了检查、置换、烘炉等过程。若开车时炉温在 1 000 ℃ 以上，直接投料点火开车。若炉温低于 1 000 ℃，需要预热到 1 000 ℃ 以上，再按投料点火步骤进行开车即可。

2. 气化炉停车操作

1）长期停车

长期停车是指系统全部停车，气化炉处于常温常压状态的较长时间停车。长期停车一般是为了对气化炉系统进行检修，其步骤如下。

① 通知调度室、空分及净化准备停车，通知气化系统各岗位做停车准备。

② 逐渐减负荷至 50% 左右，减量时，按先减氧气、再减煤浆的顺序，分阶段平稳进行。

③ 适当增加氧煤比，将气化炉温度升到比正常操作温度高 100～150 ℃，维持 3 min 左右，以便除去炉壁挂的灰渣。

④ 逐渐打开煤气去火炬系统的阀门，将煤气全部送到火炬系统。

⑤ 完成上述停车准备工作后，按下述步骤进行停车：关闭氧气阀；关闭煤浆阀，停煤浆泵；打开冷灰水吸入阀，将灰冷水送入急冷室，防止洗涤塔内黑水因压力降低造成闪蒸而泵抽空；打开喷嘴冷却阀，以保护喷嘴；用高压氮气吹除喷嘴处的氧气管道和煤浆管道。

⑥ 逐渐打开系统去火炬的背压放空阀，以每分钟 0.1 MPa 的速度卸压，严防卸压速度过快，造成设备及火炬损坏。炉压降至 1.2 MPa 以下时，急冷室和洗涤排出的黑水排入真空闪蒸罐。当急冷室水温达到 190 ℃ 时，关闭去真空闪蒸罐的阀门，将黑水排入地沟，同时启动预热水循环泵向急冷室供水，打开渣池新鲜水补充阀，用新鲜水供急冷室。

⑦ 停急冷水泵、洗涤塔给料泵、渣池泵、灰水泵、破渣机、锁渣罐循环泵及锁渣罐自动控制系统，并用水冲洗煤浆管道。

⑧ 气化炉内压力降至常压后，用氮气置换气化炉系统，经放空阀排入火炬，当置换气中（$CO+H_2$）<0.5% 时，为合格。

⑨ 开启开工抽引器，使气化炉真空度保持在 4 kPa 左右。拆下工艺喷嘴，停喷嘴冷却水泵。

⑩ 通过自然通风，将气化炉温度降至 50 ℃ 以下，停开工抽引器，打开人孔，检修人员可进入炉内进行检修。

2）紧急停车

气化炉系统设有安全联锁装置，当有下列任何情况出现时，气化系统就会自动停车：① 煤浆流量过低；② 煤浆泵转速过低；③ 氧气流量过小；④ 急冷室出口气体温度过高；⑤ 急冷室液位过低；⑥ 仪表空气中断；⑦ 停电；⑧ 喷嘴及冷却水泵系统出现故障。

一旦出现紧急停车现象后，自动停车装置动作，气化系统将按照规定的停车步骤停车。停车后，操作人员要立即查找造成停车原因，并及时排除，然后按开车步骤重新开车。

对于短时间停车，气化炉需要保温，保温方法是换上预热喷嘴，维持气化炉温度，开车时再换上生产喷嘴。

3. 正常操作和不正常现象的处理

1）正常操作时主要调节内容

① 正常操作主要是精心调节氧气流量,保持合适的氧煤比,将炉温控制在规定的范围内,保证气化过程正常进行。

② 调节磨煤机生产能力,使之与气化炉煤浆需用量匹配。同时,要定期进行煤浆分析,颗粒分布及煤浆浓度要符合要求。

③ 要经常检查炉渣排放情况,确保气化炉顺利排渣,无堵塞现象。

④ 分析煤气中微粒含量,若超过指标,应加大文氏洗涤器及洗涤塔水量。

⑤ 检测沉降池灰水中颗粒沉降速度,并根据检测结果调整絮凝剂加入量。

⑥ 及时检查和调节喷嘴、急冷室、文氏洗涤器、洗涤塔的冷却水量和水温并进行水质分析,使各项指标达到工艺要求。

2）主要不正常现象及处理方法

① 煤浆浓度过大。原因是磨煤岗位加煤量增加或水量减少。处理方法是减少煤量或增加水量,同时给煤浆槽中加水稀释至要求的浓度。由于煤浆温度过低,也能造成浓度增大,此时应向煤浆槽蒸汽夹套通蒸汽加热。

② 由于煤浆中添加剂量减少,煤粉粒度过细或煤浆浓度过高,引起煤浆黏度增大,给输送和雾化造成困难。此时应增加添加剂量,调整煤粉粒度或降低煤浆浓度。

③ 煤浆管道堵塞。原因是管道内物料静止时间过长,或管内进入杂物。处理方法是用水冲洗,或者拆开管件疏通。

④ 气化炉出渣口堵塞。原因是炉温低于煤灰的熔点温度,液态渣的黏温特性不好,流动性差。此时应调整氧煤比,提高炉温,保证液态排渣。

⑤ 炉渣中夹带大量未燃烧的炭,气体成分有波动,炭转化率低。引起的原因是喷嘴磨损,发生喷偏现象,雾化效果差,或者中心管氧量调整不当,氧煤比不合理,炉温过低。处理方法是调整氧煤比和中心管的氧量,提高炉温,必要时更换喷嘴。

⑥ 气化炉壁温过高。原因是耐火砖衬里脱落,高温气沿砖缝窜气,或者炉温过高。处理办法是降低炉温,检查表面热电偶的准确性,必要时停车检查耐火砖衬里。

⑦ 破渣机超载停车。原因是炉内有大块落砖,或者破渣机出现机械故障,一般应停车。

🔄 【自我评价】

一、填空题

1. 水煤浆气化法是指煤或石油焦等固体燃料以_____或多元料浆的形式与_____一起通过喷嘴,气化剂高速喷出与料浆并流混合雾化,在气化炉内非催化部分氧化反应的工艺过程。

2. 水煤浆气化排渣为_____排渣。

3. 在水煤浆中加入石灰石（或 CaO）作为助熔剂,以_____熔融灰渣的黏度。

4. 水煤浆气化过程中,若氧煤比过低,气化炉温度_____,对气化反应不利,碳转化率及冷煤气效率_____。

5. 目前水煤浆气化过程中常用见的喷嘴为结构为三套管式,即物料导管由三套管组成,_____为两部分:一部分走中心管,一部分走外套管;_____走中间环管。

二、判断题

1. 为了保证水煤浆在较高的浓度保持较好的流动性，常常给水煤浆中加入木质素磺酸盐或者萘磺酸盐等来增加水煤浆的黏度。（　　）

2. 在德士古气化炉内，氧气可与煤完全燃烧放出热量，保证较高的炉温，因此气化反应时，氧气含量越高越好。（　　）

3. 在德士古气化炉内，氧气与煤完全燃烧放出热量，如氧气含量过高，则消耗的煤的量增多，故氧气含量越少越好。（　　）

4. 水煤浆加压气化反应是体积增大的反应，提高操作压力，对气化反应的化学平衡不利，故生产中常采用常压生产。（　　）

5. 废热锅炉是利用生产中的高位热能，转化为高温水蒸气的设备。（　　）

6. 稳定剂改变煤粒的表面性质，让煤粒均匀地分散在水中，并提高水煤浆的流动性。（　　）

7. 水煤浆在制备的过程中必须加入各种添加剂，其中，稳定剂和分散剂是不可缺少的。（　　）

8. 高温温克勒（HTW）工艺中，从气化炉顶部吹入气化剂进行流化反应。（　　）

9. 恩德炉气化炉分为上下两段，上部为密相段，下部为稀相段。（　　）

10. 水煤浆气化排渣为固态排渣。（　　）

三、选择题

1. 在德士古气化炉内气化区主要发生（　　）。

A. 煤高温热解分解出为焦油、酚、甲醇、树脂、甲烷等挥发分

B. 煤与氧气反应，生成二氧化碳并放出热量

C. 煤焦、甲烷等与水蒸气和二氧化碳反应，生成一氧化碳和氢气

D. 挥发分与氧气发生燃烧反应，并放出热量

2. 为了防止水煤浆对管道设备造成腐蚀，一般控制水煤浆 pH 在（　　）。

A. 2～5　　　　　　B. 6～7　　　　　　C. 7～9　　　　　　D. 11～14

3. 德士古水煤浆气化属于（　　）排渣。

A. 固态　　　　　　B. 液态　　　　　　C. 气态　　　　　　D. 都可以

4. 为了保证煤灰从气化炉中能以液态形式顺利排出，必须考虑煤灰的（　　）。

A. 黏温特性　　　　B. 稳定性　　　　　C. 成浆性能　　　　D. 灰发分

5. 通过加入适量的石灰石，可以（　　）熔融灰渣的黏度。

A. 增大　　　　　　B. 降低　　　　　　C. 不变　　　　　　D. 无规律

6. Shell 粉煤气化属于（　　）气化方式。

A. 固定床　　　　　B. 流化床　　　　　C. 气流床　　　　　D. 以上都不是

7. Shell 粉煤气化炉内，（　　）位于压力容器外壳和膜式水冷壁之间。

A. 环形空间　　　　B. 外筒　　　　　　C. 内筒　　　　　　D. 换热管

8. 德士古水煤浆气化是以（　　）为原料。

A. 煤粉　　　　　　B. 水煤浆　　　　　C. 煤块　　　　　　D. 煤粒

9. 德士古水煤浆是以（　　）为气化剂。

A. 空气　　　　　　B. 纯氧　　　　　　C. 氮气　　　　　　D. 富氧空气

10. 工业生产中，气化温度一般控制在（　　）℃。

A. 500～800　　　　B. 900～1 100　　　C. 1 300～1 500　　　D. 1 500～1 800

四、多选题

1. 在德士古气化炉内发生的反应主要有（　　）反应。

A. 煤高温热解分解出为焦油、酚、甲醇、树脂、甲烷等挥发分

B. 煤与氧气反应生成二氧化碳并放出热量

C. 煤焦、甲烷等与水蒸气和二氧化碳反应生成一氧化碳和氢气

D. 挥发分与氧气发生燃烧反应并放出热量

2. 德士古水煤浆气化法加压的优点有（　　）。

A. 可增加反应物浓度，加快反应速率，提高气化效率

B. 加压操作有利于水煤浆的雾化

C. 加压下气体体积小，可减小设备容积

D. 加压气化可节省压缩功

3. 激冷式气化炉从上向下分为（　　）三部分。

A. 工艺喷嘴　　　B. 燃烧室　　　　　C. 排渣室　　　　　D. 激冷室

4. 水煤浆的制备过程包括（　　）。

A. 选煤　　　　　B. 破碎　　　　　　C. 磨矿　　　　　　D. 加入添加剂、搅拌

5. Shell 粉煤气化过程中，以下反应属于吸热反应的是（　　）。

A. 碳、一氧化碳、氢气、碳氢化合物与氧气的反应

B. 碳与水蒸气的反应

C. 水煤气的变换反应

D. 碳与二氧化碳的反应

6. Shell 煤气化炉由内筒和外筒两部分组成，包括（　　）。

A. 膜式水冷壁　　B. 环形空间　　　　C. 高压容器外壳　　D. 换热管

五、简答题

1. 简述水煤浆气化的生产原理。

2. 简述德士古水煤浆气化的工艺流程。

3. 简述气化炉工艺烧嘴的结构及工作原理。

任务三　　除尘工艺

【任务分析】

以固体原料制得的甲醇原料气中含有各种杂质。例如，矿尘、硫化氢、煤中的挥发分等，这些杂质的存在，将给煤气的使用带来危害，固体杂质会堵塞管道、设备等，从而造成系统阻力增大，甚至使整个生产无法进行。因此，煤气使用前都必须把固体杂质清除干净。

【知识链接】

知识点一：除尘工艺

煤气的净化包括固体颗粒的清除和气体杂质的净化，一般分为预净化和净化两个阶段。大多数煤气的预净化方法，包括带有热回收的冷却及用水进行洗涤或急冷工序。对于气流床气化等高温气化方法，粗煤气中不含煤焦油等，经废热锅炉等回收热量后，从气化操作中夹带出来的固体颗粒，如灰或未燃烧煤尘，可经水洗急冷操作而被脱除。同时，水洗急冷还可有效减少或清除气体中的某些化学杂质，如卤化物、氮化物等，并可将它们从水中回收。当采用固定床和流床化气化方法时，由于煤气出口温度低，煤气中含有焦油、油、各种煤化学物质和有机硫，这样使净化方法较为复杂。一般先经废热锅炉回收热量后，再经间接冷却，重的煤焦油与固体颗粒一起返回气化炉，轻组分则送去煤焦油精炼。我国一般都采用"废热锅炉—水冷洗涤—气柜—电除尘—脱硫"净化流程。

从发生炉出来的粗煤气温度很高，带有大量的热能，同时还带有大量的固体杂质。煤气的生产方法不同，粗煤气的温度和固体颗粒杂质的含量也不同。

流化床气化的粗煤气温度高，固体颗粒含量也高。如 K–T 法中炉气出口温度约为 1 816 ℃，并稍具正压。这时直接用水来使气体急冷，以使其挟带的熔渣微滴固化，然后使气体通过废热锅炉产生蒸汽，同时降低煤气自身温度到 177 ℃左右。气体再经两级文氏洗涤器洗涤精华和冷却，温度降至 35 ℃，然后送去脱硫。K–T 法除尘净化的工艺流程如图 1.22 所示。

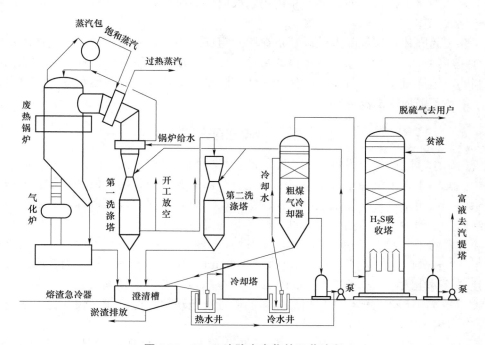

图 1.22　K–T 法除尘净化的工艺流程

鲁奇（Lurgi）气化过程为加压操作，且气体中含有焦油和油，粗煤气的预净化比较复杂。从气化炉出来的粗煤气温度为 427～437 ℃，气体首先通过急冷冷却器，而后通过废热锅炉，离开时温度约为 154 ℃，焦油、油和冷凝液在此处收集予以分离。重质焦油（大部分颗粒物质积聚在此焦油内）返回到气化炉。接着进行两级气体间接冷却，在第一级即中间收集余下的焦油、油和水。在第二级，气体被冷却到 30～38 ℃，此处只收集油和水。最后为了脱除轻质油，用洗油对气体进行逆流洗涤。制取高热量煤气时，需在废热锅炉后的工序中加入变换炉。这种配置方式可使气体的冷却和再加热都简化到最低程度。另外，重质油在变换催化剂上部脱硫，同时 COS 和 CS_2 转变为成 H_2S 和 CO_2。

典型的鲁奇净化工艺流程如图 1.23 所示。

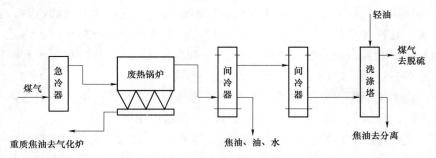

图 1.23　典型的鲁奇净化工艺流程

该流程同时生产不同的副产物，即焦油、粗粉、氨和硫。氨可从水中回收，而硫可从酸性气体脱除过程中回收。其他副产物需要进行提浓。将这些物料提浓可称为销售产品。这些副产物中苯和酚易于销售，而其他产品销售则成问题。所以许多厂家将不需要的副产物返回气化炉转化成气体。

前面介绍的固体颗粒脱除方法，都是在脱除粗煤气固体颗粒的同时，将气体冷却降温。然而在有些应用场合，趁热清除气体内的微粒杂质，并在高温下脱除各种有害的硫化物，可能是有利的，这样就不必使气体冷却然后在燃烧时重新加热。例如，燃气透平，但现代技术的燃气透平还不能使用高温燃料。

知识点二：除尘的主要设备

煤气中矿尘清除的主要设备，按清除原理，可分为：以重力为主的沉降室，如煤气柜和废热锅炉就相当于重力沉降室；依靠离心力进行分离的旋风分离器；依靠高压静电场进行除尘的电除尘器；用水进行洗涤除尘的文氏洗涤器、水膜除尘器和洗涤塔等。此处仅介绍电除尘气的结构，其他除尘设备结构较简单，读者可参阅相关书籍。

电除尘器的主要特点：除尘效率高，一般均在 95%～99%，最高可达 99.9%，可使矿尘含量除至 0.2 g/m³ 以下，能除去粒度为 0.01～100 μm 的矿尘，设备生产能力范围较大，即适应性较强；流体阻力小，一般在 6 666 Pa 以下。电除尘器有干式和湿式之分，湿式电除尘器操作连续、稳定，不会出现像干式电除尘器的矿尘反搅现象。但只能在较低稳定下使用，因而在煤气除尘中较广泛地被采用。

下面介绍以下电除尘器的特点、结构及工作原理。图 1.24 所示为湿式电除尘器的结构。

它由除尘室和高压供电两部分组成除尘室中的电晕电极接高压直流电成为负极，沉淀电极接地成为正极，两极间的距离不大，一般为 16.7～20 kPa。电晕电极的直径较小，一般为 1.5～2.5 mm 的细丝。在两极间供以 50～90 kV 的高压直流电，形成不均匀的高压电场。在电晕电极上电场强度特别大，使其产生电晕放电，处在电晕电极线周围的气体在高电强度的作用下发生电离，带负电的粒子充满整个电场的有效空间，密度可达 10^{13} 粒子/m^3 以上。带负电的粒子在电场的作用下，从电晕电极向沉淀电极移动，与粉尘相遇时，炉气中的分散粉尘颗粒将其吸附，从而带电。带电的粉尘在电场作用下移向沉淀电极，在电极上放电，使粉尘成为中性并聚集在沉淀电极上，干式经振打、湿式可用水或其他液体冲洗进收尘斗中而被清除。通常电晕极供以负电，因为阴离子比阳离子活跃，阴极电晕比阳极稳定。

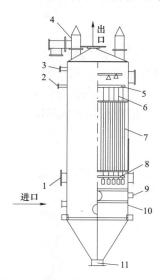

1—人孔；2—连续给水装置；3—间断给水装置；4—绝缘子箱；5—上吊架；6—电晕线；

7—沉淀剂；8—下吊架；9—均流板；10—防爆孔；11—排污法兰。

图 1.24　湿式电除尘的结构示意

【知识拓展】

化工先驱范旭东

范旭东，杰出的化工实业家，中国重化学工业的奠基人，被誉为"中国民族化学工业之父"，范旭东先生一生奋斗于中国化工事业的振兴之中。他为我国民族工业的发展作出了重大贡献。

1915 年，范旭东在天津创办久大精盐公司，以海滩晒盐加工卤水，用钢板制平底锅升温蒸发结晶，生产出中国本国制造的第一批精盐，纯度达到 90% 以上，它品质洁净、均匀、卫生，品种主要有粒盐、粉盐和砖盐等，传统制盐方法生产出来的粗盐根本不能与之相比。

1918 年，他创办了亚洲第一座纯碱工厂——永利化学公司碱厂，突破了外国公司的垄断，与侯德榜等成功地解决了制碱过程一系列化学工艺与工程技术问题。30 年代，他创办了我国第一座生产合成氨的联合企业——永利化学公司铔厂。抗战期间，他在大后方先后创办了久大川厂和永利川厂，推进了大西南建设，支援了抗战。

1922年8月，范旭东从久大精盐分离出了中国第一家专门的化工科研机构——黄海化学工业研究社，并把久大、永利两个公司给他的酬金用作该社的科研经费。

1935年，"黄海"试炼出中国第一块金属铝样品。1937年2月5日，中国首座合成氨工厂——永利南京铔厂生产出中国第一批硫酸铵产品、中国第一包化学肥料，被誉为"远东第一大厂"。

他为我国民族工业的发展作出了重大贡献。毛泽东称赞他为中国人民不可忘记的四大实业家之一，并在他逝世后题写了挽联"工业先导、功在中华"。

【自我评价】

一、填空题

1. 煤气的净化包括_____的清除和_____的净化。

2. 对于高温的煤气，一般在除尘的同时，可回收_____。

3. 电除尘器由_____和_____两部分组成。

4. 电除尘器的除尘室中的电晕电极接高压直流电成为_____，沉淀电极接地成为_____。

二、简答题

1. 为什么要进行除尘？

2. 电除尘的原理及特点是什么？

项目二 变换

项目简介

以煤为原料所制得的甲醇原料气不符合甲醇合成的需要，因此需经过一氧化碳变换和原料气脱硫脱碳两个工序。本项目主要学习一氧化碳的变换，一氧化碳变换工段的主要任务是以气化工段所得的粗煤气为原料，经过变换工艺，达到调整碳氢比例、脱除有机硫的目的。

教学目标

知识目标：

1. 掌握变换的原理；
2. 能识读甲醇合成气变换 PID 工艺流程图；
3. 能对变换过程进行分析，并选择合适的工艺条件；
4. 能选择合适的变换设备，并对设备进行操作。

能力目标：

1. 能绘制甲醇合成气变换工段 PID 图；
2. 能进行宽温耐硫变换工艺的工艺运行控制；
3. 能进行变换工段设备的日常维护；
4. 能进行甲醇合成气变换催化剂的填装、还原和钝化。

素质目标：

1. 通过学习基本原理，使学生理解科学理论对实践的指导作用；
2. 通过认识设备的结构、工作原理，培养学生自主探究的精神；
3. 通过查找控制点和工艺参数等，使学生具有严谨的工作作风；
4. 通过分组讨论、集体完成项目，培养学生团队合作的意识。

任务导入

变换工段是以煤为原料合成甲醇过程中不可或缺的工段，调节碳氢比例、脱除有机硫是该工段的主要任务。因此，通过本项目的学习，能完成工艺条件的选择，工艺运行的控制，生产过程中各种异常情况的处理等。

任务一　变换工艺条件的选择控制

【任务分析】

变换是煤制甲醇原料气很重要的一个环节，为什么要进行变换？变换的基本原理是什么？在实际工业生产的过程中，如何控制反应的温度、压力、空速等工艺条件确保变换过程的顺利进行？

【知识链接】

知识点一：变换的基本原理

以固体燃料为原料所制得的粗甲醇原料气氢碳比太低，不符合甲醇合成的需要，因此需经过一氧化碳变换工序。变换工序主要有以下两个作用。

1. 调整氢碳比例

合成甲醇的原料气组成应保持一定的氢碳比例，甲醇合成反应中，一氧化碳与二氧化碳所需的氢的化学当量是不同的，应使 $M = \dfrac{n(H_2)}{n(CO) + 1.5n(CO_2)} = 2.0 \sim 2.05$。当以煤、焦炭为原料生产甲醇时，气体组成一般会偏离上述比例，一氧化碳含量过高，需通过变换工序除去过量的一氧化碳并生成一定量的氢气。本任务主要以此目的为主进行讲解。

2. 有机硫转化为无机硫

甲醇合成原料气必须将气体中总含硫量控制在 $0.2\ cm^3/m^3$ 以下。其中，有机硫化物较难脱除，一氧化碳变换所用催化剂也可催化原料气中的有机硫转变为无机硫化物 H_2S，便于后工序脱除。如果变换工序采用耐硫催化剂，在变换前不需要设脱硫工序，变换后，脱硫脱碳一次进行。

一、CO 变换基本原理

（一）变换反应的化学平衡

变换反应的化学方程式如下：

$$CO + H_2O \Longleftrightarrow CO_2 + H_2 + 41.17\ kJ/mol \tag{2-1}$$

这是一个可逆、放热、等体积的化学反应，从化学反应平衡角度来讲，提高压力对化学平衡没有影响，但是降低反应温度和增加反应物中水蒸气的含量均有利于反应向生成 CO_2 和 H_2 的方向进行。

但是，CO 和 H_2O 共存的系统是含有 C、H、O 三个元素的系统，从热力学角度来讲，不但可以发生上述的变换反应，还可能发生其他副反应。如：

$$CO + 3H_2 = CH_4 + H_2O \tag{2-2}$$

$$CO + H_2 = C + H_2O \qquad (2-3)$$

$$2CO = C + CO_2 \qquad (2-4)$$

由于所选用的催化剂对 CO 变换反应具有良好的选择性，因而在计算反应平衡时不必考虑。变换反应的化学平衡常数 k_p 可以表示为各组分、浓度、体积或者摩尔数的关系式：

$$\begin{aligned} k_p &= \frac{N_{CO_2} \times N_{H_2}}{N_{CO} \times N_{H_2O}} \\ &= \frac{[CO_2] \times [H_2]}{[CO] \times [H_2O]} \\ &= \frac{V_{CO_2} \times V_{H_2}}{V_{CO} \times V_{H_2O}} \\ &= \frac{p_{CO} \times p_{H_2O}}{p_{CO_2} \times p_{H_2}} \end{aligned} \qquad (2-5)$$

式中，N_{CO_2}、N_{CO}、N_{H_2O}、N_{H_2} 分别为变换气中各组分的摩尔数；$[CO_2]$、$[CO]$、$[H_2O]$、$[H_2]$ 分别为变换气中各组分的体积或摩尔浓度；V_{CO_2}、V_{CO}、V_{H_2}、V_{H_2O} 分别为变换气中各组分的体积；p_{CO}、p_{CO_2}、p_{H_2O}、p_{H_2} 分别为各组分的分压。

（二）CO 变换反应方程式解析

$$CO + H_2O \Longrightarrow CO_2 + H_2 + 41.17 \ kJ/mol \qquad (2-6)$$

1. 放热反应

在工业生产中，一旦升温硫化结束，转入正常生产后，即可利用其反应热维持生产过程的连续进行。

2. 可逆反应

在工业生产中，要尽一切可能使反应向有利于生成 H_2 和 CO_2 的方向进行。

3. 使用催化剂的影响

由于催化剂的使用，生产过程中反应温度应维持在所用催化剂的活性温度范围以内，以利于有效地使用催化剂，确保生产中工艺指标的严格执行。

4. 体积不变的反应

该化学反应前后体积不变，所以，从理论上讲，改变压力对反应平衡没有影响；但提高压力，可加快反应速度，使设备体积减小，提高生产能力，因此工业上多采用加压变换，根据上个工段过来的气体的压力进行变换反应。

5. 反应的程度通过变换率来表示

一氧化碳变换反应是等体积反应，反应前后体积相等。在生产中可测定原料气及变换气一氧化碳的干基含量。设以 1 mol 干原料气为基准，则原料气中 CO 量应等于反应的 CO 量与变换气中 CO 量之和。

整理后可得一氧化碳的实际变换率 E：

$$E = \frac{V_{CO} - V'_{CO}}{V_{CO} \times (V'_{CO} + 1)} \times 100\% \qquad (2-7)$$

式中，E 为变换率；V_{CO} 为煤气中 CO 体积分数；V'_{CO} 为变换气中 CO 的体积分数。

（三）变换反应机理

一氧化碳和水蒸气的反应如果单纯在气相中进行，即使温度在 100 ℃，水蒸气用量很大，反应速率仍然是极其缓慢的。这是因为在进行变换反应时，首先要使蒸汽中的氧与氢连接的键断开，然后氧原子重新排到 CO 分子中去而变成 CO_2，两个 H 原子相互结合为 H_2 分子。水分子中 O 与 H 的结合能力很大，要使 H—O—H 的两个键断开，必须有相当大的能量，因而变换反应进行是比较困难的。当有催化剂存在时，反应则按下述两步进行：

$$[K]+H_2O（汽）\longrightarrow [K]O+H_2 \qquad (2-8)$$
$$[K]O+CO\longrightarrow [K]+CO_2 \qquad (2-9)$$

式中，[K] 为催化剂；[K]O 为中间化合物。

即水分子首先被催化剂的活性表面所吸附，并分解为氢与吸附态的氧原子。氢进入气相中，氧在催化剂表面形成氧原子吸附层。当 CO 撞击到氧原子吸附层时，即被氧化成 CO_2，随后离开催化剂表面进入气相，然后催化剂表面又吸附水分子，反应继续下去。反应按这种方式进行时，所需能量较少，所以变换反应在有催化剂存在时，速率可以大大加快。在反应过程中，催化剂能够改变反应进行的途径，降低反应所需的能量，缩短达到平衡的时间，加快反应速率，但它不能改变反应的化学平衡，反应前后催化剂的数量和化学性质不变。

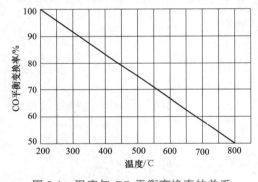

图 2.1　温度与 CO 平衡变换率的关系

二、影响变换反应的因素

1. 温度的影响

由式（2-3）及 CO 变换反应平衡常数表可知，温度降低，平衡常数增大，有利于变换反应向右进行，如图 2.1 所示。而平衡变换率增大，变换气中 CO 含量减少，故生产中常采用中温变换后再进行低温变换，以提高变换率，降低变换气中的 CO 含量。

2. 蒸汽添加量的影响

增加蒸汽量，可使变换反应向右进行。因此，在实际生产中，通过向系统中加入过量蒸汽的方式提高变换率。不同温度下蒸汽加入量与 CO 平衡变换率的关系如图 2.2 所示。

由图可知，达到同一变换率时，反应温度降低，蒸汽用量减少。在同一温度下，蒸汽量增大，平衡变换率随之增大，但其趋势是先快后慢。因此，蒸汽用量过大，变换率的增加并不明显，然而蒸汽耗量却增加了，增加了风机的动力消耗，还易造成催化剂层温度难以维持，故蒸汽用量应根据平衡变换率选择一个合适的数值。

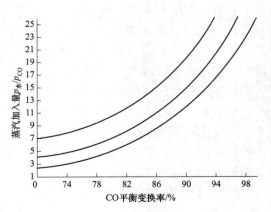

图 2.2　不同温度下蒸汽加入量与
CO 平衡变换率之间的关系

3. 压力的影响

变换反应是等分子反应，反应前后气体的总体积不变，故生产中压力对变换反应的化学平衡并无明显的影响。

4. CO_2 的影响

在变换反应过程中，如能及时除去生成的 CO_2，就可以使变换反应向右进行，提高 CO 变换率。实际生产中，CO_2 的脱除是在变换反应之后的脱碳工段进行的，在变换中提高 CO 变换率主要通过调节温度和压力来实现。

5. 副反应的影响

CO 变换过程中，可能发生 CO 分解析出碳和生成甲烷等副反应，其反应式如下：

$$CO = C + CO_2 + Q \tag{2-10}$$
$$CO + 3H_2 = CH_4 + H_2O + Q \tag{2-11}$$
$$2CO + 2H_2 = CH_4 + CO_2 + Q \tag{2-12}$$
$$CO + 4H_2 = CH_4 + 2H_2O + Q \tag{2-13}$$

以上副反应在压力高、温度低的情况下较容易产生，它们不仅消耗了有用的 H_2 和 CO，且增加了无用成分甲烷的含量，同时，分解析出的碳附着在催化剂表面，降低了催化剂活性，对生产十分不利。一般通过调节工艺，在正常的操作条件下，可防止发生副反应现象。

知识点二：变换工艺条件的选择

一、变换反应温度的选择

变换反应是一个可逆的放热反应，由于可逆放热反应的反应速率常数 k 随温度升高而增大，而平衡常数 k_p 随温度升高而下降，而反应速率与反应速率常数及反应物、产物的浓度均有关系，因此，随反应温度的升高，反应速率从上升到下降会出现一最大值（图 2.3）。在气体组成和催化剂一定的情况下，最大反应速率时对应的温度称为该条件下的最佳反应温度或最适宜反应温度。

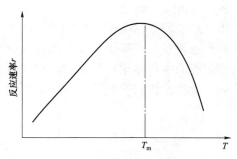

图 2.3　最适宜温度示意图

最适宜反应温度可由下式计算：

$$T_m = \cfrac{T_e}{1 + \cfrac{RT_e}{E_2 - E_1} \ln \cfrac{E_2}{E_1}} \tag{2-14}$$

式中，T_m、T_e 为最适宜反应温度与平衡温度，K；E_1、E_2 为正、逆反应活化能，J/mol。

最适宜反应温度与反应物组成有关，在不同组成下的最适宜温度组成的曲线就是最适宜温度曲线。为加快反应速率，并提高 CO 的变换率，可逆放热反应最好沿着最适宜温度曲线进行，此时反应速率最大，即相同的生产能力下所需催化剂用量最少。

但是实际生产中完全按最适宜温度曲线操作是不现实的。首先，在反应前期变换率较小，

而实际最适宜温度 T_m 很高，且大大超过中变催化剂允许使用的温度范围，而此时，由于远离平衡，即使离开最适宜温度曲线，在较低温度下操作，仍有较高的反应速率。其次，随着变换反应的进行，变换率不断增大，反应热不断放出，而最适宜温度 T_m 却要求不断降低，因此，如何从催化剂床层不断移去适当热量是变换过程控制的主要问题。

以实际生产中，变换炉的设计及生产中温度的控制应注意以下几点。

① 将变换温度控制在催化剂的活性温度范围内操作，防止超温造成催化剂活性组分烧结而降低活性。此外，反应开始温度应高于所用型号催化剂的起始活性温度 20 ℃左右，随着催化剂使用时间的延长，活性有所下降，操作温度应适当提高。

② 必须从催化剂床层及时移出热量，不断降低反应温度，以接近最适宜温度曲线进行反应，并且对排出的热量加以合理利用。

③ 低温变换的温度，除应限制在催化剂活性温度范围内，还必须考虑该气体反应条件下的露点温度，以防止水蒸气的冷凝。低温变换操作温度一般应比露点温度高出 20 ℃左右。如果控制不严，水蒸气冷凝则有氨水生成，它凝聚于催化剂表面，生成铜氨络合物，不仅降低催化剂的活性，还会使催化剂破裂粉碎，从而引发床层阻力增加等弊端。

工业上变换反应的移热方式有三种：连续换热式、多段间接换热式、多段直接换热式。国内装置中多为多段间接换热式和多段直接换热式。

（一）多段间接换热式

图 2.4（a）所示为多段间接换热式变换炉示意图。原料气经换热器预热达到催化剂所要求的温度后进入第一段床层，在绝热条件下进行反应，温升值与原料气组成及变换率有关。第一段出来的气体经换热器降温，再进入第二段床层反应，经过多段反应与换热后，出口变换气经换热器回收部分热量后送入下一设备。绝热反应一段，间接换热一段是这类变换炉的特点，此变换炉将断间换热器设置在变换炉内，工业上常见段间换热器设置在变换炉外部。如图 2.4（c）所示，将绝热反应段反应的高温气体送至变换炉外部的段间换热器进行换热后，再送至变换炉内继续反应，重复此过程。

变换操作状况如图 2.4（b）所示，其中，AB、CD、EF 分别是各段绝热操作过程中变换

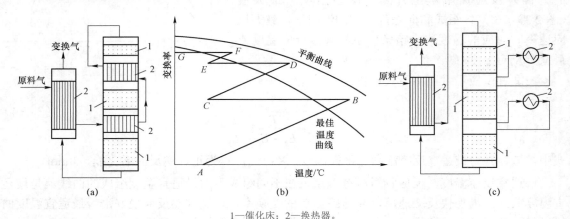

1—催化床；2—换热器。

图 2.4 多段间接换热式变换炉

（a）多段间接换热式变换炉示意图；（b）变换操作状况；（c）塔外换热的多段反应器

率与温度之间的关系，称为绝热操作线，可由绝热床层的热量衡算式求出。由于这几段气体的起始组成相同，这几条绝热操作线相互平行。BC、DE 为段间间接冷却线，平行于温度轴，表示冷却过程中只有温度变化而无变换率改变。

（二）多段直接换热式

多段直接换热式根据段间冷激的介质不同，分为多段原料气冷激、多段蒸汽冷激和多段水冷激三种。

1. 多段原料气冷激式

图 2.5（a）所示为多段原料气冷激式变换示意图。它与间接换热式的不同之处在于段间的冷却过程采用直接加入冷原料气的方法使反应后气体温度降低。

变换操作状况如图 2.5（b）所示。虽然段间有冷激，但由于这几段气体的起始组成相同，使这几条绝热操作线互不平行。BC、DE 为段间冷激线，冷激过程中产生了物料的返混，变换率下降，故冷激降温线不与温度轴平行，其延长线汇于点 O，点 O 坐标为（0，T_0），T_0 为冷激气温度。

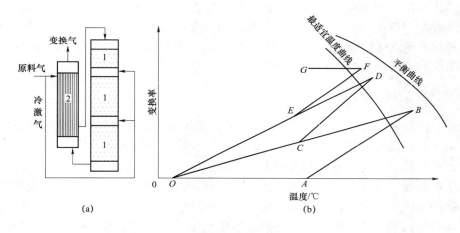

1—催化床；2—换热器。

图 2.5　多段原料气冷激式变换炉

（a）多段原料气冷激式变换示意图；（b）变换操作状况

2. 多段水冷激式

图 2.6（a）所示为多段水冷激式变换炉示意图。它与原料气冷激式不同之处在于冷激介质为冷凝水。操作状况如图 2.6（b）所示。由于冷激后气体中水蒸气含量增加，从而使下一段反应推动力增大，用式（2-8）计算的 k_p 因汽气比增大而减小，因而平衡温度提高时，最适宜温度也提高。故平衡曲线及最适宜温度线都高于上一段。由于冷激后汽气比增大，使下一段的绝热温升小于上一段，故而绝热操作线的斜率逐段增大，互不平行。冷激降温线则平行于温度轴。

多段水冷激式
变换炉

工业变换炉及全低变炉一般用 2～3 段。并且根据工艺需要，变换炉的段间降温方式可以是上述介绍的单一形式，也可以是几种形式的组合。比如，三段变换炉的一、二段间用间接换热，二、三段间用水冷激。

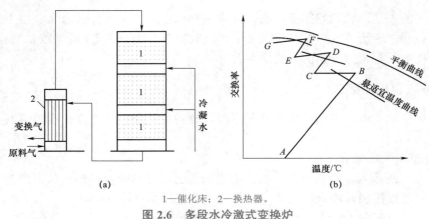

1—催化床；2—换热器。

图 2.6　多段水冷激式变换炉

（a）多段水冷激式变换炉示意图；（b）操作状况

　　一般段间间接换热冷却介质多采用冷原料气或蒸汽。用冷原料气时，由于热源气体的热容、密度相差不大，故热气体的热量易被移走，温度调节方便，冷热气体温差较大，换热面积小；用蒸汽作冷却介质将饱和蒸汽变成过热蒸汽再补入系统可以保护主换热器不致腐蚀。这种方法现在被广泛采用，效果较好。但蒸汽间接换热降温不宜单独使用，因为在多数情况下，系统补加的蒸汽量较少，通常只有热气体的 1/6，调温效果也不理想，故常将蒸汽换热与其他换热方法在同一段间接降温中结合起来使用。

二、变换反应压力的选择

　　压力对 CO 变换反应的平衡几乎无影响，但加压却促进了析碳和甲烷化等副反应的发生，同时，提高压力，反应物体积缩小，单位体积中反应物分子数增多，反应分子被催化剂吸附速率增大，反应物分子与被催化剂吸附原子碰撞的机会增多，因而可以加快反应速率，提高催化剂的生产强度，减小设备和管件尺寸；加压下的系统压力降解所引起的功耗比低压下小；加压还可提高蒸汽冷凝温度，可充分利用变换气中过剩蒸汽的热能，提高冷凝液的价值，还可降低后续节省压缩合成气的能耗。当然，加压会使系统冷凝液的酸度增大，对设备、管件材料的腐蚀性增强，这是不利的一面，设计时应加以解决。一般变换工段的压力由转化或气化工序来确定。

三、汽气比的选择

　　在进行变换时，加入的水蒸气比例一般用汽气比 $n(H_2O)/n(干气)$ 或汽碳比 $n(H_2O)/n(CO)$ 来表示。增加水蒸气用量，即汽气比增加，便加大了反应物质的浓度，反应向生成物的方向移动。提高了平衡变换率，同时有利于高变催化剂活性组分 Fe_3O_4 相的稳定和抑制析碳与甲烷化反应的发生。过量的水蒸气还起载热体的作用，使催化剂床层温升相对减少。

　　但汽气比过大，水蒸气消耗量多，会增加生产成本，且过大的水蒸气量反而使变换率降低。这是由于实际生产中反应不可能达到平衡，加入过量的水蒸气便稀释了 CO 的浓度，反应速率随之减小；加之反应气体在催化剂床层停留时间的缩短，使变换率降低；对于低变催化剂如汽气比过大，操作温度越接近露点温度，越不利于催化剂的维护。

【知识拓展】

安全生产

一氧化碳为无色无臭气体，因此极易吸入体内发生中毒。空气中允许浓度为 0.03 mg/L。

一、中毒机理

人体组织需要靠氧气来维持生命，氧气又靠血液中的血红蛋白（Hb）输送，形成氧合血红蛋白（HbO）将氧通过血液循环，带到全身各部。当一氧化碳吸入肺部，渗入人的血液时，立即与 Hb 结合，形成不易分解的碳氧血红蛋白（HbCO），失去了输送氧气的能力。由于 Hb 与 CO 的亲和力比与 O_2 的亲和力大 200～300 倍，而 Hb 与 CO 的离解度又是 O_2 的 1/3 600，因此，一氧化碳中毒表现出窒息及全身缺氧等症状。

二、中毒症状

1. 急性中毒

① 轻度：头昏、眩晕、耳鸣、恶心呕吐、疲乏无力等。
② 中度：昏迷、嗜睡、肢体呈瘫痪、痉挛、意识不清等。
③ 重度：深度昏迷、呼吸微弱、瘫痪、癫痫等。

2. 慢性中毒

面色苍白、易疲劳、全身不适、滞食、失眠、头痛、气促、记忆减退等。

三、急救与治疗

① 立即将中毒者抬至新鲜空气处，注意保暖、安静。
② 对呼吸衰竭者，进行人工呼吸；对能自主呼吸者，给以自动输氧；对呼吸困难者，可进行强制输氧；有条件者，可放入氧加压舱。
③ 急性中毒病情严重时，可迅速换血 200～400 mL，血压降低时（100 mmHg 以下），禁忌放血。
④ 输入 5%葡萄糖盐水 1 500～2 000 mL 或 50%葡萄糖 50～60 mL 加维生素 C 500 mg 静脉注射。
⑤ 呼吸循环衰竭时，同时注射山梗菜素、可拉明、樟脑等强心剂。
⑥ 注射中枢神经兴奋剂洛贝林及苯甲酸钠等。
⑦ 针灸"人中""涌泉""十宣"穴。

【自我评价】

一、填空题

1. 依据变换反应的化学方程式 $CO + H_2O \rightleftharpoons CO_2 + H_2 + 41.17$ kJ/mol 来看，该反应属于_____热反应，反应前后化学计量数_____，所以，增大压力对该体系反应平衡_____影响，降低温度_____反应速率。

2. 从化学反应平衡角度来讲，降低反应温度和增加反应物中水蒸气量均有利于反应向_____方向进行。

3. $CO + H_2O \rightleftharpoons CO_2 + H_2 + 41.17$ kJ/mol 具有_____、_____、_____等特点。

4. CO 变换过程中，可能发生 CO 分解析出碳和生成甲烷等副反应，例如_____、_____等。

5. 变换工序主要有两个作用：_____、_____。

6. 合成甲醇的原料气组成应保持一定的氢碳比例，甲醇合成反应中，一氧化碳与二氧化碳所需的氢的化学当量是不同的，应使 $M = \dfrac{n(H_2)}{n(CO) + 1.5n(CO_2)} = $_____。

7. 工业上变换反应的移热方式有三种：_____、_____、_____。

二、判断题

1. 一氧化碳变换是一个可逆吸热反应。　　　　　　　　　　　　　　　　（　　）

2. CO 变换反应是放热反应，因此温度越低越好。　　　　　　　　　　　（　　）

3. 一氧化碳变换反应是等体积反应，反应前后体积相等，因此压力对反应平衡没有影响。　　　　　　　　　　　　　　　　　　　　　　　　　　　　　　　（　　）

4. 变换反应是一个可逆的放热反应，因此提高反应温度有利于提高变换率。　（　　）

5. 增加蒸汽用量有利于提高变换率，因此工业生产中应该尽可能采用高的蒸汽用量进行变换反应。　　　　　　　　　　　　　　　　　　　　　　　　　　　　（　　）

6. 变换工艺中，最适宜温度是一个不变的数值。　　　　　　　　　　　　（　　）

7. 变换温度的选择除了考虑最适宜温度外，还应考虑催化剂的活性温度，变换温度应该控制在催化剂的活性温度范围内。　　　　　　　　　　　　　　　　　　　（　　）

8. 一氧化碳中毒后，应立即将中毒者抬至新鲜空气处，并注意保暖、安静。（　　）

三、选择题

1. CO 变换的目的是（　　）。

A. 调整 H/C　　　　B. 脱硫　　　　　　C. 脱碳　　　　　　D. 甲烷化

2. 随着变换反应的进行，变换率不断增大，最适宜温度 T_m 不断（　　）。

A. 降低　　　　　　B. 增大　　　　　　C. 不变　　　　　　D. 无影响

3. 工业变换反应如采用多段直接换热式，则可采用（　　）作为冷却剂。

A. 冷的原料气　　B. 冷凝水　　　　　C. 空气　　　　　　D. 氮气

4. 对于一氧化碳变换反应而言，（　　）温度有利于提高变换率。

A. 提高　　　　　　　　　　　　　　　B. 降低

C. 先降低后提高　　　　　　　　　　　D. 先提高后降低

四、简答题

1. 简述一氧化碳变换的原理。

2. 分析影响一氧化碳变换平衡的因素。

3. 简述工业上一氧化碳变换的温度调节方法。

任务二　变换工艺及设备的选择

【任务分析】

变换是一氧化碳与水蒸气反应生成二氧化碳和氢气的过程，通过变换反应，可以达到减少空气中一氧化碳含量、增加氢气含量的目的。一氧化碳变换根据变换温度及催化剂的不同，可分为宽温耐硫工艺、中温变换工艺及中串低、中低低、全低变工艺等，这些不同的工艺所选择的催化剂也不同。通过本任务的学习，可以掌握不同工艺的特点、催化剂的选择和使用方法及典型的变换工艺的开停车操作。

【知识链接】

对甲醇生产厂而言，CO 是合成甲醇必须有的有效气体成分，在变换工艺中，只是将原料气中一部分 CO 变换成 CO_2 和 H_2，因此要求较低的变换率（40%），以满足甲醇合成净化气中氢碳比要求。为了降低生产成本，一般甲醇生产企业采用较低的汽气比及宽温耐硫催化剂进行变换生产。

宽温耐硫变换工艺的催化剂活性温度一般在 250～460 ℃之间，全低变工艺中催化剂活性温度在 210～285 ℃之间，全低变工艺变换炉入口温度及炉内热点温度都远远低于中变炉入口及热点温度，使变换系统处于较低的温度范围内操作，节能，高效，也可直接使用耐硫变换催化剂进行变换。

知识点一：宽温耐硫变换工艺流程

催化剂部分

一、钴钼系催化剂

宽温耐硫变换催化剂即钴钼系催化剂。该催化剂是在铁铬系、铜锌系催化剂的基础上发展起来的。铁铬系中（高）变催化剂的活性温度高、抗硫性能差，铜锌系低变催化剂低温活性虽好，但活性温度范围窄，而对硫、氯又十分敏感。20 世纪 50 年代末期开发了耐硫性能好、活性温度较宽的变换催化剂，其主要成分为 CoO、MoO_3，载体为 Al_2O_3 等，加入少量碱金属，以降低催化剂的活性温度。表 2.1 为国内外耐硫变换催化剂的化学成分及其物理性能。

表 2.1　国内外耐硫变换催化剂的化学成分及其物理性能

国别		中国			德国	丹麦	美国
型号		B301	QCS－04	B303Q	K8－11	SSK	C25－4－02
化学成分/%	CoO	2～5	1.8±0.3	＞1	约1.5	约3.0	约3.0
	MoO_3	6～11	8.0±1.0	8～13	约10.0	约10.0	约12.0
	K_2O	适量	适量		适量	适量	适量
	Al_2O_3	余量	余量		余量	余量	余量
	其他						加稀干元素

项目二　变换

国别	中国			德国	丹麦	美国
型号	B301	QCS－04	B303Q	K8－11	SSK	C25－4－02
物理性能 颜色	蓝灰色	浅绿色	浅蓝色	绿色	墨绿色	黑色
尺寸/mm	$\phi 5 \times 5$ 条	长 8～12 $\phi 3.5$～4.5	$\phi 3 \times 5$ 球	$\phi 4 \times 10$ 条	$\phi 3$～5 球	$\phi 4 \times 10$ 条
堆密度/$(kg \cdot L^{-1})$	1.2～1.3	0.75～0.88	0.9～1.1	0.75	1.0	0.70
比表面积/$(m^2 \cdot g^{-1})$	148	≥60		150	79	122
比孔容/$(mL \cdot g^{-1})$	0.18	0.25		0.5	0.27	0.5
使用温度/℃	210～500		160～470	280～500	200～475	270～500

1. 硫化

钴钼系耐硫催化剂在使用前，需将其转化为 CoS、MoS_2 才具有变换活性，这一过程称为硫化。催化剂硫化即用含 CS_2 的气体（也可用未脱硫的原料气）等硫化物与 CoO、MoO_3 催化剂发生反应，将 CoO、MoO_3 转化为 CoS、MoS_2 的过程。为了缩短硫化时间，保证充分硫化，工业上一般都在干半水煤气中加入 CS_2 为硫化剂。硫化为放热过程，反应如下：

$$CS_2 + H_2 = 2H_2S + CH \qquad \Delta H = -240.6 \text{ kJ/mol} \qquad (2-15)$$

$$MoO_3 + 2H_2S + H_2 = MoS_2 + 3H_2O \qquad \Delta H = -48.1 \text{ kJ/mol} \qquad (2-16)$$

$$CoO + H_2S = CoS + H_2 \qquad \Delta H = -13.4 \text{ kJ/mol} \qquad (2-17)$$

在温度 200 ℃时，CS_2 的氢解反应可较快发生。若在常温下加入 CS_2，则 CS_2 易吸附在催化剂的微孔表面，到 200 ℃会因积聚而发生急剧氢解以及催化剂的硫化反应，终致出现温度暴涨。若在温度较高时（如 300 ℃）加入 CS_2，因发生氧化钴的还原反应而生成金属钴。

$$CoO_3 + H_3 = Co + H_2O \qquad (2-18)$$

金属钴对甲烷化反应有强烈的催化作用，甲烷化反应、催化剂的硫化反应及二硫化碳的氢解反应叠加在一起，也易出现温度暴涨。因此加入 CS_2 以 180～200 ℃为宜。

催化剂的硫化即先用氮气、天然气及干半水煤气（干变换气）作为载热体，通过电加热器加热后，进入催化剂床层对催化剂进行升温。当催化剂的温度升到 200 ℃时，向系统通入 CS_2 进行硫化，并在床层低于 250 ℃时升温至硫化完全，直到入口和出口气体中的硫化氢含量基本相同时即为硫化结束。

Co-Mo 系变换催化剂经过硫化后具有活性，而活性组分 MoS_2 和 CoS 在一定条件下会发生水解反应释放出 H_2S，即反硫化反应，它构成了这一类催化剂失活的重要原因。

$$MoS_3 + 2H_2O = MoO_2 + 2H_2S \qquad (2-19)$$

其平衡常数为：

$$k_p = \frac{p_{H_2O}^2}{p_{H_2S}^2} \qquad (2-20)$$

可见在一定的温度与汽气比下，可计算得到相应的 H_2S 量。当工艺气中 H_2S 含量高于该条件下相应的数值时，不会发生反硫化，称其为最低 H_2S 含量。一般要求变换进口含量不低于 $50\sim80$ mg/m³。由于式（2-19）为吸热反应，k_p 随温度升高而变化是呈指数增加，所以温度的影响更为敏感。

2. 催化剂中毒

在变换过程中，半水煤气中的氧会使耐硫变换催化剂缓慢发生硫酸盐化，使 CoS 和 MoS_2 中的硫离子氧化生成硫酸根，继而硫酸根与催化剂中的钾离子反应生成 K_2SO_4，从而导致催化剂低温活性的降低。所以，用于低变的耐硫催化剂前，一定要设置一层保护剂及除氧剂（抗毒剂），以避免氧气进入低变催化剂，使催化剂活性降低。

半水煤气中的油污在高温下炭化，沉积在催化剂颗粒中，也会降低催化剂活性。而水可以溶解催化剂中活性组分钾盐，使催化剂永久性失活。当催化剂层温度过高，汽气比高，H_2S 浓度低时，造成催化剂出现反硫化也会使催化剂失活。

当催化剂由于硫酸盐化和反硫化失活时，可在一定温度和 H_2S 浓度下，重新硫化后恢复活性。当耐硫变换催化剂上沉积高分子物质时，可用空气与惰性气体或水蒸气的混合物将催化剂氧化，然后重新硫化使用。

3. 耐硫变换催化剂的特点

① 有很好的低温活性，使用温度比 Fe-Cr 系催化剂低 130 ℃以上，而且有较宽的活性温度范围（$180\sim500$ ℃），因此被称为宽温变换催化剂。

② 有突出的耐硫和抗毒性，因此硫化物为这一类催化剂的活性组分，可耐总硫到几十克每立方米，其他有害物如少量的 NH_3、HCN、C_6H_6 等对催化剂的活性均无影响。

③ 强度高，尤其选用 γ-Al_2O_3 作载体，强度更好，遇水不粉化，催化剂硫化后的强度还可以提高 50%以上，使用寿命一般可用五年左右，也有使用十年仍在继续运行的。

二、宽温耐硫变换工艺流程

1. 全低变工艺流程

如图 2.7 所示，水煤浆气化工段来的水煤气在煤气分离器 1 中分离出固体尘埃和冷凝液，再通过水煤气过滤器 2 进一步过滤固体尘埃（避免由于入炉原料气温度低，气体中的油污、杂质等直接进入催化床，造成催化剂中毒，活性下降）。分离过滤后的气体后分成两段：第一段气量约为总气量的 62%，在煤气预热器 3 中加热到变换所需的入口温度 $275\sim315$ ℃后，进入变换炉 4，在耐硫变换催化剂作用下进行 CO 的变换中，变换后的气体温度为 $410\sim440$ ℃。变换后的气体（CO 约 8%）首先进入煤气预热器 3 中预热变换炉入口水煤气，然后通过低压蒸汽过热器 15 和 1.3 MPa 废锅 5 回收热能，温度降解到 250 ℃。第二段气体约为总气量的 38%，未经变换与第一段气体在 1.3 MPa 废锅 5 管程出口混合调整氢碳比后，通过 1.3 MPa 废锅 6 副产 1.3 MPa 的饱和蒸汽，温度降为 215 ℃，然后进入 1#水分离器 7，分离出冷凝液体，分离后，先进入低压锅炉给水预热器 8，预热锅炉给水，用于副产 1.3 MPa 饱和蒸汽。然后进入 0.5 MPa 废锅 9，再次回收余热，副产 0.5 MPa 蒸汽，经 2#水分离器 10 分离出冷凝液后进入脱盐水加热器 11，将脱盐水预热到 115 ℃，再通过 3#水分离器 12，分离掉析出的饱和冷凝液气体，在变换气水冷器 13 通过循环水冷至 40 ℃，然后进入 4#水分离器 14。为了降低变换气中的氨含量，在 4#水分离器 14 的顶部喷入软水对变换器进行洗涤，洗涤后的气体送至低温甲醇洗工段进行脱硫脱碳。

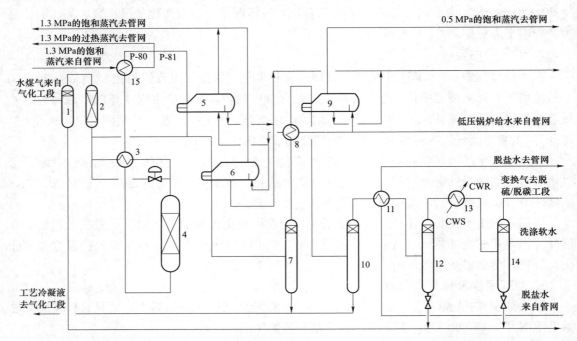

1—煤气分离器；2—水煤气过滤器；3—煤气预热器；4—变换炉；5、6—1.3 MPa 废锅；7、10、12、14—1#、2#、3#、4#水分离器；8—低压锅炉给水预热器；9—0.5 MPa 废锅；11—脱盐水加热器；13—变换气水冷器；15—低压蒸汽过热器。

图 2.7　宽温耐硫变换工艺流程图

2. 全低变工艺条件

（1）压力。变换反应对压力的要求并不严格，有 0.8 MPa、2.5 MPa，还有的更高，选用多高压力，与全厂工艺和压缩机的选型有关，对变换本身的操作影响不大。只是提高压力，可加大生产强度，节省压缩做功，并因蒸汽压力的相应提高，而充分利用过剩蒸汽的热能。

（2）温度。

一段入口温度≥200 ℃。

二段入口温度≥230 ℃。

一段出口温度≥320 ℃。

二段出口温度≥250 ℃。

这是一组参考指标，一般在催化剂的初期要控制得低些，随着使用情况和化学活性的变化而稳步提高，以此延长使用寿命。

（3）汽气比。因甲醇合成的氢碳比要求，变换率仅为 30% 左右，故汽气比很低。在实际生产中，既要满足变换出气的指标要求，又要保证变换炉床温在活性范围内，值得采取部分变换而另一部分走变换炉近路的办法来稳定生产。一般汽气比控制在 0.2 左右。

（4）空速。因为变换炉配有近路阀，所以空速也不尽相同，要根据生产负荷、变换率、催化剂的活性温度等条件灵活掌握。

【 知识拓展 】

宽温耐硫变换岗位操作

一、冷态开车

冷态开车是指设备安装完毕或大修完毕后的开车，其开车步骤如下。

1. 开车前的准备工作

检查系统中所有设备、管道应安装完毕，各衔接管均已接通。检查各设备、管道的安装质量达到设计要求，符合化工部安全投料试车的规定。电气、仪表经调试灵敏、准确、好用，具备投用条件。检查试车的技术文件，包括操作规程、原始试车规程、图表等应齐全。微机自控系统安装调试完毕，灵敏好用，处于备用状态。电源、照明线路工作正常，整理现场，无影响操作人员的杂物、设备。

2. 运转设备的单体试车合格

3. 系统吹除

① 吹除准备工作。画出吹除流程图，连同吹除方案一同张贴在现场。按气、液流程，依次拆开设备、阀门连接的法兰，吹除物由此排放。吹净一段后，紧好法兰继续往后吹，直至全系统都吹净为止。对于放空管、排污管、分析取样管和仪表管线，都要吹洗，吹除合格后，再将各阀门、仪表复位。准备好盲板及吹除用的挡板等。

② 吹除原则。吹除放空的气体、污物不得过设备阀门。

③ 吹除的标准和检查。设备和管道内无灰尘、固体颗粒、焊渣污物，气流通畅。经过一段时间的吹扫后，将靶上涂以铅油或用白布涂白漆在气体出口处检查，无污染、颗粒为合格。

④ 吹除方法。用空压设备打空气进行系统的吹除，按由变换炉前至变换炉后，由主线到支线的顺序，逐段进行吹除，控制好吹除压力。

⑤ 吹除注意事项。吹除前现场应进行清扫，防止吹起异物伤人；吹除过程中，人始终不能站在气体出口周围，更不能面对气体出口处；参加吹除工作的人员应穿戴好劳保用品，并不断用木锤敲打设备、管道，震下附着在设备、管道上的污物，尤其注意将死角吹净。

4. 变换炉、废热锅炉汽包的清洗、试压、试漏

变换炉在催化剂装填之前，应对设备进行清洗，并试压、试漏。将脱盐水慢慢充满设备，加压至正常操作压力，检查设备焊接处是否渗漏。

将废热锅炉汽包液位降至正常液位，开启开工用中压蒸汽，通过开工喷射器带动锅炉水循环，以 20 ℃/h 的速度将锅炉水升温，直至汽包压力几乎与中压蒸汽压力相等为止。检查有无漏点，然后使汽包缓慢减压，将全部水排尽，自然冷却到室温后，再加入脱盐水并将系统充压至汽包正常操作压力，检查设备的焊缝。重复上述充水、升温、冷却、充压、检查过程三次。

5. 气密实验

① 准备工作。系统的设备、管道吹除完毕，回装合格。系统中的仪表、阀门安装到位，高度灵敏好用。

② 实验方法。用压缩机将事故氮气缓慢送入系统，分段充压，并使系统压力控制在操作

压力的 1.25 倍，在此压力下对设备及管道进行全面检查。如发现泄漏，做下记号，卸压后处理，直至无泄漏，且保压至规定时间，压力不降解即认为气密实验合格。

③ 气密实验注意事项。系统充压前，必须把与低压系统连接的阀门关死，严防高压气体窜入低压系统。升压速度不得太快。消除漏点时，要卸掉压力。

6. 催化剂的填装

① 选择催化剂用量与变换炉内径。应根据生产规模、工艺流程、变换压力、对低变出口 CO 含量的要求，以及希望达到的使用寿命等工艺条件选择适当的空速，确定催化剂的用量（m^3）。通常要求催化剂床层的高径比 ≥ 0.6，以减少气体偏流。

② 准备工作。升温还原曲线已绘制好，并准备好红蓝铅笔及记录本。各设备水试压及蒸煮合格并降至常温。变换催化剂及耐火球已运到现场，并将催化剂过筛一遍。装填催化剂用的工具准备齐全。打开变换炉封头，自然通风，分析氧含量大于 20%。

③ 催化剂的装填。装填催化剂时，先在炉底花板上铺设 1～2 层不锈钢丝网，四周应无缝隙并固定，以防止催化剂漏入炉底。上铺耐火球一层，然后装催化剂。催化剂装填应均匀，可采用布袋法、导管法。

④ 注意事项。进入炉内的装填人员应守在放置于催化剂表面的木板上进行装填，而不可直接立在催化剂上，进入炉内的装填人员应戴防尘呼吸面罩。切忌将催化剂全部由人孔直拉倒入炉内，最后将表面扒干，如此将造成催化剂床层疏松不匀，导致气流分布不均，严重影响催化剂的使用和效率。装填时，尽量使炉内各测温热电偶处于催化剂床层的适当位置，并记录它们所在高度。为了保证气流分布均匀，除催化剂装填均匀外，变换炉进出口均应按要求设有气体分布器和气体收集管。

7. 系统置换

① 置换方法。开变换系统 N_2 充压阀，冲压后开放空阀卸压。反复充压、卸压直至系统内气体的氧含量在 0.5% 以下时为合格。

② 置换注意事项。注意死角的置换，以达到置换彻底。

8. 催化剂升温硫化

出厂的 Co-Mo 催化剂活性组分以氧化物形态存在，活性很低。需经过高温充分硫化，使活性组分转化为硫化物，催化剂才显示其高活性。硫化时，采用含氢气体（$H_2 \geq 25\%$，$O_2 \leq 0.5\%$）作载气，配以适量的 CS_2，经电炉加热升温后通过催化剂床层，然后放空或循环使用。通常可用半水煤气或干变换气作硫化时的载气。

（1）硫化方法。催化剂的硫化可在常压下进行，也可在加压下进行，采用气体一次通过法或气体循环法。

① 气体一次通过法。半水煤气经过电炉加热后进入低变炉，由炉后放空。半水煤气空速维持 200～300 h^{-1}，半水煤气充分置换后即可开电炉升温。床层温度升至 200 ℃ 左右，可加入少量的 CS_2，维护气体中总硫含量 2～5 g/m^3。然后不断提高温度，CS_2 的加入量也逐渐加大，按气流方向逐层硫化，热点温度一般不超过 450 ℃，直至硫化结束。

② 气体循环法。气体循环法的优点是节省煤气和 CS_2 的用量，减少对环境的污染；缺点是需要气体冷却循环装置。半水煤气从低变炉出来后，经水冷却器，将气体降至接近常温，然后进入鼓风机入口，维持鼓风机入口处正压，由鼓风机将气体判定对电炉加热后进入低变炉。在鼓风机入口处应接一半水煤气补充管，连续加入少量半水煤气，因为在硫化过程中要

消耗氢。为防止惰性气体在循环气中积累，变换炉出口处设一放空管，连续放空少量循环气，使循环气 H_2 含量维持在 25% 以上。

（2）硫化方案。根据不同型号催化剂的性质，制订出合理的升温硫化方案。以 B303Q 型催化剂为例，具体步骤是在常压下通入半水煤气（或干变换气）推电升温，控制升温速率 50 ℃/h^{-1}。用 N_2（降压后）将 CS_2 槽压力升至 0.2 MPa 左右备用。B303Q 型催化剂升温硫化控制指标见表 2.2。

表 2.2 B303Q 型催化剂升温硫化控制指标

阶段	置换升温	硫化初期	硫化主期	硫化后期	置换降温
执行时间/h	8	8	16	6	6
空速/h^{-1}	200～300	200～300	200～300	200～300	200～300
温度/℃	200	220～280	280～350	350～420	250
总硫浓度/(g·m^{-3})	—	2～5	15	20	
加硫量/(L·h^{-1}·m^{-3})	—	1	4	6	
备注	启动电炉	开始加硫注意床温	出口可检出 H_2S	出口 H_2S≥ 10 g·m^{-3}	停硫减电置换放空

9. 变换系统接气

（1）接气前准备。变换系统升温完毕，确认软水、循环水、蒸汽、氮气、气化冷凝液等公用介质接入系统。废热锅炉建立 50% 的液位并预热。关闭变换炉入口大阀，关闭升温氮气及开工蒸汽阀，并且倒好各盲板。仪表各控制点显示正确，自调阀校验完毕。各泵备车合格。变换冷凝液具备外送条件。气化投料成功并提压。

（2）预热外管。检查打开入工段大阀的小副线，稍打开变换炉前放空阀。联系调度，气化缓慢送气，外管预热，避免温度过低，水进入催化剂床层。视情况联系调度向气化送冷凝液。及时调整水分离器液位稳定。逐渐调整到全部水煤气由变换炉前放空，稳定控制入工段压力。

（3）变换炉接气。检查关闭脱硫脱碳工段的入口阀，稍开变换炉入口小副线，打开脱硫脱碳塔前的放空阀，控制变换炉温不要升得太快。逐渐开启变换炉大阀并关入口放空阀，适时关闭变换废热锅炉预热蒸汽及蒸汽放空阀，蒸汽并管网。适时向变换废热锅炉补冷凝液，注意控制变换废锅进口温度。

用脱硫脱碳塔前的放空阀控制变换压力，用变换炉副线的温度调节器调节变换炉入口温度。视情况将各分离器液位调节器投自动向气化送冷凝液。当压力、温度稳定，出工段的工艺气流量 >50% 时，接气成功。

二、正常操作

（一）正常操作要点

① 根据气量大小及水煤气成分分析情况，调节适量汽气比，保证变换气中 CO 含量在控

制指标内。

② 随时注意观察变换炉床层灵敏点和热点温度的变化情况，以增减蒸汽，配合煤气副线阀和变换炉近路阀开度大小调整炉温，使炉温波动在 ±10 ℃/h 范围内，尤其在加减量时要特别注意。

③ 根据催化剂使用情况，调整适当汽气比和适当床层温度。

④ 要充分发挥催化剂的低温活性，在实际操作中关键是稳定炉温，控制好汽气比。

⑤ 生产中如遇突然减量，要及时减少或切断蒸汽供给。

⑥ 临时停车，先关蒸汽阀，计划停车可在停车前适当减少蒸汽，系统要保正压。

（二）催化剂保护措施

① 稳定操作，确保出系统变换气中 CO 在指标范围内，并保证水煤气中总硫含量 ≥80 mg/m^3。

② 生产过程中如遇减气量时，应立即减小蒸汽加入量，否则短期内使汽气比过大而引起反硫化。

③ 禁止对工况不正常情况采用增大蒸汽的办法进行处理。

④ 加减量应缓慢，幅度不宜太大，每次加减量应以 3 000 m^3/h 为宜。因幅度太大，炉温波动大，难以控制，容易超温、反硫化。

⑤ 当水煤气中 O$_2$ 含量突然增高，使炉温也突然猛涨时，应根据炉温大幅度减量，并立即减小蒸汽加入量，可用冷煤气副线调整变换炉煤气入口温度。

⑥ 加强对水煤气、蒸汽的净化，防止水、油类进入变换炉内，油水分离器和焦炭过滤器要每小时排放一次，并将水排净。

三、停车

1. 短期停车

① 接到调度或班长的停车通知后，准备停车，如有条件，适当提高床层温度。

② 压缩发出信号后，关蒸汽阀，系统用煤气吹除 30～40 min 后，关系统进出口阀、导淋、取样阀，保温保压。

③ 短期停车后，应随时观察，注意系统压力、床层温度，一定保证床层温度高于露点30 ℃以上。当床层温度降至 120 ℃之前，系统压力必须降至常压，然后以煤气、变换气或惰性气体保压，严禁系统形成负压。

2. 长期停车

① 全系统停车前，卸压并以干煤气或氮气将催化剂床层温度降至低于 40 ℃，关闭变换炉进出口阀门及所有测压、分析取样点，并加盲板，并以煤气、变换气或惰性气体保持炉内微正压（≥300 Pa），严禁形成负压。

② 必须检查催化剂床层时，需钝化降温或惰性气体（O$_2$ 含量＜0.5%）置换后，方能进去检查。

3. 紧急停车

① 如因本岗位断水、断电、着火、爆炸、炉温暴涨、设备出现严重缺陷，不能维持正常生产，应发出紧急停车信号。

② 若接到外岗位紧急停车信号，得到压缩机发出的切气信号后，可做停车处理。

③ 及时切断蒸汽，以防止短期内汽气比剧增，引起反硫化，导致催化剂失活，迅速关闭系统进出口阀，以及相关阀门，然后联系调度根据停车时间长短再做进一步处理。

四、催化剂的钝化与卸出

若催化剂床层坍塌、结块或需要更换部分催化剂时，须对催化剂进行钝化处理并开炉。硫化态催化剂的钝化过程伴随着催化剂本身和它吸附的 H_2、CO 等还原性气体的氧化反应，有大量热量放出，应特别小心，防止催化剂床层升温过快及过高。

通常可采用以水蒸气（或 N_2）为载气缓慢加入少量空气的方法钝化：切断变换炉与系统的联系，将压力降至常压；通蒸汽（或 N_2）置换或并降温至 150 ℃左右，蒸汽空速 200～300 h^{-1}。吹净煤气后，向蒸汽中加入适量的空气，使 O_2 含量在 1%左右，让催化剂表面缓慢氧化。当床层温度不上升时，逐渐加大空气量至 O_2 含量为 2%、3%、4%、…，直至停加蒸汽全部通过空气，最后用空气降至常温。如果钝化过程中催化剂温度上升过快，则降低空气加入量直至停止加入空气。钝化过程中，应严格控制催化剂床层温度，以不超过 400 ℃为宜。钝化过的催化剂中的活性组分均已氧化为氧化物或硫酸盐形式，可直接卸出。

五、故障判断和处理

1. 变换炉系统着火

原因：① 易燃物靠近高温着火；② 由于漏气着火。

处理：① 用灭火器或消防水扑灭，清除易燃物；② 用氮气扑灭，漏气较大时，联系停车处理。

2. 催化剂失活

原因：① 反硫化；② 水煤气中粉尘及油污堵塞催化剂；③ 水煤气中氧含量长时间超高。

处理：① 严格催化剂的升温硫化操作，稳定操作生产条件，维持适当的 H_2S 含量；② 加强气体净化操作；③ 联系调度员及自控岗位调整氧含量小于 0.3%。

3. 变换系统压差大

原因：① 设备堵塞；② 催化剂表面结块或粉化；③ 蒸汽带水或系统内积水。

处理：①② 停车处理；③ 排净系统积水。

4. 炉内温度剧烈变化

原因：① 煤气中氧含量增高；② 煤气流量太大，蒸汽用量调节不及时；③ 蒸气带水至变换炉。

处理：① 及时采样分析并调节，迅速联系调度查明原因并处理；② 加强操作；③ 加强排污并及时联系调度员进行处理。

5. 出口一氧化碳超标

原因：① 炉温波动；② 蒸汽补入量小，蒸汽压力低；③ 分析误差；④ 催化剂走短路处；⑤ 换热器内漏；⑥ 催化剂活性低。

处理：① 稳定工艺，稳定炉温；② 加大蒸汽补入量，联系提高压力；③ 校对表，校对手动分析；④ 停车检修；⑤ 停车检修换热器；⑥ 降低汽气比，适当提高水煤气中 H_2S 含量，加强对油水分离器和焦炭过滤器的操作，严格控制水煤气中的氧含量。具体情况具体分析，判断准确，酌情处理。

知识点二：中温变换工艺

一、中温铁铬系催化剂

铁铬系催化剂又称为中高温变换催化。含 Fe_2O_3 约 $80\%\sim90\%$、Cr_2O_3 约 $7\%\sim11\%$，并有少量的 K_2O、MgO 和 Al_2O_3 等物质。其活性组分为 Fe_3O_4，故开工时需用 H_2 或 CO 等还原剂将 Fe_2O_3 还原成 Fe_3O_4。Cr_2O_3 为催化剂，可与 Fe_3O_4 形成固溶体，高度分散于活性组分 Fe_3O_4 晶粒之间，使催化剂具有更细的微孔结构和更大的比表面积，从而提高催化剂的活性和耐热性，延长使用寿命。添加 K_2O 可以提高催化剂的活性，MgO 和 Al_2O_3 能增加催化剂的耐热性，MgO 还具有良好的耐硫性能。

中温变换催化剂的性能和使用条件见表 2.3。

表 2.3　中温变换催化剂的性能和使用条件

国别		中国					美国（UCI）	英国（ICI）	德国（BASF）
型号	B109	H110−2	B111	B113	B117	B121	C12−1	15−4	K6−10
化学组成/% Fe_2O_3	≥75	≥75	67～69	78±2			89±2		
Cr_2O_3	≥9	≥8	7.8～9	9±2	67～75		9±2		
K_2O			0.3～0.4		3～6				
SiO_4^{2-}	≤	S<0.06	5	1～200 cm³/cm³	<1		S<0.05	0.1	0.1
MoO									
物理性质 外观	棕褐片剂	棕褐片剂	棕褐片剂	棕褐片剂	棕褐片剂	棕褐片剂			
尺寸/（mm×mm）	ϕ（9～9.5）×（5～7）	ϕ（9～9.5）×（5～7）	$\phi9\times$（5～7）	$\phi9\times5$	ϕ（9～9.5）×（7～9）	$\phi9\times$（5～7）	$\phi9.5\times6$	$\phi8.5\times10.5$	$\phi6\times6$
堆密度/（kg·L⁻¹）	1.3～1.5	1.4～1.6	1.5～1.6	1.3～1.4		1.35～1.55	1.13	1.1	1.0～1.5
比表面积/（m²·g⁻¹）	36	35	50	74					
孔隙率/%	40			45					
备注	低温活性好，蒸汽消耗低	还原后强度好，放硫快，活性高	耐硫性能好，适用于重油制氨型	广泛应用于在中小型氨厂	低铬	无铬	无硫条件下，高变串低变流程中	高变串低变流程中	还原态强度好

1. 催化剂的还原与钝化

因为催化剂的主要成分 Fe_2O_3 对 CO 变换反应无催化作用，需还原成 Fe_3O_4 后才有活性，这一过程称为催化剂的还原。一般利用煤气中的 H_2 和 CO 进行还原，其反应式如下：

$$3Fe_2O_3+CO=2Fe_3O_4+CO_2 \qquad \Delta H = -50.945 \text{ kJ/mol} \tag{2-21}$$

$$3Fe_2O_3+H_2=2Fe_3O_4+H_2 \qquad \Delta H = -9.26 \text{ kJ/mol} \tag{2-22}$$

当催化剂用循环氮升温至 200 ℃ 以上时，便可向系统配少量煤气开始还原。由于还原反应是强烈的放热反应，为防止催化剂超温，应严格控制 CO 含量小于 5%。当催化剂床层温度达 320 ℃ 后，反应剧烈，必须控制升温速度不高于 5 ℃/h。为防止催化剂被过度还原而生成金属铁，还原时应加入适量的水蒸气。催化剂在制造中生成的硫酸根会被还原成硫化氢而随气体带出，为防止造成后面低变催化剂中毒，所以在还原后期有一个放硫过程。分析中变炉出口 $w(CO) \leqslant 3.5\%$，出入口 H_2S 含量相等时，即可以还原结束。

活性组分 Fe_3O_4 在 50～60 ℃ 十分不稳定，遇氧即被氧化成 Fe_2O_3，反应式如下：

$$4Fe_3O_4+O_2=6Fe_2O_3 \qquad \Delta H = -514.14 \text{ kJ/mol} \tag{2-23}$$

此反应热效应很大，生产中必须严防煤气中因氧含量高造成催化剂超温，在停车检修或更换催化剂时，必须进行钝化。在系统停车检修时，先用水蒸气或氮气降低催化剂温度，同时通入少量空气使催化剂缓慢氧化，在表面形成一层 Fe_2O_3 保护膜，才能与空气接触，这一过程称为催化剂的钝化。

2. 催化剂的中毒和衰老

硫、磷、砷、氟、氯、硼的化合物及氢氰酸等物质，均可引起催化剂中毒，使活性显著下降。磷和砷的中毒属于不可逆中毒。氯化物的影响比硫化物严重，但在氯含量小于 1×10^{-6}（质量分数）时，影响不明显。硫化氢与催化剂的反应如下：

$$Fe_3O_4+3H_2S+H_2=3FeS+4H_2O \tag{2-24}$$

硫化氢能引起催化剂暂时性中毒。提高温度、降低硫化氢含量和增加气体中水蒸气含量，可使催化剂活性逐渐恢复。

原料气中灰尘及水蒸气中无机盐高时，都会使催化剂活性显著下降，造成催化剂永久性的中毒。

催化剂活性下降的另一个重要因素是催化剂的衰老。所谓衰老，是指催化剂经过长期使用后，逐渐变质而活性下降的过程。引起催化剂衰老的因素有温度波动使催化剂过热或熔融；气流不断冲刷，破坏了催化剂表面状态；操作不当，半水煤气中氧含量高和带水等。

3. 催化剂的维护与保养

为了保证催化剂具有较高的活性，延长使用寿命，在装填及使用过程中应注意以下几点。

（1）在装填前，要过筛除去粉尘和碎粒，使催化剂的装填时保证松紧一样。严禁直接踩踏在催化剂上，并且不允许把杂物带入炉内。

（2）在开、停车时，要按规定的升、降温度进行操作，严防超温。

（3）正常生产中，原料气必须经过除尘和脱硫（氧化型的催化剂），并保持原料气成分稳定。控制好蒸汽与原料气的比例及床层温度，升降负荷时要平稳。

二、中温变换工艺流程

中温变换流程，原先都在常压下进行，随着技术的发展，现在都采用加压操作。加压变换有以下优点：

① 加压下有较快的反应速率，变换催化剂在加压下的活性比常压下高，可处理比常压多一倍以上的气量；

② 设备体积比常压小，布置紧凑；

③ 可节约总的压缩动力。

加压中温变换工艺的主要特点是：采用低温高活性的中变催化剂，降低了工艺上对过量蒸汽的要求；采用段间喷水冷激降温，减少系统热负荷及阻力降，相对地提高了原料气自产蒸汽的比例，减少外加蒸汽量。

中温变换工艺流程如图 2.8 所示。粗原料气经脱硫后，在一定压力下进入变换工序饱和塔与热水接触，在气体出口管道上补充水蒸气，使水气比达到要求，然后经过水分离器，分离掉气体中夹带的水滴，混合气进入热交换器加热至催化剂起始活性温度以上，然后进入变换炉第一段催化床，气体进行绝热反应，温度升高，用水蒸气冷激，使温度降低，进入第二段催化床继续反应，出变换炉气体先进入热交换器，然后流经水加热器与热水塔，出变换工序。热水自饱和塔底处出来，溢流至热水塔，用热水泵将热水塔出口的热水打入水加热器，再进入饱和塔，热水循环使用，段间移热可采用连续换热式或冷激式，冷激气可用原料气或用蒸汽。

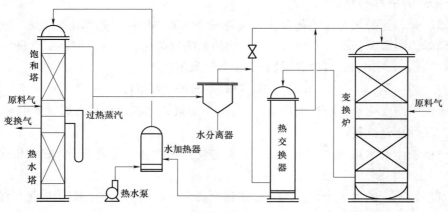

图 2.8　中温变换工艺流程

近些年，中温变换流程有了一些技术上的改进。

① 取消饱和热水塔。由于甲醇生产中的变换是在低汽气比下进行的，需要的蒸汽量少，可以取消饱和热水塔，直接给粗煤气中配入蒸汽进变换炉。变换炉后改用脱盐水加热器和锅炉给水加热器回收变换反应余热，这样不但提供了所需的高温脱盐水、锅炉水，还降低了变换气的温度，能量的回收利用更为合理。

② 在变换炉后串联 COS 水解槽。变换工段兼有将有机硫水解转化为无机硫的作用，当低汽气比时，变换催化剂的 COS 转化是不够的，会加重后续精脱硫的负荷，易引起合成催化剂中毒。可以在变换炉后串联 COS 水解槽，促进有机硫的转化。

经过改进的中温变换流程仍有一些不足。如硫含量高时，易使中温变换催化剂中毒，变换前必须先湿法脱硫，变换后精脱硫，工艺流程复杂。在全气量部分变换工艺中，由于 CO 是合成甲醇的原料，变换率不能太高，这就需要适当降低汽气比。Fe-Cr 系中变催化剂在低汽气比时，中变催化剂中的 Fe 会被还原成金属铁，金属铁促使 F-T 副反应发生，使 CO 和 H_2 发生反应生成烃类。这样会带来一系列的问题：例如，生成烃类消耗了氢；危及中变和低变催化剂的正常运行；与甲醇合成催化剂中的铜生成乙炔铜，使甲醇催化剂失活，同时影响甲醇质量。

三、中温变换操作工艺条件

1. 操作温度

① 操作温度必须控制在催化剂活性温度范围内。反应开始温度应高于催化剂活性温度 20 ℃左右，并防止在反应过程中引起催化剂超温，一般反应开始温度为 320～380 ℃，最高使用温度为 530～550 ℃。

② 变换反应全过程尽可能在接近最适宜温度的条件下进行。由于最适宜温度随变换率的升高而下降，因此，随着反应的进行，需要移出反应热，降低反应温度。生产中通常采取两种办法：一种是多段间接式冷却法，用原料气或蒸汽进行间接换热，移走反应热；另一种是直接冷激式，在段间直接加入原料气、蒸汽或冷凝液进行降温。这样一段温度高，可以加快反应速率，使大量一氧化碳进行变换反应，下段温度低，可提高一氧化碳变换率。

2. 操作压力

压力对变换反应的平衡几乎无影响，但加压变换比常压有以下优点。

① 可以加快反应速率和提高催化剂的生产能力，因此可用较大空速增加生产负荷。

② 由于干原料气体积小于干变换气的体积，因此，先压缩原料气后再进行变换的动力消耗，比常压比变换后再压缩变换气的动力消耗低很多。

③ 需用的设备体积小，布置紧凑，投资较少。

④ 湿变换气中蒸汽的冷凝温度高，利于热能的回收利用。

但压力提高后，设备腐蚀加重，且必须使用中压蒸汽。

加压变换有其缺点，但优点占主要地位，因此得到广泛采用。目前中型甲醇厂变换操作压力一般为 0.8～3.0 MPa。

3. 汽气比

汽气比一般指蒸汽与原料气中一氧化碳的物质的量的比或蒸汽与干原料气的物质的量的比。增加蒸汽用量，可提高一氧化碳变化率，加快反应速率，防止催化剂中 Fe_3O_4 被进一步还原，使析碳及甲烷化等副反应不易发生。同时增加蒸汽能使湿原料气中一氧化碳含量下降，催化剂床层的温升减少，所以改变水蒸气用量是调节床层温度的有效手段。但过大则能耗高，不经济，也会增大床层阻力和余热回收设备负担。因此，应根据气体成分、变换率要求、反应温度、催化剂活性等合理调节蒸汽用量。甲醇生产中，中变水蒸气比例一般为汽/气（干原料气）=0.2～0.4。

4. 空间速度

空间速度（又称为空速）的大小，既决定催化剂的生产能力，又关系到变换率的高低。在保证变换率的前提下，催化剂活性好，反应速率快，可采用较大空速，充分发挥设备的生产能力。若催化剂活性差，反应速率慢，空速太大，因气体在催化剂层停留时间短，来不及反应而降低变换率，同时床层温度也难以维持。

知识点三：变换工段主要设备

变换炉

一、变换炉

变换炉随工艺流程不同而异，但都应满足以下要求：变换炉的处理气量尽可能大；气流阻力小；气流在炉内分布均匀；热损失小，温度易控制；结构简单，便于制造和维修，并能实现最适宜温度的分布。变换炉主要有绝热型和冷管型；最广泛的是绝热型。下面介绍生产中常用的两种不同结构的绝热型变换炉。

1. 中间间接冷却式变换炉

中间间接冷却式变换炉结构如图 2.9 所示，外壳是由钢板制成的圆筒体，内壁砌有耐热混凝土衬里，再砌一层硅薄土砖和一层轻质黏土砖，以降低炉壁温和防止热损失。内用钢板隔成上、下两段，每层催化剂靠支架支撑，支架上铺算子板、钢丝网及耐火球，上部再装一层耐火球。为了测量炉内各处温度，炉壁多处装有热电偶，炉体上还配置了人孔与装卸催化剂入口。

2. 轴径向变换炉

轴径向变换炉结构如图 2.10 所示。水煤气和蒸汽由进气口进入，经过分布器后，70%的气体从壳体外集气器进入，径向通过催化剂，30%气体从底部轴向进入催化剂层，两股气体反应后，一起进入中心内集气器后出反应器，底部用 Al_2O_3 球并用钢丝网固定。外集气器上开孔面积为 0.5%，气流速度为 6.7 m/s，中心内集气器开孔面积为 1.5%，气流速率为 22 m/s，

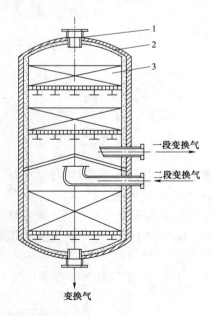

1—外壳；2—耐热混凝土；3—催化剂层。

图 2.9　中间间接冷却式变换炉结构

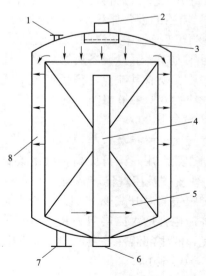

1—人孔；2—进气口；3—分布器；4—内集气器；5—催化床层；
6—出气口；7—卸料口；8—外集气器。

图 2.10　轴径向变换炉结构

远远高于传统轴向线速 0.5 m/s，因此，要求使用强度较高的小颗粒催化剂。轴径向变换炉的优点是催化剂床层阻力小，催化剂不易烧结失活，是目前广泛推广的一项新技术。

二、饱和热水塔

饱和热水塔的作用是提高原料气的温度，增加其水蒸气含量，以节省补充蒸汽量。其中，热水塔的作用主要是回收变换气中的蒸汽和显热，提高热水温度，以供饱和塔使用。工业上将饱和塔和热水塔组成一套装置的目的是使上塔底部的热水可自动流入下塔，可省去一台热水泵。

加压变换饱和热水塔结构如图 2.11 所示，塔体由钢板卷焊成圆筒体，中间由隔板分开，上部为饱和塔，下部为热水塔，两塔结构基本相同，塔内装有填料，主要使用瓷环或规整填料，有较好的传热传质效果。塔顶设有气水分离段和不锈钢除沫器，以防止塔出口气体夹带水滴或气泡。饱和塔底部的热水经过水封流入热水塔，塔体上设有人孔和卸料口，塔底设有液位计。

生产中常用的饱和塔和热水塔除填料塔外，还有波纹板塔和旋流板塔。波纹板是将冲有筛孔的薄金属板压成波纹状而制成，用它代替填料，分层装在塔内即构成波纹板。在波纹板塔内，上塔波谷的液体流至下一塔板的泡沫层，气体则通过波峰的孔及波纹侧面的斜孔以喷射状喷入液体中，因而气液接触好，传热效率高。

目前饱和塔用新型垂直筛板塔，可提高传质效率 20%左右，气体处理量可提高 50%以上，具有低压降、抗结垢、抗阻塞能力强的特点。

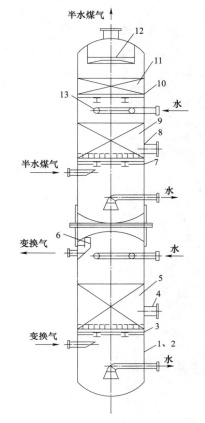

1—塔体；2—不锈钢衬里；3、7、10—填料支撑装置；
4、8—人孔；5、9、11—填料；6—分液槽；
12—除沫器；13—热水喷管。

图 2.11　加压变换饱和热水塔结构

煤气分离器

三、气液分离器

气液分离的方法很多，多采用惯性式和过滤式，图 2.12 所示为惯性式气液分离器，气体由上沿管而下，因水滴密度远远超过了气体的密度，当气体由向下转变到上升的气流转折处时，由于气流速度及方向的改变，使液滴得以分离出来。

图 2.13 为过滤式气液分离器。气体进入容器后，折流向上气速减慢，当通过上部一层过滤层时，气流中夹带的液滴由于附着作用而被滤掉。过滤层用金属丝网叠压而成。

图 2.14 为离心式气液分离器。气体在分离器内进行回转运动，使其中的液滴因离心力而分离掉。为了加强分离的效果，气体切向引入的方式是用得比较多的一种。气液分离器一般具有较大的容积，因此，除了分离液体外，还兼有缓冲作用。

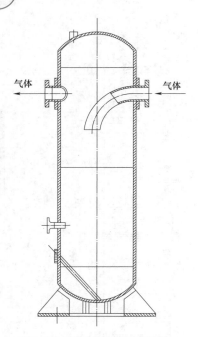

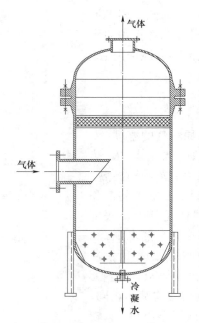

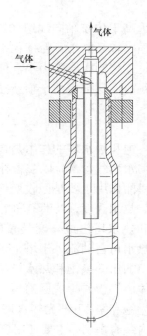

图 2.12　惯性式气液分离器　　　图 2.13　过滤式气液分离器　　　图 2.14　离心式气液分离器

【知识拓展】

"社会主义是干出来的"

2008 年，时任国家副主席的习近平第一次踏入宁东能源化工基地，考察神华宁煤年产 25 万吨甲醇项目。彼时的工厂还很小，但蕴藏的活力已蓬勃可见。创新驱动发展是新路，更是光明大道。2016 年 7 月 19 日，习近平总书记再次到宁东基地视察，在宁煤集团 400 万吨/年煤炭间接液化项目现场即兴发表重要讲话，发出了"社会主义是干出来的"伟大号召，为这座荒原上崛起的现代煤化工基地高质量发展指明了方向，注入了强大精神动力。

宁东基地坚持把习近平总书记伟大号召作为建设发展的根本指引和重要保障，开展践行"社会主义是干出来的"系列活动，建成"社会主义是干出来的"党性教育基地，努力打造锐意创新、敢为人先、艰苦奋斗、一往无前的拼搏实干精神，埋头苦干、真抓实干、敢闯敢干成为新时代宁东人的精神标识。

宁东基地主动融入国家战略，自觉服务区域发展。聚焦煤制油这一增强能源自主保障能力、推进能源革命的"国之大者"，健全政产学研用相结合的产业创新体系，建设现代煤化工中试基地，推动煤制油项目实现"安全、稳定、长周期、满负荷、效益优"运行。近年来，建设省部级以上创新平台 27 个，实施科技攻关项目 220 项，获专利授权 830 项、省部级以上科技成果奖励 125 项，科技进步贡献率超过 60%。

【自我评价】

一、填空题

1. 变换炉应该满足的条件有：处理气量＿＿＿＿＿＿，气体阻力＿＿＿＿＿＿，气流在炉内分布_____，热损失_____，温度易控制，结构简单。

2. 中间间接冷却式变换炉内壁砌有_____，以降低炉壁温和防止_____。

3. 饱和热水塔分为上、下段，上部为_____，下部为_____。

4. 气液分离器根据分离原理不同，可分为_____式、_____式和_____式。

二、判断题

1. 空速越大，反应越快，越利于反应的进行。　　　　　　　　　　（　　）

2. 变换反应是可逆放热反应，因而温度越低，越有利于反应向生成 CO_2 和 H_2 方向进行。

　　　　　　　　　　　　　　　　　　　　　　　　　　　　　（　　）

3. 催化剂中毒，是指催化剂与其他物质发生反应，从而失去反应活性。　（　　）

4. 钴钼系催化剂又称宽温耐硫变换催化剂。　　　　　　　　　　　（　　）

5. Co−Mo 系变换催化剂经过硫化后具有活性，而活性组分 MoS_2 和 CoS 在一定条件下会发生水解反应释放出 H_2S，即反硫化反应，它构成了这一类催化剂失活的重要原因。

　　　　　　　　　　　　　　　　　　　　　　　　　　　　　（　　）

6. 气液分离器的作用是气体与气体中夹带的液滴的分离。　　　　　（　　）

7. 饱和热水塔的作用是提高原料气的温度，同时减少其水蒸气含量。（　　）

三、简答题

1. 中温变换操作工艺条件要求有哪些？

2. 描述宽温耐硫变换工艺流程。

3. 绘制中间间接冷却式变换炉结构图，并说明其结构组成。

4. 简述离心式气液分离器的分离原理。

项目三 气体净化

项目简介

以煤为原料制取的甲醇原料气中，都含有一定量的硫化物。硫化物的存在不仅能腐蚀设备和管道，而且能使甲醇生产所用的多种催化剂中毒；此外，硫是一种重要的化工原料，应当予以回收。因此，原料气中的硫化物必须脱除干净，脱除原料气中硫化物的过程称为脱硫。

此外，各种原料制取的原料气，经脱硫、变换后，仍然有相当量的二氧化碳。$n(CO_2)/n(CO)$高，气体组成不符合甲醇合成的要求。因此必须脱除大部分二氧化碳。

甲醇原料气的净化包括以上两个阶段：脱除原料气中的硫化物和多余的二氧化碳。目前工业上有许多脱硫和脱碳的方法，应用比较广泛的是低温甲醇洗脱硫脱碳法，此方法在脱除硫化物的同时，脱除原料气中的二氧化碳，大大减少了工艺流程，节约了成本，且脱硫脱碳效果较好，是目前企业使用较多的气体净化的方法。除此方法外，也有其他的，如 MDEA、NHD 等脱硫脱碳方法，不同的企业也有单独脱硫脱碳的方法，本项目中会分别进行阐述。

学习目标

知识目标：
1. 了解硫化物的危害；
2. 熟悉甲醇原料气脱硫脱碳的原理；
3. 掌握甲醇原料气脱硫脱碳的工艺条件；
4. 熟悉甲醇原料气脱硫脱碳设备的结构、作用和工作原理。

能力目标：
1. 能绘制甲醇原料气脱硫脱碳工段 PID 图；
2. 能进行甲醇原料气脱硫脱碳的工艺运行控制；
3. 能进行脱硫脱碳设备的日常维护。

素质目标：
1. 培养学生严谨、认真的工作作风；
2. 培养学生安全、环保和节能意识。

任务导入

原料气净化的主要任务是脱除原料气中的硫化物和部分二氧化碳，得到符合甲醇合成要求的原料气。需要了解原料气净化的基本原理、主要方法、工艺流程、工艺条件和主要设备，并能够按照操作要求进行开车、停车、故障处理等工作。

硫化物的性质

任务一　低温甲醇洗脱硫脱碳

【任务分析】

低温甲醇洗脱硫脱碳是甲醇生产常用的脱硫脱碳方法，其基本原理是什么、在生产过程中如何控制工艺条件？需要了解低温甲醇洗脱硫脱碳的基本原理、工艺流程和工艺条件。

【知识链接】

知识点一：脱硫脱碳基本知识

一、硫化物存在的危害

原料气中的硫化物按其化合状态可分为两类：一类是硫的无机化合物，主要是硫化氢；另一类是硫的有机化合物，如硫氧化碳、二硫化碳、硫醇、硫醚、噻吩等。这几种硫化物的性质如下。

硫化氢（H_2S）：无色气体，有毒，溶于水呈酸性，与碱作用生成盐，可被碱性溶液脱除，能与某些金属氧化物作用，氧化锌脱硫就是利用这一性质。

硫氧化碳（COS）：无色无味气体，微溶于水，与碱作用缓慢生成不稳定盐，高温下与水蒸气作用转化为硫化氢与二氧化碳。

二硫化碳（CS_2）：常温常压下为无色液体，易挥发，难溶于水，可与碱作用，也可与氢作用，高温下与水蒸气作用转化为硫化氢与二氧化碳。

硫醇（RSH）：其中 R 为烷基，甲醇原料气中的硫醇主要是甲硫醇（CH_3SH）与乙硫醇（C_2H_5SH），不溶于水，其酸性比相应的醇类强，能与碱作用，可被碱吸收。

硫醚（RSR′）：最典型的是二甲硫醚$(CH_3)_2S$，是无气味的中性气体，性质较稳定，400 ℃以上才分解为烯烃与硫化氢。

噻吩（C_4H_4S）：物理性质与苯相似，有苯的气味，不溶于水，性质稳定，加热到 500 ℃也难分解，是最难脱除的硫化物。

原料气中有机硫化物含量较少，在 0.3 g/m^3 左右。这些有机硫化物在较高温度下进行变换反应时，几乎全部转化成硫化氢，故原料气中的硫化物以硫化氢为主，其含量达 90% 以上。硫化氢及其燃烧产物二氧化硫（SO_2）对人体均有毒性，在空气中硫化氢体积分数达 0.1% 以上就能致命。硫化氢溶于水，对水中鱼类也有毒害作用；硫化氢燃烧生成的 SO_2 造成大气污染，形成酸雨。硫化氢属于窒息性有毒气体，从企业职工卫生安全考虑，车间空气中 H_2S 含量应小于 10 mg·m^{-3}。

硫化物的存在主要有以下几个危害：

（1）硫化氢等硫化物是均是甲醇合成反应催化剂的毒物，原料气中硫化物的存在易造成甲醇合成催化剂的中毒失活。

（2）含硫化氢的原料气在处理和输送过程中，会腐蚀设备和管道。生成的铁锈中含有

$(NH_4)_4[Fe(CN)_6]$、FeS_x 及硫等，积聚在设备管道中，拆开检修时，遇到空气会自燃产生二氧化硫，并放出大量反应热，严重时还会烧坏设备，危害生产安全。

（3）硫化物的存在会在甲醇合成反应过程中生成硫醇、硫二甲醚等杂质，影响甲醇的质量，而且这些杂质带入精馏岗位，易引起设备管道的腐蚀，降低精醇成品的质量，增加甲醇精制工段的复杂性。

二、脱硫脱碳的方法

脱除原料气中硫化氢的方法很多，按脱硫剂的物理形态不同，分为干法和湿法两大类，如图 3.1 所示。用固体脱硫剂的脱硫方法称为干法脱硫，用液体脱硫剂的脱硫方法称为湿法脱硫。

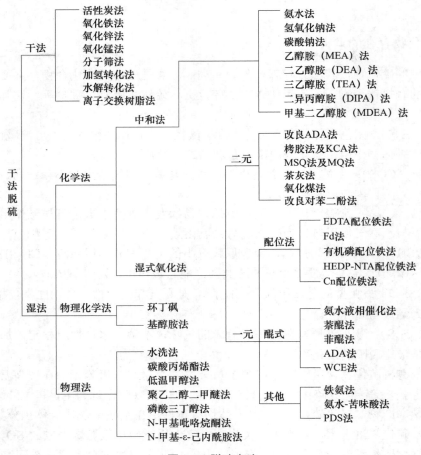

图 3.1　脱硫方法

1. 干法脱硫

干法脱硫工艺简单，成熟可靠，能够较完全地脱除硫化氢和有机硫，使煤气达到较高的净化程度，但其硫容量有限，因此干法脱硫仅适用于煤气含硫量较低，要求净化程度高或煤气处理量较小场合。

干法脱硫根据煤气的用途不同而采用不同的脱硫剂，有氢氧化铁、活性炭法、氧化锌法、钴钼加氢法等。

2. 湿法脱硫

湿法脱硫具有吸收速率快、生产强度大、脱硫过程连续、溶液易再生、硫黄可回收等特点，适用于硫化氢含量较高、净化程度要求不太高的场合。湿法脱硫方法很多，根据吸收原料不同，可分为物理吸收法、化学吸收法和物理化学吸收法。

物理吸收法是利用脱硫剂对原料气中硫化物的物理溶解作用将其吸收。主要有低温甲醇法、聚乙二醇二甲醚法、碳酸丙烯酯法及早期的加压水洗法等。

化学吸收法是利用碱性溶液吸收酸性气体的原理吸收硫化氢。按反应不同，又可分为中和法和湿式氧化法。中和法是用弱碱性溶液与原料气中的酸性气体 H_2S 进行中和反应，生成硫氢化物而被除去，烷基醇胺法、碱性盐溶液法等都属于这类方法。湿式氧化法是用弱碱性溶液吸收原料气中的酸性气体 H_2S，再借助氧体的氧化作用，将硫氢化物氧化成单质硫，同时副产硫黄。湿式氧化法脱硫的优点是反应速率快，净化度高，能直接回收硫黄。该法主要有改良 ADA 法、栲胶法、氨水催化法、PDS 法及络合铁法等。

物理化学吸收法脱硫剂由物理溶剂和化学溶剂组成，因而其兼有物理吸收和化学反应两种性质。主要有环丁砜法、常温甲醇法等。

目前，由于低温甲醇洗脱硫效果较好，且脱硫同时也可脱碳，故较多甲醇厂普遍采用低温甲醇洗脱硫脱碳同时进行。

脱硫方法虽有多种，甲醇生产中脱硫方法选用的原则应根据气体中硫的形态及含量、脱硫要求、脱硫剂的可能性等，通过技术经济综合比较确定。以煤为原料制得的甲醇原料气中碳含量较高，为了保证甲醇合成合理的氢碳比，合成之前需脱碳，目前较多甲醇厂采用低温甲醇洗脱硫脱碳，在脱硫的同时，也可合理地调节氢碳比，满足甲醇合成的要求。一般低温甲醇洗后，硫含量已经降低至 0.1 ppm 以下，可以满足后期合成需求。当以荒煤气为原料气合成甲醇时，由于荒煤气中含硫量较高，故一般采用湿法和干法联用的方法脱硫，即低温甲醇洗后再设置精脱硫（如氢氧化铁法等），使硫含量降低至 0.1 ppm 以下，或用栲胶法粗脱硫后采用钴钼加氢转化结合氧化锌脱硫。

【知识拓展】

安全知识

一、标识

中文名：硫化氢。

英文名：hydrogen sulfide。

分子式：H_2S。

相对分子质量：34.08。

CAS 号：7783－06－4。

毒性：高毒。

安全知识

安全知识

安全知识

性质：有强烈的臭鸡蛋味，比空气略重。空气中允许浓度为 0.01 mg/L。

二、中毒机理

硫化氢是一种强烈的神经毒物，与人体细胞色素氧化酶中的铁作用，引起组织缺氧而造成呼吸困难。大量吸入会引起肺气肿，对黏膜有刺激作用，易引起角膜炎和结膜炎等。

三、中毒症状

① 轻度：眼红和结膜肿胀、畏光流泪、胸部紧迫、咳嗽。空气中浓度为 0.02 mg/L 时，即可引起轻度中毒。

② 中度：结膜刺痛、流泪、恶心、呕吐、腹痛、呼吸困难、头痛、轻度肺炎或肺气肿、支气管炎、排尿作痛。空气中浓度达 0.7 mg/L 时，即可引起中度中毒。

③ 重度：痉挛性失去知觉，因心脏瘫痪或呼吸停止而造成死亡。空气中浓度为 1 mg/L 时，即可引起重度中毒。

四、急救和治疗

① 将中毒者移至空气新鲜处，注意防止受凉。

② 进行人工呼吸，若中毒已引起肺气肿，最好进行人工输氧，并使患者吸入少量氯气（如用蘸有漂白粉溶液的毛巾过滤空气或氧气，使微量氯气进入人体内）。

③ 眼部受伤用 2% 碳酸氢钠液清洗，再用 4% 硼酸水洗眼，然后滴入无菌眼用油；眼痛可滴入 0.5% 的盐酸潘妥卡因，也可用可的松加等量的生理盐水点眼。

知识点二：低温甲醇洗脱硫脱碳工艺

一、低温甲醇洗脱硫脱碳的基本原理

低温甲醇洗是 20 世纪 50 年代初德国的林德公司和鲁奇公司联合开发的脱除原料气中酸性气体的一种方法。1954 年首先用于南非煤加压气化工业装置的煤气净化，20 世纪 60 年代后，随着以渣油和煤为原料的合成氨装置的出现，低温甲醇洗这一技术也得到了广泛应用。蒙大化工 60 万吨的甲醇项目，净化工序采用大连理工大学自主设计的低温甲醇洗技术，这一技术在我国许多厂家已得到广泛的应用。

（一）低温甲醇洗脱硫脱碳的特点

低温甲醇洗采用低温甲醇作为吸收剂，是比较经济合理的，其优点如下。

（1）它可以同时脱除原料气中的 H_2S、COS、RSH、CO_2、HCN、NH_3、NO 及石蜡烃、芳香烃、粗汽油等组分，也可同时脱水，使气体彻底干燥，所吸收的有用组分可以在甲醇再生过程中回收。

（2）气体净化度高。净化气中总硫含量可脱至 0.1 ppm 以下，CO_2 可脱至 20 ppm 以下。

（3）吸收选择性较高。H_2S 和 CO_2 可以在不同设备或同一设备的不同部位分别吸收而在不同的设备和不同的条件下分别回收。由于低温时 H_2S 和 CO_2 在甲醇中的溶解度都很大，所以吸收溶液的循环量较小，特别是当原料气压力比较高时尤为明显。另外，在低温下，H_2

和 CO 等在甲醇中的溶解度都较低，甲醇的蒸气压也很小，故有用气体和溶剂的损失较少。

（4）甲醇的热稳定性和化学稳定性都较好。甲醇不会被有机硫、氰化物等组分所降解，在操作中，甲醇不起泡，纯甲醇对设备和管道也不腐蚀，因此，设备与管道大部分可以用碳钢或耐低温的低合金钢。甲醇的黏度不大，在 $-30\ ℃$ 时，甲醇的黏度与常温水的黏度相当，因此，在低温下对传递过程有利。此外，甲醇也比较便宜，容易获得。

（5）甲醇原料容易获得，经济实惠。采用低温甲醇洗工艺也存在一定的缺点，主要是工艺流程长，甲醇有毒，特别是再生过程比较复杂，设备低温材料要求较高，整个工艺投资较高。低温甲醇洗的主要操作是冷量平衡，其主要冷量来源于水冷、氨冷及含有二氧化碳的高压甲醇的解析。CO_2 的吸收虽然使动力消耗增加，但是 CO_2 的解析又为系统提供了巨大的冷量，同时又降低制冷生产成本。

（二）吸收原理

甲醇吸收 CO_2 和 H_2S 是一个物理过程，它对 CO_2 和 H_2S 等酸性气体有较大的溶解能力，而原料气中的 CO、H_2 在其中的溶解度很小。因此，用甲醇吸收原料气中的 CO_2、H_2S 等酸性气体，而 CO 的损失很少。CO_2 在甲醇中溶解度的大小与温度及压力有关。不同压力和温度下 CO_2 在甲醇中的溶解度见表 3.1。

表 3.1　不同压力和温度下二氧化碳在甲醇中的溶解度

$p(CO_2)$/MPa	$t/℃$				$p(CO_2)$/MPa	$t/℃$			
	-26	-36	-45	-60		-26	-36	-45	-60
0.101	17.6	23.7	35.9	68.0	0.912	223.0	444.0		
0.203	36.2	49.8	72.6	159.0	1.013	268.0	610.0		
0.304	55.0	77.4	117.0	321.4	1.165	343.0			
0.405	77.0	113.0	174.0	960.0	1.216	385.0			
0.507	106.0	150.0	250.0		1.317	468.0			
0.608	127.0	201.0	362.0		1.418	617.0			
0.709	155.0	262.0	570.0		1.520	1 142.0			
0.831	192.0	355.0							

从表 3.1 可以看出，压力升高，CO_2 在甲醇中的溶解度增大，溶解度几乎与压力成正比例关系。而温度对溶解度的影响更大，尤其是温度低于 $-30\ ℃$ 时，溶解度随着温度的降低而急剧增大。因此，用甲醇吸收 CO_2 和 H_2S 宜在高压和低温下进行。

不同气体在甲醇中的溶解度是不同的，温度对溶解度的大小影响也是不同的。随着温度的降低，CO_2、H_2S 等气体在甲醇中的溶解度增大，而 CO、H_2 变化不大。

低温下，H_2S 的溶解度几乎是 CO_2 的 6 倍，这样就有可能选择性地从原料气中分别吸收 CO_2 和 H_2S，而解吸再生又可以分别加以回收。低温下，H_2S、COS 及 CO_2 在甲醇中的溶解度与 CO 及 H_2 相比，至少要大 100 倍，而比 CH_4 大 50 倍。因此，如果低温甲醇洗工艺是按脱除 CO_2 进行设计的，则所有溶解度与 CO_2 相当或比 CO_2 溶解度更大的气体都将一起被脱除，

而溶解度比 CO_2 小很多的气体则脱除很少，即 C_2H_2、COS、H_2S、NH_3 等及其他硫化物都可与 CO_2 一起脱除，而 CO、H_2 等损失很少。低温下甲醇蒸气压很小，溶剂损失不大。一般低温甲醇洗的操作温度为 $-60 \sim -30\ ℃$，各种气体在 $-40\ ℃$（233 K）时的相对溶解度见表 3.2。

表 3.2　$-40\ ℃$（233 K）时各种气体在甲醇中的相对溶解度

气体	H_2S	COS	CO_2	CH_4	CO	H_2	N_2
气体的相对（H_2）溶解度	2 540	1 555	430	12	5	1.0	2.5
气体的相对（CO_2）溶解度	5.9	3.6	1.0				

（三）再生原理

1. 再生原理

甲醇溶液吸收了 CO_2、H_2S、COS、CS_2 等气体后，吸收能力下降，需要将溶液再生恢复吸收能力循环使用，即将吸收的气体 CO_2、H_2S、COS、CS_2 与吸收剂甲醇分开的操作。再生的目的有两个：一是把溶解在甲醇中的气体释放出来，并回收其中的硫化物；二是吸收剂甲醇释放出吸收的气体后，返回吸收塔循环使用，吸收剂的再生，大大节省了操作费用。

温度升高，气体溶解度减小，对吸收不利，而有利于解吸，所以有了加热解吸的方法。操作压强越低，吸收质的分压也越低，气体溶解度减小，对吸收不利，而有利于解吸，因此，工业生产上为了提高解吸效率，常采用减压的方式进行。

2. 再生的方法

根据吸收剂再生的原理，再生的方法有加热再生、减压再生、气提再生，这里重点讲解减压再生和气提再生两种方法。

1）减压再生

减压再生即降低吸收的压力，使溶质从吸收液甲醇中解吸出来的方法。由于在同一条件下，H_2S、CO_2、H_2、CO 等气体在甲醇中的溶解度不同，所以采用分级减压膨胀再生的方法回收 H_2S 及 CO_2 等气体。采用分级减压膨胀再生时，氢、氮气体首先从甲醇中解吸出来，将其回收。然后适当控制再生压力，使大量 CO_2 解吸出来，最后可用减压、气提、蒸馏等方法使 H_2S 解吸出来，送往硫黄回收工序，予以回收。

2）气提再生

气提再生即用 N_2 气提，使溶于甲醇中的 CO_2 解吸出来，气提量越大，操作温度越高或压力越低，溶液的再生效果越好。

在甲醇洗脱除酸性气体的工艺中，采用两次气提方法来除去富甲醇中的 CO_2、H_2S、COS，以得到贫甲醇。第一，在硫化氢浓缩塔底部通入一股低压 N_2 作为气提介质，降低 CO_2 气体的分压，将大部分 CO_2 解吸，以回收冷量。第二，在甲醇再生塔中用甲醇蒸气作为介质，将溶解于甲醇中的 CO_2、H_2S、COS 全部解吸出来，达到甲醇再生的目的。

3

二、低温甲醇洗脱除 CO_2 的工艺流程

低温甲醇洗法脱除 CO_2 的流程如图 3.2 所示，压力约为 2.5 MPa 的原料气，在预冷器中被净化气和 CO_2 气冷却至 $-20\ ℃$ 进入吸收塔下部，与吸收塔中部加入的 $-75\ ℃$ 甲醇溶液（半贫液）逆流接触，大部分 CO_2 被吸收。为了提高气体的净化度，气体进入吸收塔上部，与从塔顶喷淋下来的甲醇贫液逆流接触，脱除原料气中剩余的 CO_2，净化气从吸收塔顶部引出，与原料气换热后去下一工序。

项目三 气体净化

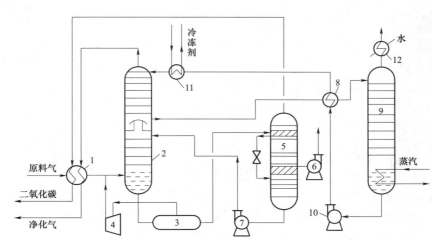

低温甲醇洗脱硫脱碳工艺流程

1—原料气预冷器；2—吸收塔；3—闪蒸塔；4—压缩机；5—再生塔；6—真空泵；
7—半贫液泵；8—换热器；9—蒸馏塔；10—贫液泵；11—冷却器；12—水冷器。

图 3.2 低温甲醇洗脱除 CO_2 流程

由于 CO_2 溶解时放热，塔底部排出的甲醇富液温度升至 $-20\ ℃$。将该吸收液从吸收塔底部引出，送往闪蒸器解吸出 H_2、CO，用压缩机送回原料气总管。甲醇液由闪蒸器进入再生塔，经两级减压再生：第一级在常压下再生，首先解吸出 CO_2，CO_2 经预冷器与原料气换热后回收利用；第二级在真空度为 20 kPa 下再生，此时将所吸收的 CO_2 大部分解吸，得到半贫液。由于 CO_2 解吸吸热，半贫液温度降解到 $-75\ ℃$，经泵加压后送往吸收塔中部，循环使用。

低温甲醇洗脱硫脱碳工艺流程——脱硫塔

从塔底排出的甲醇富液与蒸馏后的贫液换热后进入蒸馏塔，在蒸汽加热的条件下进行蒸馏再生。再生后的甲醇贫液从蒸馏塔底部排出，温度为 65 ℃，经换热器、冷却器冷却到 $-60\ ℃$ 以后，送到吸收塔顶部循环使用。

低温甲醇洗脱硫脱碳工艺流程——再生塔

三、低温甲醇洗脱硫脱碳工艺流程

低温甲醇洗工艺采用是五塔流程，根据温度分为冷区和热区，冷区包括吸收塔和硫化氢浓缩塔；热区包括甲醇热再生塔、甲醇水分离塔、尾气洗涤塔。根据压力又可分为高压区、中压区、低压区，高压区包括吸收塔相关系统，中压区为中压闪蒸系统，低压区包括浓缩塔、再生塔等相关系统。

低温甲醇洗脱硫脱碳工艺流程，如图 3.3 所示。

低温甲醇洗脱硫脱碳工艺流程——气提塔

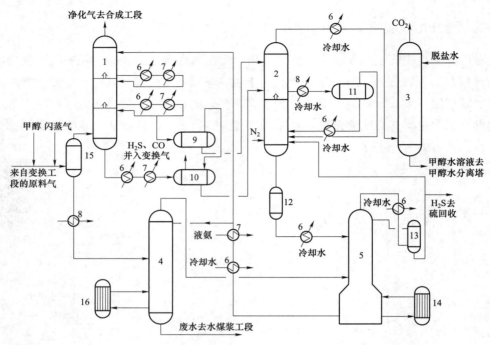

1—吸收塔；2—H$_2$S 浓缩塔；3—洗涤塔；4—甲醇水分离塔；5—甲醇再生塔；6—甲醇冷却器；7—氨冷器；

8—加热器；9、10、11—闪蒸罐；12—甲醇粗过滤器；13—酸性气分离器；14—再沸器；

15—气/甲醇水分离器；16—甲醇水分离塔再沸器。

图 3.3　低温甲醇洗脱硫脱碳工艺流程

　　来自变换工段的压力为 5.4 MPa、温度为 40 ℃的变换气进入本工段。与闪蒸气体混合，并在原料气中注入甲醇，防止结冰及形成水合物的贫甲醇后，经进料气/甲醇水分离器 15 分离出冷凝的甲醇、水混合物后，原料气进入吸收塔 1 下部，与自上而下的贫甲醇逆流接触，脱除气体中的 CO$_2$、H$_2$S 和 COS，塔顶出来的净化气（CO$_2$ 含量约 3.42%，总硫≤0.1 ppm）送甲醇合成工段。从气/甲醇水分离器 15 分离出的甲醇、水混合物经甲醇水分离塔进料加热器 8 加热后，进入甲醇水分离塔 4 中上部。在吸收塔 1 上部，用温度较低的贫甲醇液脱除 CO$_2$，通过吸收塔中间冷却器 6 用氨冷器 7 冷却，带走部分热量。

　　来自吸收塔中下部富含 CO$_2$ 的甲醇，先经甲醇冷却器 6 和氨冷器 7 冷却至−31.4 ℃，进入无硫甲醇闪蒸罐 9，闪蒸后的闪蒸气再经过含硫甲醇闪蒸罐 10 闪蒸后并入变换气中。吸收塔底部富含 H$_2$S 的甲醇通过冷却器 6 和氨冷器 7 冷却至−31.4 ℃，送入含硫甲醇闪蒸罐 10 膨胀至 1.75 MPa（G），回收闪蒸出来的 H$_2$、CO。

　　来自无硫甲醇闪蒸罐 9 的富含 CO$_2$ 的甲醇先膨胀进入 H$_2$S 浓缩塔顶部，来自闪蒸罐（10 的富含 CO$_2$、H$_2$S 和 COS 的甲醇膨胀进入 H$_2$S 浓缩塔中上部，为了提高装置 H$_2$S 馏分的浓度，在 H$_2$S 浓缩塔下部用来自空分工段的低压氮气对 CO$_2$ 进行气提，出 H$_2$S 浓缩塔的尾气（基本上不含硫）经甲醇冷却器 6 换热冷却后进入尾气洗涤塔 3，进一步由脱盐水洗去其中含有的微量甲醇和 H$_2$S。

　　从 H$_2$S 浓缩塔 2 升气管式塔板上抽出温度较低的甲醇，换热升温后进入甲醇闪蒸罐 11，

低温甲醇洗脱硫
脱碳工艺流程
——浓缩塔

低温甲醇洗脱硫
脱碳工艺流程
——脱碳塔

闪蒸出来的闪蒸气进入 H_2S 浓缩塔 2 的底部,与来自上部的甲醇逆流接触,脱除闪蒸气中的 H_2S 组分。来自甲醇闪蒸罐 11 的闪蒸液冷却后,进入 H_2S 浓缩塔 2 下部进行分离。

从 H_2S 浓缩塔 2 底部出来的富含 H_2S 的甲醇经粗过滤器 12 除去甲醇循环系统中的固体及其他颗粒,经甲醇冷却器 6 冷却后进入甲醇再生塔 5。在甲醇再生塔中,用甲醇再生塔再沸器 14 加热产生的甲醇蒸气及来自甲醇水分离塔 4 的甲醇蒸气气提,对富甲醇中所含有的 H_2S 及 CO_2 进行完全解吸,甲醇再生塔顶部气体经甲醇再生塔回流冷却器 6 冷却。冷凝液大部分送回再生塔顶部回流,小部分回到 H_2S 浓缩塔底部提浓。离开酸性气分离器 13 的酸性气,一小部分进入 H_2S 浓缩塔底部做提浓,大部分作为硫回收工段原料,离开本工段。

离开甲醇再生塔塔底的甲醇在贫甲醇冷却器 6 中冷却到 43 ℃左右,送往吸收塔 1。来自水分离器 15 的甲醇和水混合物冷凝液经甲醇水分离塔给料加热器 8 加热,送入甲醇水分离塔 4,通过蒸馏将水和甲醇进行分离。该塔由甲醇水分离塔再沸器 16 进行加热,塔顶甲醇蒸气送甲醇再生塔 5,而水作为废水去气化煤浆制备工段。甲醇水分离塔 4 所需的回流甲醇由甲醇再生塔 5 再生甲醇提供。

【知识拓展】

低温甲醇洗脱硫脱碳操作规程

一、开车说明

低温甲醇洗的原始开车过程包括系统的吹扫、水洗、气密实验、水联动、置换干燥、建甲醇循环、降温、导气等几个步骤。这些工作的好坏直接对系统开车的顺利起着非常重要的作用,是开车的关键。每一步工作都要认真去做,只有做好,才能保证整个系统的开车顺利。

1. 系统的吹扫

为了使低温甲醇洗系统投入合格运行,防止因杂物,如铁锈、污物、焊渣、尘土、砂子对管线、换热器、阀门(调节阀)造成堵塞,使设备造成意外的故障,必须将系统中的铁锈、污物、焊渣、尘土、砂子等杂物彻底吹除干净,使调节仪表能投入正常运行。所以,在系统安装完毕后,用空气对本工序所有气相经过的管线、设备进行彻底的吹扫。

2. 系统的水洗

在本岗位设备安装、吹扫结束以后,在设备(如塔、罐、换热器、泵)中和甲醇流经的管道中仍可能有一些杂质,如焊条、焊渣铁锈和尘土等,可能会引起管道阀门堵塞,造成设备的磨损,泵入口滤网及过滤器的频繁堵塞会影响装置的平稳运行,因此,要将这些杂质从设备和管道中冲出去。

3. 系统的气密实验

低温甲醇洗的工艺气为易燃易爆气体,甲醇为易燃易爆有毒液体,一旦泄漏,会给人身安全和环境带来直接的危害。

本岗位有操作压力高、温度低的特点，任何一种气体的泄漏，都不利于人身安全，也不利于系统的稳定和冷量平衡。气密的目的是消除设备管道各连接处及各焊缝在高压下漏气现象，以便在开车前发现泄漏点，并能及时给予消除，使低温甲醇洗系统投入合格运行。这是开车前极重要的一环。所以，在前面的工作完成后，用空气或氮气对本工序所有工艺管道、设备进行压力实验。

4. 系统的水联动

在本岗位的吹扫、水洗、气密工作完毕后，即将面临投料工作，为使化工料一次性成功，需对本岗位做水联动，即按着甲醇洗的流程将水充到系统内，将所有的泵启动，用水代替甲醇建立循环。水联动过程中要对所有的泵进行联动，发现问题和不足并排除问题。将所有的仪表和控制回路投用，做进一步的调试，使其达到性能，将所有的连锁投用并连锁实验；对泵的电机做性能考核，看是否达到设计参数；投用中控 DCS 系统，看是否达到操作要求。

5. 系统的置换干燥

系统在水洗、水联动之后，充甲醇前，需要把管道及设备中残留的水赶出系统，同时，在化工投料之前，需对系统进行氮气置换，以减少对设备和管道的腐蚀，并满足后续岗位对氧含量的工艺要求。

6. 系统的化工投料

在以上工作完成以后，化工投料是系统开车最主要的环节，是检验系统的开车成功标志。如果化工投料成功，那就证明装置从设计到安装可以达到工艺操作性能；如果化工投料不能成功，无论是设计还是安装，都存在问题，会给公司造成很大的经济损失。

7. 向甲醇合成工序输送合格的净化气

化工投料成功后，将制出合格的净化气输送到甲醇合成工序。

二、原始开车（大修后开车）

开车前的检查、确认工作及准备工作：

（1）确认系统安装或检修完毕，原料甲醇储罐准备好足够的甲醇。

（2）机、电、仪检修完毕，处于备用状态。

（3）系统运转设备处于断电备用状态（为安全起见，电在启动前再送）。

（4）系统吹扫、气密、氮气置换和干燥已完成。

（5）界区内公用工程部分已具备开车条件。

（6）确认本工号各盲板位置正确，确认所有临时盲板均已拆除。

（7）确认本工号内的所有液位、压力和流量仪表导压管根部阀及安全阀根部阀处于开的位置，所有调节阀及联锁系统动作正常。

（8）确认系统内的设备、管线等设施均连接正确无误。

（9）确认系统内的导淋阀门关闭，需加盲板的位置已加盲板。

（10）确认系统内所有的阀门处于关闭位置并与前后系统有效隔离。

（11）投用水冷器。

【自我评价】

一、填空题

1. 温度越_____、压力越_____，硫化物和 CO_2 在甲醇中的溶解度越大。

2. 操作压强越_____，吸收质的分压也越_____，气体溶解度越_____，有利于解吸，因此，工业生产上为了提高解吸效率，常采用_____的方式进行。

3. 甲醇再生的方法有_____再生、_____再生、_____再生。

4. 采用分级减压膨胀再生时，氢氮气体首先从甲醇中解吸出来，然后适当控制再生压力，使_____解吸出来，最后可再用减压、气提、蒸馏等方法使_____解吸出来。

5. 气提再生即用_____气提，使溶于甲醇中的 CO_2 解吸出来，气提量越大，溶液的再生效果越_____。

二、判断题

1. 硫化氢的气味随浓度升高而变大。　　　　　　　　　　　　　　　　（　　　）

2. 原料气中的硫化物主要存在形式是硫化氢。　　　　　　　　　　　（　　　）

3. 当发生硫化氢中毒时，应该将中毒者移至空气新鲜处，注意防止受凉。（　　　）

4. 低温甲醇洗即采用低温甲醇作为吸收剂脱除原料气中的硫化物和 CO_2。（　　　）

5. 低温甲醇洗脱硫脱碳是一个化学过程。　　　　　　　　　　　　　（　　　）

6. 用固体脱硫剂的脱硫方法称为干法脱硫。　　　　　　　　　　　　（　　　）

7. 由于 H_2S、CO_2、H_2、CO 等气体在甲醇中的溶解度不同，所以采用分级减压膨胀再生的方法回收 H_2S 及 CO_2 等气体。

三、选择题

1. 硫化物存在的危害有（　　　）。

A. 催化剂毒物　　　　　　　　　　B. 腐蚀设备

C. 给产物中带入更多的杂质　　　　D. 以上都是

2. 煤气中的硫化物主要以无机硫的形式存在，主要存在形式是（　　　）。

A. 硫醇　　　　　B. COS　　　　　C. CS_2　　　　　D. H_2S

四、简答题

1. 原料气中硫化物存在的危害有哪些？

2. 原料气脱硫的方法有哪些？如何分类？

3. 简述低温甲醇洗脱硫脱碳的原理。

4. 简述低温甲醇洗脱硫脱碳的工艺流程。

任务二　其他除二氧化碳的方法

【任务分析】

除了低温甲醇洗脱硫脱碳法之外，目前还有碳酸丙烯酯法、聚乙二醇二甲醚法等物理吸收法，在脱除硫化氢的同时，也可有效脱除二氧化碳。还有化学吸收法、热钾碱法也可同时脱硫脱碳，本任务主要介绍除低温甲醇洗之外的其他脱硫脱碳方法。

【知识链接】

知识点一：碳酸丙烯酯法

碳酸丙烯酯是一种无色（或带微黄）、无毒、无腐蚀性、性质稳定的透明液体，分子式为 $CH_3CHOCO_2CH_2$，相对分子质量为 102.09，沸点（0.1MPa）为 238.4 ℃，冰点为 −48.89 ℃，密度（15.5 ℃）为 1.198g/cm³。黏度（25 ℃）为 $2.09×10^{-3} Pa·s$；比热容（15.5 ℃）为 1.4 kJ/（kg·℃）；饱和蒸气压（34.7 ℃）为 27.27Pa；对二氧化碳溶解热为 14.65 kJ/mol；临界温度为 523.11 K，临界压力为 6.28 MPa。

碳酸丙烯酯具有水解性，遇水则发生水解反应：

$$C_3H_6CO_3 + 2H_2O \longrightarrow C_3H_6(OH)_2 + H_2CO_3 \qquad (3-1)$$

$$H_2CO_3 \longrightarrow H_2O + CO_2 \qquad (3-2)$$

碳酸丙烯酯可水解成 1,2−丙二醇。温度升高能加快水解速度；在酸性介质中，水解速度加快。

一、基本原理

1. 吸收原理

碳酸丙烯酯吸收 CO_2、H_2S 是一个物理吸收过程，它对 CO_2、H_2S 等酸性气体有较强的溶解能力，而 H_2、CO 等气体在其中的溶解度很小。不同气体在碳酸丙烯酯中的溶解度见表 3.3。

表 3.3　不同气体在碳酸丙烯酯中的溶解度（0.1 MPa，25 ℃）

气体	CO_2	H_2S	H_2	CO	CH_4	COS	C_2H_2
溶解度/（m³·m⁻³）	3.47	12.1	0.025	0.50	0.3	5.0	8.6

由表 3.3 可知，CO_2 在碳酸丙烯酯中的溶解度比 H_2、CO 大得多，因此可用碳酸丙烯酯从粗原料气中选择吸收 CO_2。碳酸丙烯酯对 CO_2 吸收能力是相同条件下水的 4 倍。碳酸丙烯酯液吸收能力与压力和温度有关，随压力的升高和温度的降低而增加。当 CO_2 分压小于 2 MPa 时，其平衡浓度与 CO_2 分压的关系服从亨利定律。不同压力和温度下，CO_2 在碳酸丙烯酯中的溶解度见表 3.4。

表 3.4　不同压力和温度下，CO_2 在碳酸丙烯酯中的溶解度

p（CO_2）（绝对）/ Pa	温度/℃				
	−10	0	15	25	40
$2×10^5$	14.0	11.4	7.3	6.1	4.0
$6×10^5$	46.8	34.8	23.3	19.4	12.5
$10×10^5$	86.0	61.4	39.8	34.5	24.0

从表 3.4 可以看出，CO_2 分压越高，溶剂吸收能力越强；反之，压力低，吸收能力显著降低。同时，由于溶剂的蒸气压低，可在常温下吸收。因此，用碳酸丙烯酯脱碳时，可在常温、加压的条件下进行。

2. 再生原理

在常温下，吸收了 CO_2 的碳酸丙烯酯富液经减压解吸或者用鼓入空气的方法即可得到再生。由于吸收和再生均在常温下进行，脱碳过程不需要消耗热量。

硫化物和烃类在碳酸丙烯酯中的溶解度也很大，因此，当原料气中含有烃类及硫化物时，应采用逐级降压的再生方法分别回收吸收的 CO_2、硫化物和烃类。碳酸丙烯酯有一定的吸水性，溶剂中的水会降低溶液对 CO_2 的吸收能力。溶液再生时，可靠再生气体将水分带出。

二、工艺条件

1. 吸收压力

CO_2 在碳酸丙烯酯中的溶解度随压力的升高而增加，提高吸收压力，可以提高吸收能力，提高气体的净化度。吸收压力提高，在相同温度条件下变换气中饱和蒸气量少，带入脱碳系统的水量减少，有利于系统的水平衡。在生产中，操作压力取决于原料气的压力，一般为 1.5～3 MPa。

2. 液气比

吸收液气比是指处理 1 m^3 原料气（标准状况）所需溶剂的体积。液气比大，溶剂喷淋量大，可提高脱碳效率。但液气比过大，脱碳效率增加就不明显了，并增加了动力消耗。生产中，液气比一般为 25～33 L/m^3。

3. 二氧化碳的含量

再生后的碳酸丙烯酯溶液中残余 CO_2 含量越低，脱碳后气体的净化度越高，一般要求残余 CO_2（标准状况）含量小于 0.35 m^3/（m^3 溶液）。溶液中 CO_2 的残余量取决于再生时空气用量，再生时空气用量越大，残余 CO_2 越少。再生空气用量一般为 12～15 m^3/（m^3 溶液）。

4. 氢气回收压力

为了回收溶剂中溶解的氢气，提高解吸气中 CO_2 的浓度，由吸收塔出来的富液，首先进入氢气回收罐，在一定压力下闪蒸出所吸收的氢气。该压力如果过高，氢气解吸不完全；如果过低，有部分 CO_2 将被解吸出来。因此要合理控制，氢气回收压力一般控制在 0.3～0.9 MPa。

三、工艺流程

碳酸丙烯酯脱碳工艺流程如图 3.4 所示。变换气由吸收塔下部进入。温度约为 30 ℃的碳酸丙烯酯由溶液泵送往塔顶，在吸收塔内于 1.7～1.9 MPa 的操作压力下，气液逆流接触，除去粗原料气中的二氧化碳，净化气由塔顶引出，送往后工序。

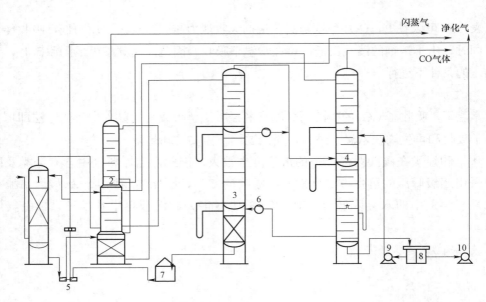

1—吸收塔；2—闪蒸洗涤塔；3—再生塔；4—洗涤塔；5—贫液泵—涡轮机；

6—气提机；7—循环液槽；8—稀液槽；9、10—稀液泵。

图 3.4　碳酸丙烯酸脱碳工艺流程

吸收了二氧化碳后的富液，由吸收塔底排出，经水力透平回收能量后，进入氢气回收罐，在 $0.3\sim0.6$ MPa 的压力下解吸出所溶解的氢气，回收利用。由回收罐出来的溶液，进入常压解吸塔，解吸出溶液中的 CO_2，CO_2 进入 CO_2 回收塔，除去气体中夹带的溶液。经常压解吸后的溶液，进入气提塔顶部，与塔底部鼓入的空气逆流接触，使溶液进一步再生，再生后的贫液用泵送往吸收塔循环使用。气提塔顶部排出的 CO_2 和空气，经气提溶液回收塔回收所夹带的溶液后放空。回收塔所用的碳酸丙烯酯溶液含量一般不超过 10%，含量高时，抽出部分稀溶液回收利用，并补充相应的水量。当溶液中机械杂质增多时，可用过滤器除去杂质。

碳酸丙烯酯脱碳的优点是溶剂无毒，性质稳定，吸收二氧化碳能力强，生产工艺流程简单，常温吸收再生不消耗热量，目前中小型厂常采用此法脱碳。但碳酸丙烯酯较贵，二氧化碳回收率较低。

知识点二：聚乙二醇二甲醚法脱除二氧化碳

聚乙二醇二甲醚（简写为 DMPE）是 20 世纪 60 年代美国联合化学公司（Allied Chemical Corp.）开发的一种酸性气体物理吸收溶剂，其商品名为 Selexol。聚乙二醇二甲醚一般指有一定同系物分布的混合物，该溶剂本身无毒，对碳钢等金属无腐蚀性，吸收 CO_2、H_2S、COS 等酸性气体的能力强。美国 20 世纪 80 年代初将此法用于以天然气为原料的大型合成氨厂，至今世界上已广泛采用。我国杭州化工研究所和南化（集团）公司研究院分别于 20 世纪 80 年代从溶剂筛选开始研究，找出了用于脱硫脱碳的聚乙二醇二甲醚的最佳溶剂组成，命名为 NHD。NHD 的物化性质与 Selexol 相似，但其组分含量与相对分子质量都不同，并成功地用于以煤为原料制得合成气的脱硫脱碳工业生产装置。NHD 溶剂吸收 CO_2、H_2S 的能力优于国外的聚乙二醇二甲醚溶剂，国内推广使用效果良好。

一、基本原理

该溶剂是聚合度为 2~9 的聚乙二醇二甲醚的混溶剂，分子结构为 $CH_3-O-C_2H_4O-CH_3$，相对分子质量为 250~280。主要物理性质：凝固点为 $-29\sim -22\ ℃$；闪点为 151 ℃；蒸气压为（25 ℃）$<1.33\ Pa$；比热容为（25 ℃）$2.05\ kJ/(kg\cdot℃)$；密度为（25 ℃）$1.03\ kg/L$；黏度为（25 ℃）$5.8\times10^{-3}\ Pa\cdot s$。

聚乙二醇二甲醚脱碳是一个典型的物理吸收过程，其对 CO_2、H_2S、COS 等酸性气体有很强的选择吸收能力。几种气体在聚乙二醇二甲醚中的相对溶解度见表 3.5。由表可知，由于 H_2S、COS、CH_3SH 在聚乙二醇二甲醚中的溶解度高于 CO_2，用聚乙二醇二甲醚吸收 CO_2 的同时，可吸收原料气中的 H_2S、COS、CH_3SH。

NHD 在吸收 H_2S、CO_2、COS 的同时，H_2、CO 也会被吸收，但是这些气体在 NHD 中的溶解度要小得多。

由表 3.5 可知，NHD 既能脱除大量的 CO_2，又能将硫化物脱除至微量，而且 H_2、CO 的损失很少。

表 3.5　各种气体在 NHD 中的相对溶解度

组分	H_2	CO	CH_4	CO_2	COS	H_2S	CH_3SH	CS_2	H_2O
相对溶解度	1.3	2.8	6.7	100	233	893	2 270	2 400	73 000

CO_2 在聚乙二醇二甲醚中的溶解度与温度、压力有关，其溶解度随温度降低、压力升高而增大。压力一定时，不同温度下 CO_2 在该溶剂中的溶解度见表 3.6。

表 3.6　不同温度下 CO_2 在聚乙二醇二甲醚溶剂中的溶解度（分压 0.5 MPa）

温度/℃	−10	−5	5	20	40
平衡溶解度/（$m^3\ CO_2/m^3$ 溶剂）	37	28	21	16	10.5

由表 3.6 可知，当分压一定时，在 CO_2 溶液中的溶解度随温度的降低而增大，低温有利于 CO_2 的吸收。

温度一定时，不同压力下 CO_2 在聚乙二醇二甲醚溶剂中的平衡溶解度见表 3.7。

表 3.7　不同压力下 CO_2 在聚乙二醇二甲醚溶剂中的平衡溶解度（温度 5 ℃）

CO_2 分压/MPa	0.2	0.4	0.6	0.8	1.0
平衡溶解度/（$m^3\ CO_2/m^3$ 溶剂）	10.1	21.1	33.4	46.2	60.2

由表 3.7 可知，在相同温度条件下，CO_2 在聚乙二醇二甲醚中的溶解度随压力的升高而增大，高压有利于 CO_2 的吸收。

吸收了 CO_2 的聚乙二醇二甲醚的溶液（富液）要进行再生循环使用，通常采用减压加热和气提的方法再生。

二、工艺条件的选择

1. 压力

提高脱碳压力，可以提高二氧化碳在聚乙二醇二甲醚中的溶解度，减少变换气中饱和水蒸气的含量，减少变换气带入系统的水量，有利于二氧化碳的吸收，提高气体的净化度。因此，选择较高的压力对脱碳有利。但压力过高，设备投资、压缩机能耗都将增加。生产中，操作压力一般为 1.6～1.7 MPa。

脱碳后的富液分级减压。高压闪蒸压力控制在 0.8～1.0 MPa，有利于氢气的解吸回收，提高低压闪蒸气二氧化碳的纯度；低压闪蒸气压力控制在 0.03～0.05 MPa。

2. 温度

溶液的温度降低，二氧化碳在溶液中的溶解度增大，脱碳效率提高，气体的净化度高；反之，溶液温度高，气体中饱和水蒸气多，带入脱碳系统的水分增加，溶剂吸水后被稀释，脱碳能力和气体的净化度降低，所以降低温度对操作有利。生产中，NHD 溶剂温度一般为 -2～-5 ℃。

3. 二氧化碳的吸收饱和度

在脱碳塔底部的碳酸丙烯酯富液中，二氧化碳的浓度（C_{CO_2}）与达到相平衡时的浓度（$C_{CO_2}^*$）之比称为二氧化碳的吸收饱和度（Φ）。

$$\Phi = \frac{C_{CO_2}}{C_{CO_2}^*} \leqslant 1 \qquad\qquad (3-3)$$

饱和度的大小对溶剂循环量和吸收塔高度都有较大的影响。对填料塔而言，增大气液两相的接触面积，可以提高吸收饱和度。要增大气液两相的接触面积，主要是通过增大填料体积，即提高塔的高度来实现，但塔高增大，投资增大，而且输送溶剂和气体的能耗增大。所以，工业上，吸收饱和度一般在 75%～85%。

4. 气液比

吸收气液比是指单位时间内进脱碳塔的原料气体积与进塔的贫液体积之比。一般表示气体体积为标准状态下的体积。贫液体积为工况下的体积。当处理原料气量一定时，吸收气液比增大，所需的溶剂量就可减少，因而输送溶剂的电耗也就可以降低。对于一定的脱碳塔，吸收气液比增大后，净化气中的二氧化碳含量增大，影响到净化气的质量。所以，在生产中，应根据净化气中二氧化碳的含量要求，调节气液比至适宜值。脱碳压力 1.7 MPa 时，为 25～35；脱碳压力 2.7 MPa 时，为 55～56。

气提的气液比是指气提单位体积溶剂所需惰性气体的体积。气提的气液比主要是控制溶剂的贫度。溶剂贫度是指 CO_2 在贫液中的含量。气提气液比越大，即气提单位体积溶剂所用的惰性气体体积越大，则溶剂的贫度越小，再生后溶液的吸收能力越强。但气提比过大，风机电耗增大，随气提带走的溶剂损失增大。因此，一般气提比控制在 6～15。

三、工艺流程

聚乙二醇二甲醚脱碳工艺流程有两类:一类是聚乙二醇二甲醚脱碳工艺流程;另一类是同时脱除含有二氧化碳和硫化氢的原料气的工艺流程。

(一)NHD 单独脱碳工艺流程

如图 3.5 所示,由脱硫来的气体经气–气换热器冷却之后进入脱碳塔,与塔上部喷淋下来的温度为–5 ℃贫液逆流接触,吸收掉其中的部分 CO_2 后,净化气从脱碳塔顶部引出分离液体后,经气–气换热器加热后送往后面工序。

吸收了 CO_2 的溶液(富液)从塔底引出,在塔内吸收 CO_2 过程中,由于溶解热和气体放热,使溶液温度升高,出塔底的富液温度升高达 7.2 ℃,富液进入水力透平,回收静压能,压力降至 0.78 MPa 后进入高压闪蒸槽,闪蒸槽压力为 0.75 MPa,部分溶解的 CO_2 和大部分氢在此解吸出来,从高压闪蒸槽底部出来的溶液减压进入低压闪蒸槽,低压闪蒸槽内压力为 0.078 MPa,此时有大部分溶解的 CO_2 解吸出来。闪蒸出来的 CO_2 送回收工序。低压闪蒸槽底部出来的溶液由富液泵送往再生塔,用氮气或是空气进行气提,气提后的贫液经贫液泵加压、氨冷器冷却后送往脱碳塔顶部。

空气作为气提气由罗茨鼓风机加压后,先去空气冷却器,与富液泵出口的一部分富液进行热量交换。空气温度降至 8~10 ℃,经气水分离器分离液滴后,进入气提再生塔下部。空气在塔内自下而上与塔顶喷淋而下的溶液逆流接触吸收,然后经塔顶除去夹带的液滴后放空。

由冰机液氨储槽来的液氨进入氨冷器。在氨冷器内与溶剂换热蒸发,气氨经雾沫分离器分离后送冷冻工段。

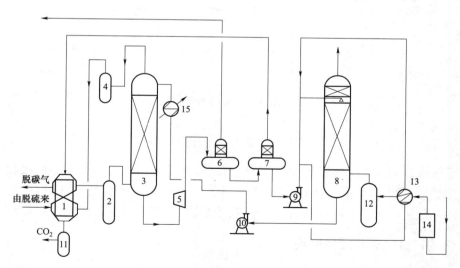

1—气–气换热器;2—气水分离器;3—脱碳塔;4—脱碳气液分离器;5—水力透平;6—高压闪蒸槽;7—低压闪蒸槽;
8—再生塔;9、10—离心泵;11—气液分离器;12—水汽分离器;13—空气–富液换热器;14—罗茨鼓风机。

图 3.5 NHD 脱碳工艺流程

（二）同时脱除硫化氢和二氧化碳的流程

图 3.6 所示是 NHD 同时脱除硫化氢和二氧化碳流程。原料气从吸收塔底部进入，与塔中部喷淋下来的 NHD 溶液逆流接触，吸收原料气中的硫化物后，气体进入吸收塔上部，与塔顶喷淋的 NHD 溶液逆流接触，脱除原料气中的二氧化碳后，净化气去后工序。

从吸收塔底部排出的 NHD 溶液（富液）送入闪蒸罐解吸出的气体经压缩后送回原料气总管。NHD（富液）溶液由闪蒸罐进入热再生塔，解吸出的酸气从塔顶排出。再生后的 NHD（贫液）从热再生塔底部排出，经泵加压后送往吸收塔循环使用。

吸收了气体中二氧化碳的富液，一部分进入下塔继续吸收硫化氢；另一部分闪蒸和常压解吸后，去气提塔用氮气气提，气提后的溶液经泵加压后送往吸收塔顶部。

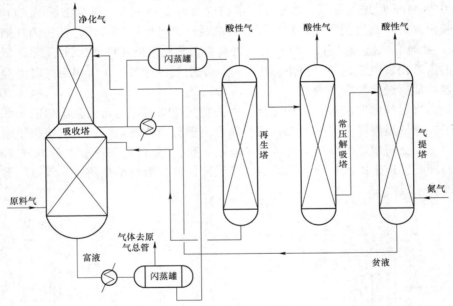

图 3.6　NHD 同时脱硫脱碳工艺流程

知识点三：热钾碱法脱硫脱碳

化学吸收法是利用 CO_2 的酸性特性与碱性物质进行反应将其吸收，常用的吸收剂有热碳酸钾法、浓氨水法和有机胺法等。其中，热碳酸钾法适用于 CO_2 含量 <15% 时；浓氨水法吸收最终产品为碳铵，达不到环保要求，该法逐渐被淘汰；有机胺法逐渐被人们看好。

一、热的钾碱法吸收反应原理

（一）纯碳酸钾水溶液和二氧化碳的反应

据研究，在碳酸钾溶液吸收 CO_2 的过程中，化学反应速率最慢，起到控制作用。纯碳酸钾水溶液吸收 CO_2 的化学反应式为：

$$K_2CO_3 + CO_2 + H_2O \longrightarrow 2KHCO_3 \qquad (3-4)$$

脱碳后，气体的净化度与碳酸钾水溶液的 CO_2 平衡分压有关。CO_2 平衡分压越低，达到平衡后溶液中残存的 CO_2 越少，气体中的净化度也越高；反之，平衡后气体中 CO_2 含量越高，气体的净化度越低。碳酸钾水溶液的 CO_2 平衡分压与碳酸钾浓度、溶液的转化率（表示溶液中碳酸钾转化成碳酸氢钾的摩尔分数）、吸收温度有关。当碳酸钾浓度一定时，随着转化率、温度升高，CO_2 的平衡分压增大。

（二）碳酸钾溶液对原料气中其他组分的吸收

含有机胺的碳酸钾溶液在吸收 CO_2 的同时，也可除去原料气中的硫化氢、氰化氢、硫酸等酸性组分，吸收反应为：

$$H_2S + K_2CO_3 \longrightarrow KNCO_3 + KHS \qquad (3-5)$$

$$HCN + K_2CO_3 \longrightarrow KCN + KHCO_3 \qquad (3-6)$$

$$H_2SO_4 + K_2CO_3 \longrightarrow K_2SO_4 + H_2O + CO_2 \qquad (3-7)$$

硫氧化碳、二硫化碳首先在热钾碱溶液中水解生成 H_2S，然后被溶液吸收。

$$COS + H_2O \longrightarrow CO_2 + H_2S \qquad (3-8)$$

$$CS_2 + H_2O \longrightarrow COS + H_2S \qquad (3-9)$$

二硫化碳需经两步水解生成 H_2S 后，才能全部被吸收，因此吸收效率较低。

（三）吸收溶液的再生

碳酸钾溶液吸收 CO_2 后，碳酸钾为碳酸氢钾，溶液 pH 减小，活性下降，故需要将溶液再生，逐出 CO_2，使溶液恢复吸收能力，循环使用，再生反应为：

$$2KHCO_3 \longrightarrow K_2CO_3 + CO_2 + H_2O \qquad (3-10)$$

压力越低，温度越高，越有利于碳酸氢钾的分解。为使 CO_2 能完全从溶液中解析出来，可向溶液中加入惰性气体进行气提，使溶液湍动并降低解析出来的 CO_2 在气相中的分压。在生产中，一般在再生塔下设置再沸器，采用间接加热的方法将溶液加热到沸点，使大量的水蒸气从溶液中蒸发出来。水蒸气再沿塔向上流动，与溶液逆流接触，这样不仅降低了气相中的 CO_2 分压，增加了解析的推动力，同时增加了液相中湍动程度和解析面积，从而使溶液得到更好的再生。

碳酸钾溶液吸收 CO_2 越多，转变为碳酸氢钾的碳酸钾量越多；溶液再生越完全，溶液中残留的碳酸氢钾越少。通常用转化度或再生度表示溶液中碳酸钾转变为碳酸氢钾的程度。

转化度 F_c 的定义为：

F_c = 转换为 $KHCO_3$ 的 K_2CO_3 的物质的量/溶液中 K_2CO_3 的总物质的量

再生度 i_c 的定义为：

i_c = 溶液中 CO_2 物质的量/总 CO_2 的物质的量

转化度与再生度的关系见表 3.8。

表 3.8　转化度与再生度的关系

项目	摩尔数	CO_2 摩尔数	K_2O 摩尔数
K_2CO_3	$N(1-F_c)$	$N(1-F_c)$	$N(1-F_c)$
$KHCO_3$	$2NF_c$	$2NF_c$	$2NF_c$

表 3.8 中，设原始溶液中只有碳酸钾，浓度为 N mol，转化度为 F_c。

根据再生度的定义，有

$$i_c = \frac{CO_2\text{的物质的量}}{K_2O\text{的物质的量}} = \frac{N(1-F_c)+2NF_c}{N(1-F_c)+NF_c} = \frac{N(1+F_c)}{N} = 1+F_c \quad (3-11)$$

即 i_c 比 F_c 大 1。对纯碳酸钾而言，$F_c=0$，$i_c=1$；对纯碳酸氢钾而言，$F_c=1$，$i_c=2$。再生后，溶液的再生度越接近于 0，或再生度越接近于 1，表示溶液中碳酸氢钾含量越少，溶液再生得越完全。

二、操作条件的选择

1. 碳酸钾浓度

增加碳酸钾浓度，可提高溶液吸收 CO_2 的能力，从而可以减少溶液循环量与提高气体的净化度，但是碳酸钾的浓度越高，高温下溶液对设备的腐蚀越严重，在低温时容易析出碳酸氢钾结晶，堵塞设备，给操作带来困难。通常维持碳酸钾的质量分数为 25%～30%。

2. 活化剂的浓度

为了提高二氧化碳的吸收效率，往往加入活化剂二乙醇胺。二乙醇胺在溶液中的浓度增加，可加快吸收 CO_2 的速度和降低净化后气体中的 CO_2 含量，但当二乙醇胺的含量超过 5% 时，活化作用就不明显了，并且二乙醇胺损失增加。因此，生产中，二乙醇胺的含量一般维持在 2.5%～5%。

3. 吸收压力

提高吸收压力可增加吸收推动力，加快吸收效率，提高气体的净化度和溶液的吸收能力，同时也可使吸收设备的体积缩小。但压力达到一定程度时，上述影响就不明显了。生产中，吸收压力由合成氨流程来确定。以煤、焦为原料制取合成氨的流程中，一般压力为 1.3～2.0 MPa。

4. 吸收温度

提高吸收温度可加快吸收反应速率，节省再生的耗热量。但温度增高，溶液上方 CO_2 平衡分压也随之增大，降低了吸收推动力，因而降低了气体的净化度。即吸收过程中温度产生了两种互相矛盾的影响。为了解决这一矛盾，生产中采用了两段吸收两段再生的流程，吸收塔和再生塔均为两段。从再生塔上段出来的大部分溶液（叫半贫液，占总量的 2/3～3/4），不经冷却，由溶液大泵直接送入吸收塔下段，温度为 105～110 ℃。这样不仅加快吸收反应，使大部分 CO_2 在吸收塔下段被吸收，而且吸收温度接近再生温度，节省再生热耗。而从再生塔下部引出的再生比较完全的溶液（称为贫液，占总量的 1/4～1/3）冷却到 65～80 ℃，被溶液小泵加压送往吸收塔上段。由于贫液的转化度低，且较低温度下吸收，溶液的 CO_2 平衡分压低，因此可达到较高的净化度，使出塔碱洗气中 CO_2 降至 0.2% 以下。

5. 再生工艺条件

在再生过程中，提高温度和降低压力，可以加快碳酸氢钾的分解速度。为了简化流程和便于将再生过程中解吸出来的 CO_2 送往后工序，再生压力应略高于大气压力，一般为 0.11～0.14 MPa（绝压）；再生温度为该压力下溶液的沸点。因此，再生温度与再生压力及溶液组成有关，一般为 105～115 ℃。

再生后贫液和半贫液的转化度越低，在吸收过程中吸收 CO_2 的速率越快。溶液的吸收能力也越大，脱碳后的碱洗气中，CO_2 浓度就越低。在再生时，为了使溶液达到较低的转化度，就要消耗更多的热量，再生塔和煮沸器的尺寸也要相应加大。在两段吸收两段再生的流程中，贫液的转化度约为 0.15～0.25，半贫液的转化度约为 0.35～0.45。

工艺流程–二段吸收
二段再生流程

由再生塔顶部排出的气体中，水气比 $n(H_2O)/n(CO_2)$ 越大，说明煮沸器提供的热量越多，溶液中蒸发出来的水分也越多，这时再生塔内各处气相中 CO_2 分压相应降低，所以再生速度也必然加快。但煮沸器向溶液提供的热量越多，意味着再生过程耗热量增加。实践证明，当 $n(H_2O)/n(CO_2)$ 等于 1.8～2.2 时，可得到满意的再生效果，而煮沸器的消耗量也不会太大。再生后的 CO_2 纯度达到 98% 以上。

三、工艺流程

本菲尔特脱碳工艺流程，如图 3.7 所示。

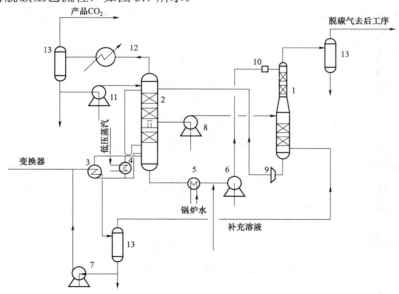

1—吸收塔；2—再生塔；3—变换气再沸器；4—蒸汽再沸器；5—锅炉给水预热器；6—贫液泵；
7—淬冷水泵；8—半贫液泵；9—水力透平；10—机械过滤器；11—冷凝液泵；12—CO_2 冷却器；13—分离器。

图 3.7 本菲尔特脱碳工艺流程

含 CO_2 18%左右的变换气于 2.7 MPa、127 ℃下从吸收塔底部进入，在塔内分别用 110 ℃ 的半贫液和 70 ℃左右的贫液进行洗涤。出塔净化气的温度约 70 ℃，经分离器 13 分离掉气体夹带的液滴后进入后工段。

富液由吸收塔底引出。为了回收能量，富液进入再生塔 2 前，先经过水力透平 9 减压膨胀，然后借助自身的残余压力流到再生塔顶部。在再生塔顶部，溶液闪蒸出部分水蒸气和 CO_2 后沿塔流下，与由低变换气再沸器 3 加热产生的蒸汽逆流接触，被蒸汽加热到沸点并放出 CO_2。由塔中部引出的半贫液，温度约为 112 ℃，经半贫液泵 8 加压进入吸收塔中部，再生塔底部贫液约为 120 ℃，经锅炉给水预热器 5 冷却到 70 ℃左右由贫液泵 6 加压进入吸收塔顶部。

变换气再沸器 3 所需的热量主要来自变换气。变换炉出口气体的温度约为 250~260 ℃。为防止高温气体损坏再沸器和引起溶液中添加剂降解，变换气首先经过淬冷器，喷入冷凝水使其达到饱和温度（约 175 ℃），然后进入变换气再沸器，在再沸器中和再生溶液换热并冷却到 127 ℃左右，经分离器分离冷凝水后进入吸收塔。由变换气回收的热能基本可满足溶液再生所需的热能。若热能不足而影响再生时，可使用与之并联的蒸汽再沸器 4，以保证贫液达到要求的转化度。

再生塔顶排出的温度为 100~105 ℃，蒸汽与 CO_2 物质的量比为 1.8~2.0 的再生气经 CO_2 冷却器 12 冷却至 40 ℃左右，分离冷凝水后，几乎纯净的 CO_2 作为产品。

【知识拓展】

甲基二乙醇胺法（MDEA）脱硫脱碳

MDEA 法属于物理化学兼有的双功能溶剂。德国 BASF 公司于 20 世纪 80 年代将 MDEA 用于脱除 CO_2，开发了用活化 MDEA 溶液脱除 CO_2 的低能耗工艺。20 世纪 90 年代，中国南化公司研究院彩 MDEA 复合活化剂研究成功合成气脱硫脱碳工艺技术。

MDEA 的化学名是 N-甲基二乙醇胺，工业上使用的 MDEA 溶液一般都加入活化剂哌嗪。

一、吸收原理

$$CO_2 + H_2O = H^+ + HCO_3^- \tag{3-12}$$

$$H^+ + (HOCH_2CH_2)_2NCH_3 = (HOCH_2CH_2)_2CH_3NH^+ \tag{3-13}$$

上面两式相加为总反应：

$$(HOCH_2CH_2)_2NCH_3 + CO_2 + H_2O = (HOCH_2CH_2)_2CH_3NH^+ + HCO_3^- \tag{3-14}$$

加入活化剂哌嗪可以提高反应速率。

二、工艺流程

MDEA 法脱 CO_2 有以下三种工艺流程供不同条件时使用。

（一）一段吸收

MDEA 法脱 CO_2 一段吸收流程图如图 3.8 所示。溶液进吸收塔上部，吸收 CO_2 后的富液从吸收塔底部出来进闪蒸塔，在此驰放出溶解的氢、氮等溶解气体。然后溶液进闪蒸塔的上段，压力减至接近常压，溶液在此驰放出大部分 CO_2。从闪蒸塔出来的全部溶剂用泵加压，经热交换器加热后至再生塔顶部，溶液在再生塔用蒸汽气提获得彻底的再生，再生后溶液用泵打回到吸收塔顶部。

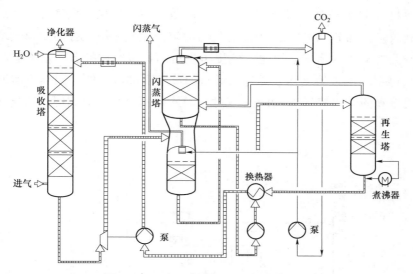

图 3.8　MDEA 法脱 CO_2 一段吸收流程

（二）绝热的一段吸收

MDEA 一段绝热吸收 CO_2 流程如图 3.9 所示。溶液从吸收塔顶部一段进入，吸收 CO_2 后的富液在闪蒸塔下段中间压力条件下闪蒸，闪蒸后的溶液经加热后，减压至常压在闪蒸塔上段闪蒸，上段闪蒸后，溶剂用泵打回到吸收塔上段循环。这种流程热量消耗少，溶液靠减压闪蒸，因此再生不彻底，适用于原料气 CO_2 分压高和对净化要求不高的情况。

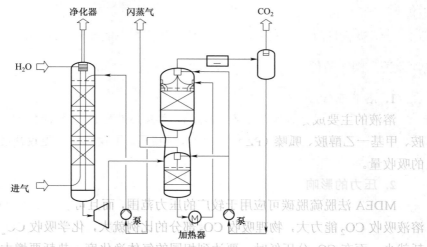

图 3.9　MDEA 一段绝热吸收 CO_2 流程

（三）二段吸收

MDEA 二段吸收脱 CO_2 流程如图 3.10 所示。吸收塔分两段，上段进入加热后再生后的贫液，下段进入闪蒸后的半贫液，离开吸收塔的富液到闪蒸塔分二级闪蒸，先在闪蒸塔下段在高于进原料气 CO_2 分压条件下闪蒸，在此驰放出溶解的氢、氮气等，然后到闪蒸塔上段在常压下驰放出大部分 MDEA，闪蒸再生后的溶液大部分用泵打回到吸收塔下段，小部分溶液用一小泵打至再生塔加热再生，气提再生后的贫液经过换器、水冷器冷却后打入吸收塔上段。从再生塔出来的气体气提进入低压闪蒸塔下部，使低压闪蒸段溶液温度上升。从低压闪蒸段出来的含水蒸气的 MDEA 气体，经冷却器冷却后去利用，冷凝水用回流泵打回闪蒸塔。

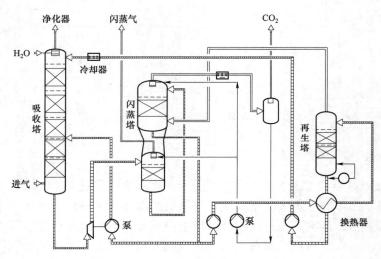

图 3.10　MDEA 二段吸收脱 CO_2 流程

二段吸收目前工业上使用较多，是三种流程中能耗最低的一种，但投资费用大。

三、操作条件

1. 溶液成分

溶液的主要成分为甲基二乙醇胺，在溶液中加入 1～2 种活化剂。常用的活化剂是二乙醇胺、甲基一乙醇胺、呱嗪（PZ）等。加入呱嗪后，不仅可加快吸收速度，也可增加溶液对 CO_2 的吸收量。

2. 压力的影响

MDEA 法脱硫脱碳可应用于较广的压力范围，而且可以达到很高的净化度。CO_2 分压高，溶液吸收 CO_2 能力大，物理吸收 CO_2 部分的比例就大，化学吸收 CO_2 部分的比例小，热量消耗就少。而在 CO_2 分压低时，要达到相同的气体净化度，热耗要增大。

3. 吸收温度

进吸收塔温度低，有利于提高的净化度，但会增加热能消耗，故贫液温度的确定应随对净化的要求而变动。如净化气中 CO_2 要求降低至 0.01% 时，则贫液温度一般为 50～55 ℃；若净化气中 CO_2 要求达到 0.1%～0.2% 时，则贫液温度可选用 60～70 ℃。半贫液温度由闪蒸后溶液温度决定，不能人为调节，一般为 75～80 ℃。

4. 贫液与半贫液量的比例

进吸收塔贫液量与半贫液量的比例受原料气中 CO_2 分压、溶液的吸收能力以及设计的填料高度等诸多因素的影响，可在（1:3）～（1:6）的范围内选用，贫液量小，热耗低，但净化度差。

5. 闪蒸

氢、氮、甲烷等气体在溶液中是以物理吸收形式溶解的。氢、氮气分压高，则其溶解量也大；在减压时，与 CO_2 一并驰放出来，造成氢、氮气的损失，并使再生气 CO_2 纯度降低。在吸收压力较低，氢、氮气分压也低的情况下，氢、氮气溶解量少，不需要中间闪蒸。

6. 溶液的再生条件

溶液的再生分为两部分：一部分是常压解吸后的半贫液，它的再生度受常压解吸塔的压力、溶液的温度及常解塔的结构等因素影响。压力低、温度高，有利于液相 CO_2 的解吸，溶液的温度除受来自进塔的富液的温度影响外，还受蒸汽气提再生塔来的 CO_2 气体带入的热量影响。一般解吸压力为 0.01～0.04 MPa（表）时，温度为 75～80 ℃，半贫液的液相 CO_2 含量为 20～30 L·L^{-1}。另一部分是部分半贫液在再生塔用蒸汽气提再生，得到贫液。贫液再生度取决于再生塔的设计及蒸汽用量的大小，一般在净化气 $CO_2 \leqslant 0.1$% 时，贫液中含量为 1～3 L·L^{-1}。

【自我评价】

一、填空题

1. 碳酸丙烯酯吸收 CO_2 是一个＿＿＿＿＿＿吸收过程，CO_2 在碳酸丙烯酯中的溶解度比 H_2、CO＿＿＿＿＿＿得多。

2. 碳酸丙烯酯液吸收能力与压力和温度有关，随压力的＿＿＿＿＿＿和温度的＿＿＿＿＿＿而增加。

3. 聚乙二醇二甲醚脱碳是一个典型的＿＿＿＿＿＿吸收过程，其对＿＿＿＿＿＿等酸性气体有很强的选择吸收能力。

4. 热钾碱法脱硫脱碳属于＿＿＿＿＿＿吸收法。

二、判断题

1. 气提气液比越大，则溶剂的贫度越小，再生后溶液的吸收能力越强，因此，在溶液再生时，应尽可能增大气液比。　　　　　　　　　　　　　　　　　　　　　　　　（　　）

2. 含有机胺的碳酸钾溶液在吸收 CO_2 的同时，也可除去原料气中的硫化氢、氰化氢、硫

酸等酸性组分，都属于化学吸收的过程。　　　　　　　　　　　　　（　　）

3. 压力越高，温度越低，越有利于碳酸氢钾的分解。　　　　　　　（　　）

4. 增加碳酸钾浓度，可提高溶液吸收 CO_2 的能力，从而可以减少溶液循环量与提高气体的净化度。　　　　　　　　　　　　　　　　　　　　　　　　　　　　　（　　）

三、简答题

1. 何为碳酸丙烯酯的吸收饱和度？何为溶剂的贫度？

2. NHD 法脱碳的工艺流程是什么？

任务三　其他仅脱除硫化物的方法

【任务分析】

除了前面介绍的现在企业用得比较多的脱硫脱碳方法之外，一些化肥厂也采用氢氧化铁法、氧化锌法等干法脱硫的方法，以及改良 ADA 法、栲胶法等湿式氧化法单独脱除硫化氢的方法，还有将以上方法配合使用来脱硫。本任务学习其他单独脱除硫化物的方法。

【知识链接】

知识点一：干法脱硫

一、氢氧化铁法

（一）基本原理

氢氧化铁脱硫法

氢氧化铁法脱硫的原理为：将原料气通过含有氢氧化铁的脱硫剂，使硫化剂中的有效成分 $Fe(OH)_3$ 反应生成 Fe_2S_3 和 FeS。当含硫量达到一定程度后，使脱硫剂与空气接触，在有水存在下，空气中的氧将铁的硫化物氧化，使之又转变成氢氧化铁，脱硫剂得到再生，再重复使用。当煤气中含氧时，则使脱硫剂的脱硫和再生同时进行。

在碱性脱硫剂中，硫化氢与活性组分发生下列化学反应，即脱硫反应。

$$2Fe(OH)_3 + 3H_2S \longrightarrow Fe_2S_3 + 6H_2O \qquad (3-15)$$

$$Fe_2S_3 \longrightarrow 2FeS + S \qquad (3-16)$$

$$Fe(OH)_2 + H_2S \longrightarrow FeS + H_2O \qquad (3-17)$$

当有足够的水分时，脱硫剂的再生是用空气中的氧气来氧化所生成的硫化铁，发生下列化学反应，即再生反应。

$$2Fe_2S_3 + 3O_2 + 6H_2O \longrightarrow 4Fe(OH)_3 + 6S \qquad (3-18)$$

$$4FeS + 3O_2 + 6H_2O \longrightarrow 4Fe(OH)_3 + 4S \qquad (3-19)$$

上述脱硫和再生是两个主要反应，这两个反应都是放热反应。

脱硫剂经过反复的脱硫和再生使用后，在脱硫剂中硫黄聚积，并逐步包住氢氧化铁活性微粒，致使其脱硫能力逐渐降低。因此，当脱硫剂上积有 30%～40%（质量分数）的硫黄时，需更换新的脱硫剂。

（二）脱硫剂的制备与使用

目前常用的制备干法脱硫剂的原料有天然沼铁矿、人工氧化铁、钢铁厂的红泥等。

脱硫剂中氧化铁含量应占风干物料质量的 50% 以上，其中，活性氢氧化铁含量应占 70% 以上，不应含腐殖酸或腐殖酸盐，pH 应大于 7。如腐殖酸类含量大于 1% 时，将导致脱硫剂氧化，而降低脱硫剂的硫容量及脱硫反应速率。此外，为使脱硫剂在使用中不因硫的聚积而过于增大体积，并使脱硫剂床层变得密实而增大煤气流动阻力，制备的脱硫剂在自然状态下应是疏松的，其湿料规程密度应小于 800 kg·m⁻³。

干法脱硫剂的制备方法如下。

（1）以天然沼铁矿为原料。

将直径 1～2 mm 颗粒且含量大于 85% 的天然沼铁矿，按比例掺混木屑（疏松剂）和熟石灰。其质量分数为：沼铁矿 95%，木屑 4%～4.5%，熟石灰 0.5%～1% 用水均匀调湿至含水30%～40%，拌和均匀。

（2）以人工氧化铁为原料。

将颗粒直径为 0.6～2.4 mm 的铁屑与木屑按质量比 1:1 掺混（可根据情况稍有波动），洒水后充分翻晒进行人工氧化，控制三氧化二铁与氧化亚铁含量比大于 1.5 作为氧化合格标准。在进行脱硫箱之前，再加入 0.5% 的熟石灰。

当煤气通过脱硫剂床层时，硫化氢与活性氢氧化铁发生上述脱硫反应及再生反应。

如前所述，脱硫及再生的两个反应都是放热反应。反应热使煤气温度升高，造成煤气中的水蒸气相对温度降低，脱硫剂中的部分水分蒸发，被煤气带走，使再生反应遭到破坏，所以脱硫之前需要向煤气中加入一些水蒸气。

由于反应后生成物的元素硫不断沉积在脱硫剂上，同时，因煤焦油雾等杂质使脱硫剂结块，阻力上升，脱硫效率下降，因此需要定期再生和更换脱硫剂。通常采用箱外再生的方法。一般情况下，新脱硫剂使用时间约为半年，经过再生后的脱硫剂使用时间约 3 个月。根据资源及脱硫效率情况，脱硫剂可以使用一次或经再生使用 1～2 次后废弃。

实践表明，脱硫剂吸收硫化氢的最好条件为：温度 28～30 ℃，脱硫剂的水分不低于30%。

（三）脱硫设备

煤气干法脱硫装置按构造，可分为箱式和塔式两种。

1. 箱式脱硫装置

箱式脱硫装置是一个长方形槽，箱体用钢板焊制或用钢筋混凝土制成，内壁涂沥青或沥青漆进行防腐。箱内水平木格上装有四层厚为 300～500 mm 的脱硫剂，顶盖与箱体用压紧螺栓装置密封连接或用液封连接，此设备的水平截面积一般为 25～50 m²，总高度约为 1.5～2 m。如图 3.11 所示，箱式干法脱硫装置一般由四组设备组成，三组设备并联操作，另一组备用。

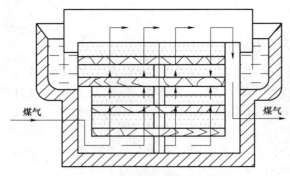

图 3.11　箱式干法脱硫装置

原料气通过进口管上的切换装置（阀门或水封阀），根据操作要求以串联或并联形式通过脱硫箱，然后由煤气出口输出。为了充分发挥各脱硫箱的脱硫效率，均匀地利用煤气中的氧使各脱硫箱中的脱硫剂得到再生，延长脱硫剂的使用周期，有些厂采用了定期改变箱内煤所注射的操作方法，此外也有些厂采用在过箱煤气中加入少量空气的方法，以保持煤气中含氧量为 1.0%～1.1%，使箱内硫化铁得到一定程度的再生。为保证干法脱硫效率，应有计划地定期更换脱硫剂。卸出脱硫效率已经下降，阻力已经升高的脱硫剂，装入新的或经过再生后的脱硫剂。装入了新脱硫剂的新箱，一般在切换脱硫箱装置中煤气流向的最后，起把关作用。煤气在脱硫箱内的注射分为由下向上流、由上向下流及分散流三种。一般只要改变脱硫箱的原料气进出口，即能使原料气在箱内成为向上流或向下流。设计脱硫箱时，可根据具体工艺条件确定原料气在箱内的流向。

2. 塔式脱硫装置

脱硫塔的工作原理与箱式干法脱硫装置设备基本相同，脱硫塔是一个铸铁制的立式塔，直径为 5.5～7.5 m，高为 12～16 m。塔内装有互相叠置的 10～14 个中央带有圆孔的吊筐，筐内装有脱硫剂，吊筐在净化塔中心形成一个圆柱形原料气处理通道。原料气由塔底进入中心通道并均匀地分布后，依次进入各个吊筐内与脱硫剂进行脱硫反应，脱硫后的原料气进入吊筐与塔壁形成的空隙内，自塔侧壁管道排出。

塔式干法脱硫装置一般由 5～6 个塔组成，其中 4 个操作，1～2 个备用。

3. 常用氧化铁脱硫剂性能

工业常用氧化铁脱硫剂性能见表 3.9。

表 3.9　常用氧化铁脱硫剂性能

型号	T501	TG－3	TG－4	TG－F	SN－2	NCT
外观	褐色条	红褐色	红褐色	褐黑片	褐红条	黄绿条
粒度/（mm×mm）	$\phi 5 \times (5 \sim 8)$	$\phi 5 \times (5 \sim 15)$	$\phi 5 \times (5 \sim 15)$	叶片	$\phi 4 \times (4 \sim 10)$	$\phi 5 \times (5 \sim 15)$
堆密度/（kg·L^{-1}）	0.80～0.85	0.80～0.9	0.65～0.75	0.30～0.60	0.70～0.80	0.75～0.855
抗压碎力/（N·cm^{-1}）	35	45	40	—	40	35

型号	T501	TG-3	TG-4	TG-F	SN-2	NCT
使用压力/MPa	0.1～2.0	0.1～3.0	0.1～2.0	0.1～2.0	0.1～4.0	0.1～3.0
使用温度/℃	5～40	80～140	5～50	10～40	200～350	5～50
空速/h^{-1}	100～1 000	300～1 000	300～1 500	50～150	1 000～2 000	300～1 500
入口 H_2S/（$\mu g \cdot g^{-1}$）	<200				COS1～30	200
出口 H_2S/（$\mu g \cdot g^{-1}$）	1	1			COS3	1
硫容量/%	20	累计 30	累计 30	累计 30～60	20	20
再生温度/℃	<80	不再生	20～60	20～60	450～550	

型号	HT	PM	SW	LA1-1	T703	
外观	红褐条	红褐条	红褐色球	红褐片	黄色条状	
粒度/（mm×mm）	$\phi 5 \times (5\sim15)$	$\phi 5 \times (5\sim15)$	$\phi 2\sim10$	$\phi 9 \times (7\sim9)$	$\phi(3\sim4)\times(3\sim15)$	
堆密度/（$kg \cdot L^{-1}$）	0.80～0.90	0.70～0.90	0.70～0.90	1.40～1.50	0.60～0.80	
抗压碎力/（$N \cdot cm^{-1}$）	35	200		≥110	≥50	
使用压力/MPa	0.1～2.0		0.1	0.1～4.0	<8.0	
使用温度/℃	20～45	20～30	20～30	250～300	5～100	
空速/h^{-1}	100～1 000	40～100	200	1 000～2 000	1 000～2 000	
入口 H_2S/（$\mu g \cdot g^{-1}$）	7～150	1 000～2 000	500～3 000	≥1 000（COS 200）	≥1 000	
出口 H_2S/（$\mu g \cdot g^{-1}$）	1	<20	≤50		<0.03	
硫容量/%	20	25	累计 60	≥20	>15	
再生温度/℃				450～550	30～60	

二、活性炭法

活性炭法

（一）基本原理

活性炭脱硫可分为吸附法、催化法和氧化法。

吸附法：是利用活性炭选择性吸附的特性进行脱硫，对脱除噻吩最有效，但因硫容量过小，使用受到限制。

催化法：是在活性炭中浸渍了铜铁等重金属，使有机硫被转化成硫化氢，二硫化氢再被活性炭吸附。

氧化法：最常见的一种方法。借助氨的催化作用，硫化氢和硫氧化碳被气体中存在的氧所氧化，反应式为：

$$H_2S + 1/2 O_2 \longrightarrow S + H_2O \qquad (3-20)$$

$$COS + 1/2O_2 \longrightarrow S + CO_2 \qquad (3-21)$$

反应分两步进行：第一步是活性炭表面化学吸附氧，形成表面氧化物，这一步反应速率极快；第二步是气体中的硫化氢分子与化学吸附态的氧反应生成硫与水，速率较慢，反应速率由第二步确定。反应所需氧按化学计量式计算，结果再多加 50%。由于硫化氢与硫醇在水中有一定的溶解度，故要求进气的相对湿度大于 70%，使水蒸气在活性炭表面形成薄膜，有利于活性炭吸附硫化氢及硫醇，增加它们在表面上氧化反应的机会。适量氨的存在使水膜呈碱性，有利于吸附酸性的硫化物，显著提高脱硫效率与硫含量。反应过程强烈放热，当温度维持在 20～40 ℃时，对脱硫过程无影响；如超过 50 ℃，气体将带走活性炭中水分，使湿度降低，恶化脱硫过程，同时，水膜中氨浓度下降，使氨的催化作用减弱。

活性炭粒度增大，硫容量降低，因而采用小粒度的活性炭较为合适。但由于粒度的减小将带来炭层流体阻力的增大，炭层被气流中所含机械杂质堵塞的机会增多。综合考虑，活性炭较合适的粒度是 1～2 mm。较大粒度的炭可用在与气流接触的前部，以免气体中的灰尘堵塞炭层空隙。

（二）再生方法

活性炭使用一定时间后，空隙中聚集了硫及硫的含氧酸盐而失去了脱硫能力，需要将其从活性炭的孔隙中除去，以恢复活性炭的脱硫性能，这叫作活性炭的再生。优质的活性炭可再生循环使用 20～30 次。

再生的方法有过热蒸汽法和多硫化铵法。多硫化铵法是利用硫离子与碱易生成多硫根离子的性质，以硫化铵溶液把活性炭中的硫萃取出来，反应式为：

$$(NH_4)_2S + (n-1)S = (NH_4)_2S_n \qquad (3-22)$$

式中，n 最大可达 9，一般为 2～5。

此法包括硫化铵溶液的制备、用硫化铵溶液浸取活性炭上的硫黄、再生活性炭、多硫化铵溶液的分解以回收硫黄及硫化铵溶液等步骤。多硫化铵法的优点是活性炭再生彻底，副产品硫黄纯度高（≥99%）。缺点是设备庞大，操作复杂，并且污染环境。目前国内只有少数几个中型合成氨厂继续使用。

近 20 年来出现了一些再生活性炭的新方法，主要是：① 用加热的氮气或净化后的高温天然气通入活性炭脱硫槽，从活性炭脱硫槽再生出来的硫在 120～150 ℃变为液态硫放出，氮气循环使用；② 用过热蒸汽通入活性炭脱硫槽，把再生出来的硫经冷凝后与水分离。

（三）常用活性炭

常用活性炭型号及功能见表 3.10。

表 3.10　常用活性炭型号及功能

型号	粒度/mm	堆密度/(kg·L⁻¹)	比表面积/(m²·g⁻¹)	孔容/(mL·g⁻¹)	磨耗率/%	出口 H_2S/10^{-6}	硫容量/%	用途	产地
RS-1	ϕ3～3.5 条	0.6～0.65	140	0.3～0.4	<10		20～30	粗脱硫	中国
RS-2	ϕ3～3.5 条	0.6～0.65	500	0.5～0.6	<10		30～40	粗脱硫	中国

3

续表

型号	粒度/mm	堆密度/ （kg·L⁻¹)	比表面积/ (m²·g⁻¹)	孔容/ (mL·g⁻¹)	磨耗率/%	出口 H₂S/ 10⁻⁶	硫容量/%	用途	产地
RS-3	φ3～4 条	0.4～0.45		0.65～0.75	<10			粗脱硫	中国
TA-1	2.5～5.5	0.55	>250	0.3～0.6	<10			粗脱硫	中国
改性 5#	φ3～3.5 条	0.5～0.55	450～550	0.65～0.75			65～75	粗脱硫	中国
ZL-30	4～10 目	0.45～0.55	900	0.75～0.85			>0.45 kg·L	粗脱硫	中国
T101	φ3 条	0.6～0.8	900～1 000			<0.1		精脱硫	中国
KC-1	φ3～6 无定形	0.5～0.6		0.5～0.6	<3	<0.1	≥30	精脱硫	中国
NT-03	φ3 条	0.6～0.7			<6	0～5	≥10	精脱硫	中国
C8-1	6×10 12×30	0.48～0.64				0.5	处理能力 10⁵ m³·m³	粗脱硫	美国
G32E	φ4～6 球	0.53～0.56	800～900	0.67		0.2	处理能力 10⁵ m³·m³	粗脱硫	美国

三、钴钼加氢转化法

钴钼加氢转化法

此法适用于一氧化碳含量高达 8% 的焦炉气有机硫加氢转化，以满足中、小型化肥厂生产工艺要求。

有机硫如噻吩、硫醚、硫醇等，形态复杂，化学稳定性高，现有的湿法脱硫对其几乎不起作用，加氢转化法可将其转化为无机硫 H_2S 后再脱除。常用的有机硫加氢转化催化剂有钴钼、铁钼、镍钼等类型。

（一）基本原理

在钴钼催化剂的作用下，有机硫加氢转化为硫化氢的反应如下：

$$R—SH（硫醇）+H_2=RH+H_2S \qquad (3-23)$$

$$R—S—R（硫醚）+2H_2=RH+H_2S+RH \qquad (3-24)$$

$$C_4H_4S（噻吩）+4H_2=C_4H_{10}+H_2S \qquad (3-25)$$

$$CS（二硫化碳）+4H_2=CH_4+2H_2S \qquad (3-26)$$

上述反应平衡常数很大，在 350～430 ℃ 的操作温度范围内，有机硫转化率是很高的，其转化反应速率对不同种类的硫化物而言差别很大，其中，噻吩加氢反应速率最慢，因此，有机硫加氢反应速率取决于噻吩的加氢反应速率。加氢反应速率与温度及氢气分压也有关，温度升高，氢气分压增大，加氢反应速率加快。

在转化有机硫的过程中，也有副反应发生，其反应式为：

$$CO+3H_2=CH_4+H_2O \qquad (3-27)$$

$$CO_2+4H_2=CH_4+2H_2O \qquad (3-28)$$

转化反应和副反应均为放热反应，所以，生产中要很好地控制催化剂层的温升。

（二）钴钼催化剂

钴钼催化剂的化学组成是 CoO 和 MoO_3，并以 Al_2O_3 为载体，一般 CoO 质量分数为 1%～6%，MoO_3 质量分数为 5%～13%。采用 $\gamma-Al_2O_3$ 作载体时，能促进催化剂的加氢能力，为增强催化剂结构的稳定性，有时将 SiO_2 或 $AlPO_4$ 加入 $\gamma-Al_2O_3$ 载体中，Al_2O_3 载体不仅可以提供较大比较面积、微孔容积及较高的微孔率，而且酸性较弱，不利于烃类裂解的析碳反应（副反应），而有利于有机硫的转化反应。

虽然 CoO、MoO_3 具有一定活性，但经过硫化后，活性可以大大提高，其硫化反应如下：

$$MoO_3 + 2H_2S + H_2 = MoS_2 + 3H_2O \tag{3-29}$$

$$9CoO + 8H_2S + H_2 = Co_9S_8 + 9H_2O \tag{3-30}$$

（三）工艺操作条件

1. 温度

钴钼催化剂具有的活性温度范围一般为 260～400 ℃，对有机硫加氢转化从 350 ℃开始，随温度上升，反应速率加快，但超过 370 ℃以后，反应速率增加就不再显著，若高于 430 ℃，则烃类加氢分解及其他副反应加剧。因此，为防止高温下析碳和裂解反应发生，不宜超过 430 ℃。从保护催化剂的低温活性、延长寿命的角度讲，操作中只要能达到加氢转化的要求，力求在较低温度下运行，操作中应注意调节进入加氢转化器的入气温度，以免超温。

2. 压力

加压对加氢反应有利，理论上讲，在允许范围内，应尽可能选择高的压力。实际压力是根据流程和设备的要求决定的。

3. 氢浓度

氢浓度的增加不但能抑制催化剂的积炭，而且对加氢转化反应的深度和速率都有利，通常氢含量高，有利于加氢反应进行。加氢量应根据原料气中的有机硫含量及品种来定，一般加氢转化后，气体中氢的体积分数以 2%～5%为宜，过小不能保证转化的完全，过大则功耗增加。

对加氢转化器入口气体中 CO、CO_2 含量的限制是极为重要的。在钴钼催化剂上，温度 290 ℃时，有 CO、CO_2 及 H_2 存在的情况下，会发生甲烷化反应：

$$CO + 3H_2 = CH_4 + H_2O + 206.15 \text{ kJ} \tag{3-31}$$

$$CO_2 + 4H_2 = CH_4 + 2H_2O + 165.08 \text{ kJ} \tag{3-32}$$

甲烷化是强放热反应。如原料气为纯甲烷气，则含 1%（体积分数）CO 会使催化剂床层绝热升温 38 ℃；含 1%（体积分数）CO_2 会使催化剂床层绝热升温 30 ℃。温升过大会损坏催化剂和反应设备。气体中 CO、CO_2 含量较高时，可改用镍-钼系催化剂，在镍-钼系催化剂上，甲烷化反应速率较低。

4. 空速

如增加空速，则原料氢在催化剂床层中停留时间缩短，含有机硫化物的原料未进入内表面，即穿过催化剂床层，使反应不完全，同时降低了催化剂内表面的利用率，所以欲使原料气中有机硫达到一定的加氢程度，要在一定的低空速下进行。但考虑到设备生产能力，在保证出口硫含量满足工艺要求的条件下，通常均采用尽可能高的空速。空速由催化剂性能、原料气中硫化物的品种和数量及操作压力来确定，一般为 500～3 000 h^{-1}。

5. 主要设备

钴钼加氢转化器结构如图 3.12 所示。加氢转化器为一立式圆筒，催化剂床层装加氢转化催化剂。为使气体分布均匀和集气，在催化剂床层上面铺有一层瓷环，催化剂床层下面堆放两层的陶瓷球。

6. 事故处理

钴钼转化器最容易出现的事故就是催化剂超温与结炭。超温的原因一般是前工序送来的原料气中氧含量增高，如遇此情况，一方面可以打开转化器入口的冷激阀门，向槽内通入蒸汽或降温的煤气来压温；另一方面应立即通知前工序降低原料气中的氧含量。结炭的原因，是在生产中有时会发生副反应，如：

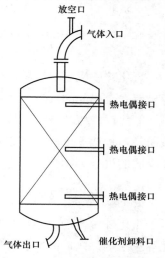

图 3.12　钴钼加氢转化器结构

$$CS_2 + 2H_2 = 2H_2S + C \tag{3-33}$$

$$C_2H_4 = CH_4 + C \tag{3-34}$$

$$2CO = CO_2 + C \tag{3-35}$$

若出现结炭现象，则催化剂活性便会降低。处理的方法是将转化器与生产系统隔离。把槽内可燃气体用氮气或水蒸气置换干净，然后缓慢向槽内通入空气进行再生，在严格控制催化剂温升（最高不超过 450 ℃）情况下，通入空气后，床层温度不继续上升，且有下降趋势时，分析出入口氧含量相等时，即可认为再生结束。另外，气体成分变化、负荷过大，也易造成超温。

四、氧化锌法

氧化锌是一种内表面积大、硫容量高的固体脱硫剂，能以极快的速率脱除原料气中的硫化氢和部分有机硫（噻吩类除外），脱硫精度一般可达 0.1×10^{-6} 以下，质量硫容可达 10%～25%，甚至更高，使用方便，价格较低。硫化氢与氧化锌反应，可生成难以离解的硫化锌，故不能再生，一般用于精脱硫过程。

氧化锌法

（一）基本原理

以 ZnO 为主的氧化锌脱硫剂主要脱除原料气中 H_2S，也可脱除较简单的有机硫，对硫醇反应性较好，但对噻吩转化能力很低，因此采用 ZnO 不能将全部有机硫化物除净。反应式为：

$$ZnO+H_2S=ZnS+H_2O \tag{3-36}$$
$$ZnO+COS=ZnS+CO_2 \tag{3-37}$$
$$ZnO+COS=ZnS+CO_2 \tag{3-38}$$
$$ZnO+C_2H_5SH=ZnS+C_2H_4+H_2O \tag{3-39}$$
$$ZnO+C_2H_5SH+H_2=ZnS+C_2H_6+H_2O \tag{3-40}$$
$$ZnO+CS_2=ZnS+CO_2 \tag{3-41}$$

氧化锌脱硫剂对噻吩的转化能力很小，又不能直接吸收，因此，单独用氧化锌是不能把有机硫完全脱除的。

氧化锌脱硫的化学反应速率很快，硫化物从脱硫剂的外表面通过毛细孔到达脱硫剂的内表面，内扩散速度较慢，它是脱硫反应的控制步骤。因此，脱硫剂粒度小，孔隙率大，有利于反应的进行。同样，压力高也能提高反应速率和脱硫剂的利用率。

（二）氧化锌脱硫剂

氧化锌脱硫剂主要组分是氧化锌，通常还添加 CuO、MgO、MnO$_2$ 等促进剂，矾土、水泥等黏结剂，以提高其转化能力和强度。

氧化锌脱硫剂装填后不需要还原，升温后便可以使用。脱硫剂装入设备后，用氮气转换至 O$_2$ 含量在 0.5% 以下，再用氮气或原料气进行升温，升温速度：常温至 120 ℃，为 30～50 ℃/h^{-1}，120 ℃恒温 2 h；120～220 ℃（或 220 ℃以上），为 50 ℃/h^{-1}；220 ℃（或 220 ℃以上）恒温 1 h。恒温过程中即可逐步升压，每 10 min 升 0.5 MPa，直到操作压力。在温度压力达到要求后，先维持 4 h 的轻负荷生产，再逐步随系统一起加大负荷，转入正常生产。

常用氧化锌脱硫剂的型号及性能见表 3.11。

表 3.11　常用氧化锌脱硫剂的型号及性能

脱硫剂型号	T305	C7-2	HT2-3
组成（质量分数）/%	ZnO≥98	ZnO 75 SiO$_2$ 11 Al$_2$O$_3$ 8	ZnO 99 黏合剂
规格/（mm×mm）	$\phi4\times(4\sim12)$	$\phi4\times(4\sim6)$	$\phi4\times(4\sim6)$
堆密度/（kg·m^{-3}）	1 150～1 250	1 100～1 150	1 300～1 450
温度/℃	200～400	200～420	350～400
压力/MPa	常压～4	不限	常压～5
空速/h^{-1}	1 000～3 000	1 500	3 000
硫容量（质量分数）/%	>22	25	18～25
国别	中国	美国	丹麦

（三）工艺条件

1. 温度

温度升高，反应速率加快，脱硫剂硫容量增加。但温度过高，氧化锌的脱硫能力反而下降，工业生产中，操作温度在 200～400 ℃之间。脱除硫化氢时，可在 200 ℃左右进行，而脱除在机硫时，必须在 350～400 ℃进行。

2. 压力

氧化锌脱硫属内扩散控制过程，因此，提高压力有利于加快反应速率。生产中，操作压力取决于原料气的压力和脱硫工序在甲醇生产中的部位。操作压力一般为 0.7～6.0 MPa。

3. 硫容量

硫容量是指单位质量新的氧化锌脱硫剂吸收硫的量。硫容量与脱硫剂性能有关，同时与操作条件有关。温度降低，气体空速和水蒸气量增大，硫容量则降低。氧化锌的平均硫容量为 15%～20%，最高可达 30%。

4. 工艺流程

工业上为了能提高和充分利用硫容量，采用了双床串联倒换法，如图 3.13 所示。当脱硫槽出口硫含量接近入口硫含量时，槽从系统中切换出来，更换脱硫剂后，将两槽倒换操作。

5. 主要设备

脱硫槽为立式圆筒容器，结构如图 3.14 所示，高径比为 3:1。脱硫剂分两层装填，上层铺设在由支架支承的箅子板上，下层装在耐火球和镀锌钢丝网上。为使气体分布均匀，槽上部设有气体分布器，下部有集气器。

6. 常用的精脱硫工艺

为了保证甲醇合成塔内催化剂的要求，往往采用干法和湿法相结合的脱硫方法，图 3.15 为某厂以荒煤气为原料合成甲醇的精脱硫工艺流程。

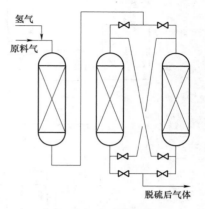

图 3.13　双床串联倒换法

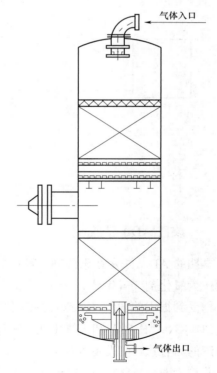

图 3.14　脱硫槽结构

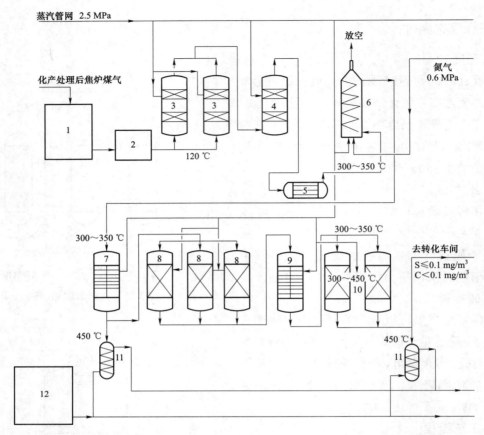

1—气柜；2—压缩机；3—焦油过滤器；4—预脱硫槽；5—初预热器；6—升温炉；7—一级加氢转化器；

8—中温脱硫槽；9—二级加氢转化器；10—氧化锌脱硫槽；11—取样冷却器；12—循环水槽。

图 3.15　某厂精脱硫工艺流程

知识点二：湿式氧化法脱硫方法

一、改良 ADA 法脱硫

早期的 ADA 法是在碳酸钠溶液中加入 2,6－蒽醌二磺酸钠或 2,7－蒽醌二磺酸钠作为氧化剂（载氧体）。但因其反应速率慢，硫容量低，设备体积庞大，应用过程受到很大的限制。后来在溶液中添加了适量的偏钒酸钠（$Na_2V_4O_9$）、酒石酸钾钠（$KNaC_4H_4O_6$）和三氯化铁（$FeCl_3$），使吸收和再生速率大大加快，提高了溶液的硫容量，使设备容积大大缩小，这样使 ADA 法的脱硫工艺更加趋于完善，并称为改良 ADA 法，目前在国内外得到广泛应用。

改良 ADA 法程

（一）基本原理

ADA 是蒽醌二磺酸钠（Anthraquinone Disulphonic Acid）的英文缩写，这里借用它代表该法所用的催化剂。它是 2,6－或 2,7－蒽醌二磺酸钠的一种混合体。二者结构式如下：

ADA 法脱硫的过程为：

（1）脱硫塔中的反应：以 pH 为 8.5～9.2 的稀碱吸收硫化氢生成硫氢化物：

$$Na_2CO_3 + H_2S \longrightarrow NaHCO_3 + NaHS \qquad (3-42)$$

硫氢化物与偏钒酸盐反应转化成还原性的焦钒酸钠及单质硫：

$$2NaHS + 4NaVO_3 + H_2O \longrightarrow Na_2V_4O_9 + 4NaOH + 2S\downarrow \qquad (3-43)$$

氧化态 ADA 反复氧化焦钒酸钠：

$$Na_2V_4O_9 + 2ADA（氧化）+ 2NaOH + H_2O \longrightarrow 4NaVO_3 + 2ADA（还原）\qquad (3-44)$$

（2）氧化槽（吸收液再生设备）中的反应：

还原态的 ADA 被空气中的氧气氧化恢复氧化态，其后溶液循环使用：

$$2ADA（还原）+ O_2 \longrightarrow 2ADA（氧化）+ 2H_2O \qquad (3-45)$$

再生后贫液送入脱硫塔循环使用。反应所消耗的碳酸钠由生成的氢氧化钠得到补偿。

$$NaOH + NaHCO_3 \longrightarrow Na_2CO_3 + H_2O \qquad (3-46)$$

由于溶液中的硫氢化物被偏钒酸钠盐氧化的速率很快，在溶液中加入偏钒酸钠盐可加快反应速率，而生成的焦钒酸钠盐不能被空气氧化，但能被氧化态 ADA 氧化，而还原态 ADA 能被空气直接氧化再生，因此，在脱硫过程中，ADA 起了载氧体的作用，偏钒酸钠起了促进剂的作用。

（3）副反应：

气体中若有氧，则要发生过氧化反应：

$$2NaHS + O_2 \longrightarrow Na_2S_2O_3 + H_2O \qquad (3-47)$$

与气体中的二氧化碳和氰化氢的反应：

$$Na_2CO_3 + H_2O + CO_2 \longrightarrow 2NaHCO_3 \qquad (3-48)$$

$$Na_2CO_3 + 2HCN \longrightarrow NaCN + H_2O + CO_2 \qquad (3-49)$$

$$NaCN + S \longrightarrow NaCNS \qquad (3-50)$$

副反应消耗了碳酸钠，降低了溶液的脱硫能力，因此，生产中应尽量降低原料气中的氧、二氧化碳及氰化氢的含量。为维持正常生产，在 NaCNS 或 Na_2SO_4 积累到一定程度后，必须废弃部分溶液，补充相应数量的新鲜脱硫液。

（二）工艺操作条件的选择

改良 ADA 脱硫液主要由碳酸钠、偏钒酸钠、ADA、酒石酸钾钠及三氯化铁组成。此外，还含有反应生成的碳酸氢钠、硫酸钠等成分。溶液的组成和各组分的含量对脱硫和再生过程影响很大。

1. 溶液的组成

1）溶液的 pH

吸收 H_2S 的反应是中和反应，提高溶液的 pH，能加快吸收硫化氢的速率，提高溶液的硫容量，从而提高气体的净化度。但 pH 过高，降低了钒酸盐与硫氢化物的反应速率，生成硫代硫酸盐的副反应加剧，同时吸收 CO_2 量增多，易析出碳酸氢钠结晶。综上所述，溶液 pH 应调节在合理的范围之内，脱硫前略高一些，pH 维持在 8.6～9.0，吸硫后略低一些，在 8.5～8.8 之间。

溶液的 pH 与溶液的总碱度有关。总碱度即溶液中碳酸钠和碳酸氢钠的物质的量浓度之和。当总碱度增大时，溶液的 pH 随之升高。溶液的总碱度一般为 0.2～0.5 $mol \cdot L^{-1}$。

2）偏钒酸钠含量

溶液中偏钒酸钠的浓度增加可缩短硫氢化物氧化析硫的时间，氧化速率加快，提高吸收溶液的硫容量；脱硫液中的 $NaVO_3$ 浓度过低，钒含量不足，易析出钒-氧-硫沉淀；并且使析硫反应速率减慢，进入再生塔的 HS^- 生成的 $Na_2S_2O_3$ 副反应速率加快。实际生产中，$NaVO_3$ 用量一般为 2～5 $g \cdot L^{-1}$。

3）ADA 用量

ADA 的作用是将 V^{4+} 氧化为 V^{5+}。为了加快 V^{4+} 的氧化速率，并使 V^{4+} 完全氧化，工业上实际采用 ADA 用量为 $NaVO_3$ 含量的 2 倍左右，ADA 浓度一般为 5～10 $g \cdot L^{-1}$。

4）酒石酸钾钠用量

酒石酸钾钠的作用是螯合剂，与钒离子形成疏松的配合物，以阻止钒-氧-硫沉淀的形成，其用量应与钒浓度成比例，一般为 $NaVO_3$ 的一半左右。加入 $FeCl_3$ 的目的是改善副产硫黄的颜色，浓度一般为 0.05～0.10 $g \cdot kg^{-1}$。

工业上常用脱硫液的组成见表 3.12。

表 3.12　工业上常用脱硫液的组成

组成	Na_2CO_3（总碱）/ $(mol \cdot L^{-1})$	ADA/ $(g \cdot L^{-1})$	$NaVO_3$/ $(g \cdot L^{-1})$	$KNaC_4H_4O_6$/ $(g \cdot L^{-1})$
Ⅰ（加压，高硫化氢）	0.5	10	5	2
Ⅱ（常压，低硫化氢）	0.2	5	2～3	1

2. 温度

随着温度的升高，析硫反应速率加快，传质系数增大而气体净化度下降。同时，生成硫代硫酸钠的副反应加快。但温度太低，会使 $NaHCO_3$、ADA、$NaVO_3$ 溶解度降低而从溶液中沉淀出来，并且溶液再生速率慢，生成的硫黄过细，难以分离。为使吸收和再生过程较好地进行，溶液温度应维持在 35～45 ℃。

3. 压力

改良 ADA 法对压力不敏感，其适应范围比较宽。提高吸收压力，对改善气体净化度和传质系数都有利。但吸收压力增加，氧在溶液中的溶解度增大，加快了副反应速率，并且 CO_2 分压增加，溶液吸收 CO_2 量增加，生成 $NaHCO_3$ 量增大，溶液中 Na_2CO_3 量减少，影响对 H_2S

的吸收。因此，吸收压力不宜过高，通常吸收压力由原料气本身的压力而定。

4. 氧化停留时间

再生塔内通入空气主要是还原态 ADA 氧化为氧化态 ADA，并使溶液中的悬浮硫以泡沫状浮在溶液表面，以便捕集回收。氧化反应速率除受 pH 和温度影响外，还受再生停留时间的影响。再生时间长，对氧化反应有利，但时间过长会使设备庞大；时间太短，硫黄分离不完全，溶液中悬浮硫增多，形成硫堵，使溶液再生不完全。高塔再生氧化停留时间一般控制在 25～30 min，喷射再生一般为 5～10 min。

5. CO_2 的影响

气体中 CO_2 与溶液中的 Na_2CO_3 反应生成 $NaHCO_3$。当气体中 CO_2 含量高时，溶液中的 $NaHCO_3$ 量增大，而 Na_2CO_3 量减少，溶液 pH 降低，导致 H_2S 吸收速率下降。在此情况下，可将溶液（约 1%～2%）引出塔外加热至 90 ℃，脱除 CO_2 后再返回系统。改良 ADA 法脱硫工艺操作指标见表 3.13。

表 3.13　改良 ADA 法脱硫工艺操作指标

项目	吸收压力/MPa		项目	吸收压力/MPa	
	常压	1.2		常压	1.2
脱硫溶液成分			溶液在反应槽内停留时间/min	5	6
总碱度/（mol·L^{-1}）	0.2	0.5	溶液在再生塔内停留时间/min	25～30	25～30
$NaHCO_3$/（g·L^{-1}）	25	60～80	再生塔吹风强度/（m^{-3}·m^{-2}·h^{-1}）	>70	80～120
Na_2CO_3/（g·L^{-1}）	5	7～10	进塔气 H_2S 含量/（g·m^{-3}）	4～5	1.6～2.5
ADA/（g·L^{-1}）	5	10	出塔气 H_2S 含量/（g·m^{-3}）	<20	<10
$NaVO_3$/（g·L^{-1}）	2	5	溶液硫含量（以 H_2S 计）/（g·L^{-1}）	约 0.7	约 0.1
$KNaC_4H_4O_6$/（g·L^{-1}）	1	2	消耗定额		
原料气空塔速度/（m·s^{-1}）	0.5～0.75	0.1～0.15	Na_2CO_3/（g·kg^{-1}）	22～26	21～24
操作状态			$NaVO_3$/（g·kg^{-1}）	2～2.6	1.2～1.6
溶液喷淋密度/（m^{-3}·m^{-2}·h^{-1}）	>27.5	>25	ADA/（g·kg^{-1}）	8～9.5	4～6
吸收温度/℃	30～40	30～45	$KNaC_4H_4O_6$/（g·kg^{-1}）	2～2.6	0.8～1.2

（三）工艺流程

ADA 脱硫工艺流程包括脱硫、溶液的再生和硫黄回收三部分。其中，脱硫和硫黄回收设备基本相同，根据溶液再生方法不同，分为高塔鼓泡再生和喷射氧化再生。

1. 高塔鼓泡再生脱硫工艺

ADA 高塔再生脱硫工艺流程如图 3.16 所示。含有 $3\sim5\,g\cdot m^{-3}$ H_2S 的原料气从脱硫塔下部进入，与从塔顶喷淋下来的 ADA 脱硫液逆流接触，原料气中的 H_2S 被吸收，从塔顶引出的净化气中 H_2S 含量$<20\,g\cdot m^{-3}$，经分离器除去液滴后去后工序。

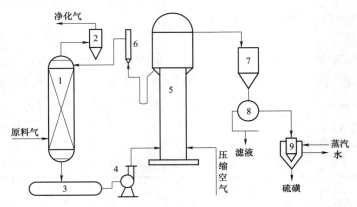

1—脱硫塔；2—分离器；3—反应槽；4—循环泵；5—再生塔；6—液位调节器；
7—硫泡沫槽；8—真空过滤机；9—熔硫釜。

图 3.16　ADA 高塔再生脱硫工艺流程

脱硫后的富液由塔底进入反应槽，溶液中的 NaHS 被偏钒酸钠氧化为单质硫，同时，偏钒酸钠被还原为焦钒酸钠，随之焦钒酸钠被 ADA 氧化为偏钒酸钠，由反应槽出来的脱硫液用循环泵送入再生塔底部，由塔底鼓入空气，使还原态 ADA 被氧化，溶液得到再生。再生的脱硫液由再生塔顶引出，经液位调节器流入脱硫塔循环使用。尾气由塔顶放空。

溶液中的单质硫呈泡沫状浮在溶液表面，溢流到硫泡沫槽，经真空过滤机分离得到硫黄滤饼送至熔硫釜，用蒸汽加热熔融后注入模子内，冷凝后得到固体硫黄。

2. 喷射再生法脱硫工艺流程

喷射再生法脱硫工艺流程如图 3.17 所示。本流程所采用的脱硫塔下部为空塔，为了防止生成的硫黄堵塔，上部为填料，提高气液接触面积。原料气经加压后进入脱硫塔的底部，在塔内与塔顶喷淋下来的 ADA 脱硫液进行逆流接触，吸收并脱除原料气中的 H_2S，净化后的气体经分离器分离出后去下一工序。

喷射再生改良工艺

吸收了的 H_2S 的脱硫液（富液）由塔底出来进入反应槽，富液中的 HS^- 被偏钒酸钠氧化为单质硫，同时，偏钒酸钠被还原为焦钒酸钠，随之焦钒酸钠被 ADA 氧化为偏钒酸钠。由反应槽出来的脱硫液依靠自身压力高速通过喷射器的喷嘴，与吸入的空气充分混合，使溶液得到再生，然后由喷射器下部进入浮选槽。再生的脱硫液由浮选槽上部进入循环槽，用循环泵送往脱硫塔，循环使用。在浮选槽内，硫黄泡沫浮在溶液的表面，溢流到硫泡沫槽经过滤、熔硫得到副产硫黄。

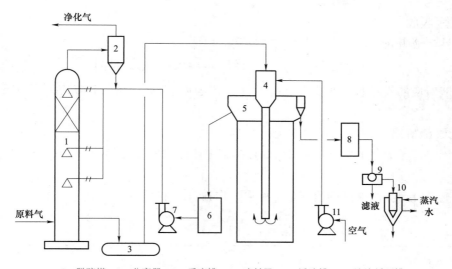

1—脱硫塔；2—分离器；3—反应槽；4—喷射器；5—浮选槽；6—溶液循环槽；

7—循环泵；8—硫泡沫槽；9—真空过滤机；10—熔硫釜；11—空气压缩机。

图 3.17　喷射再生脱硫工艺流程

二、栲胶法脱硫

栲胶脱硫法是由中国广西化工研究所等单位，于 1977 年研究开发成功的。该法的气体净化度、溶液硫容量、硫回收率等主要技术指标，均可与改良的 ADA 法相媲美。它的突出优点是运行费用低，无硫黄堵塔问题，是目前国内使用比较多的脱硫方法之一。

栲胶法

栲胶是由植物的杆、叶、皮及果的水萃取液熬制而成，由许多结构相似的酚类衍生物组成的复杂混合物。栲胶的分子式为 $C_{14}H_{10}O_9$，即 $(HO)_3C_6H_2CO_2C_6H_2(OH)_2CO_2H$，是两个没食子酸缩合的产物。商品栲胶中主要含有丹宁及水不溶物等，含有大量的邻二或邻三羟基酚。由于栲胶含有较多、较活泼的羟基，所以在脱硫过程中起着载氧的作用。多元酚的羟基受电子云的影响，间位羟基比较稳定，而连位和邻位羟基很活泼，易被空气中的氧所氧化，用于脱硫的栲胶必须是水解类热栲胶，在碱性溶液中更容易氧化成醌类，氧化态的栲胶在还原过程中氧取代基又还原成羟基。栲胶中的丹宁物质经过碱性降解生成聚酚类物质，利用分子中的酚羟基进行氧化还原。丹宁分子中所含有的羟基对于金属离子具有一定的络合作用，在脱硫过程中既是催化剂又是络合剂，可以有效防止钒沉淀生成，所以无须添加酒石酸钾钠等配位剂。

由于栲胶水溶液是胶体溶液，在将其配制成脱硫液之前，必须人为进行预处理，以消除共胶体性和发泡性，并使其由酚态结构氧化成醌态结构，这样脱硫溶液才具有活性。

（一）栲胶法脱硫基本原理

在碳酸钠（Na_2CO_3）稀碱中添加偏钒酸钠（$NaVO_3$）、氧化栲胶等组成脱硫液，与需净化半水煤气在填料塔内逆流接触脱去硫化氢。吸收了硫化氢的稀碱液经氧化槽使溶液再生并浮选出单质硫，溶液循环使用。栲胶法脱硫的反应过程如下：

1. 化学吸收

用碱性溶液吸收 H_2S，H_2S 从气相转移到液相：

$$Na_2CO_3（吸收）+H_2S \longrightarrow NaHCO_3+NaHS \tag{3-51}$$

该反应对应的设备是填料式吸收塔。由于该反应属强碱弱酸中和反应，所以吸收速率相当快。

2. 元素硫析出

五价钒络离子氧化 HS^- 析出硫黄，醌态栲胶被还原成酚态栲胶，液相 H_2S 电离生成 H^+ 和 HS^-。

经计算，pH 为 8～9 时，溶液中 $[H_2S]$、$[HS^-]$、$[H^+]$ 的数值见表 3.14。

表 3.14　溶液中 $[H_2S]$、$[HS^-]$、$[H^+]$ 的数值

pH	$[H_2S]$	$[HS^-]$	$[H^+]$
8	9.09	90.91	0
9	0.99	99	0

可见，常规脱硫液（pH 为 8.5～9.2）中的硫主要的存在形式是 HS^-。

$$2NaHS+4NaVO_3（氧化催化）+H_2O \longrightarrow Na_2V_4O_9+4NaOH+2S\downarrow \tag{3-52}$$

该反应对应设备为吸收塔，但在吸收塔内，反应有少量进行，主要在富液槽内进行。

3. 氧化剂再生

利用载氧催化剂栲胶使其获得再生，载氧催化剂由氧化态变为还原态而失去活性。

$$Na_2V_4O_9+2 栲胶（氧化）+2NaOH+H_2O \longrightarrow 4NaVO_3+2 栲胶（还原） \tag{3-53}$$

该反应对应设备为富液槽和再生槽。

4. 载氧体（栲胶）的再生

利用空气中的氧气氧化载氧催化剂，使其由还原态变氧化态获得再生。

$$栲胶（还原）+O_2（空气中）\longrightarrow 栲胶（氧化）+H_2O \tag{3-54}$$

以上四个反应方程式总反应为：

$$2H_2S+O_2 \longrightarrow 2S\downarrow+2H_2O \tag{3-55}$$

（二）栲胶法脱硫的反应条件

1. 溶液的 pH

pH 对硫化氢的吸收反应和 HS^- 氧化成硫的析硫反应有着相反的影响。提高 pH 会加快硫化氢的吸收速度，也会提高氧同还原态栲胶的反应速度，但会降低硫化物与钒酸盐的反应速

度，造成 HS⁻ 来不及氧化就会喷射再生槽，又因为 pH 太高，会加快副反应，副盐生成率高，同时影响析硫速度，硫回收差，且增加碱耗。pH 高低可通过调整总碱度和碳酸钠含量来调节。一般 pH 为 8.1～8.7

2. 偏钒酸钠含量

偏钒酸钠含量高，氧化 HS⁻ 的速率快，偏钒酸钠含量取决于脱硫液的操作硫容量，即与富液中 HS⁻ 浓度符合化学计量关系，应添加的理论浓度可与液相中的 HS⁻ 的摩尔浓度相当，但在配制溶液时往往要过量，控制过量系数在 1.3～1.5 左右。偏钒酸钠含量太高会造成偏钒酸钠的催化剂浪费，而且直接影响硫黄纯度和强度（一般太高会使硫锭变脆）。

3. 栲胶含量

栲胶是化学载氧体，作用将焦钒酸钠含氧化成偏钒酸钠。当溶液中栲胶含量过少时，栲胶中所含羟基也相应减少，从而不能与四价钒离子生成可溶性络合物，会出现"钒－氧－硫"的沉淀，这不仅会使钒的利用率下降，而且会使溶液的硫容量降低，副反应产物生成率增大，甚至造成钒的沉淀损失。若当栲胶含量过高时，会使溶液产生胶体，使溶液黏度增加，影响吸收、再生，会使溶液中硫代硫酸钠等副反应产物含量增高，造成设备腐蚀加剧。因此，生产中一般应控制在 0.6～1.2 g·L⁻¹。

4. 温度

提高温度虽然降低硫化氢在溶液中的溶解度，但是加快吸收和再生反应速率，同时加快生成硫代硫酸钠副反应速率。

温度低，溶液再生速率慢，生成的硫膏过细，硫化氢难分离，并且会因碳酸氢钠、硫代硫酸钠、栲胶等溶解度下降而析出沉淀堵塞填料，为了使吸收再生和析硫过程更好地进行，生产中吸收温度应维持在 30～45 ℃，再生槽温度应维持在 60～75 ℃（在冬季应该用蒸汽加热）。

5. 液气比

液气比增大，溶液循环量增大，虽然可以提高气体的净化度，并能防止硫黄在填料的沉积，但动力消耗增大，成本增大。因此，液气比主要取决于原料气硫化氢含量的多少，硫容的大小、塔型等，生产一般维持 11 L·m⁻³ 左右即可。

6. 再生空气用量及再生时间

在栲胶脱硫中，空气主要起以下作用：① 使还原态的栲胶氧化成氧化态的栲胶；② 氧化态栲胶使四价钒氧化成五价钒；③ 使硫泡沫浮选以便回收；④ 用空气气提溶液中的二氧化碳，以维持碳酸氢钠和碳酸钠的适宜的物质的量比，保持溶液的吸收活性。

理论上，按化学物质的量计算每千克硫化氢仅需 1.57 m³ 空气。但由于常压下空气中的氧在溶液中的溶解度很低，所以再生系统所需氧气量往往比理论所需的空气量要大 5～6 倍。除保证足够的氧化用空气外，还需要使设备达到一定的吹风强度，因此，实际生产每千克硫化氢约需 60～110 m³·m⁻³·h⁻¹，再生时间维持在 8～12 min。

（三）栲胶法工艺流程

来自除尘工段的半水煤气（含 H_2S、CS_2、COS、C_4H_4S、RSH 等有机和无机硫）从（两个并联或单塔）脱硫塔底部进入，与塔顶上喷淋下来的栲胶脱硫液逆流接触，在极短的时间内完成吸收硫化氢的反应，脱除硫化氢的半水煤气由塔顶出来，经旋流板分离器分离掉所夹带的液滴后去压缩。

脱硫后的富液由塔底出来去脱硫塔液封槽，液封槽出来进入富液槽，由再生泵加压送到喷射再生槽的喷射器，在喷射器内自吸空气并在喉管及扩散管内进行反应，然后液气一起进入再生槽，由底部经筛板上翻，进行栲胶溶液的氧化再生和硫泡沫浮选，再生后的贫液流入贫液槽，再由脱硫泵分别送往两个脱硫塔（或单塔）循环使用。

喷射再生槽顶浮选出来的硫泡沫自动溢流入中间泡沫槽，再生泡沫泵抽其硫泡沫到上泡沫槽，经加温、搅拌、静止分层后，排去上清液，该上清液流入富液槽内，硫泡沫经真空过滤机过滤，滤液流入地下槽，硫膏进入熔硫釜进行熔硫，熔融硫流入铸模，待冷却成型后即成为副产品硫黄。栲胶法脱硫工艺流程如图 3.18 所示。

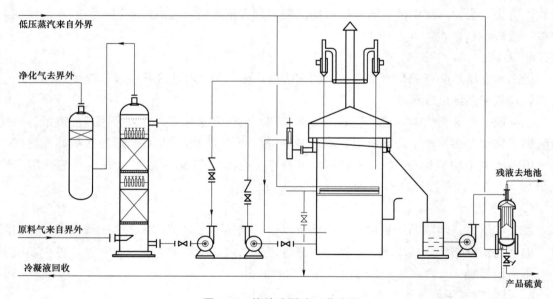

图 3.18　栲胶法脱硫工艺流程

（四）栲胶法脱硫优缺点

优点：湿式栲胶法脱硫的整个脱硫和再生为连续过程，脱硫与再生同时进行，不需要设置备用脱硫塔；煤气脱硫净化程度可以根据企业需要，通过调整溶液配比来调整，适时加以控制，净化后，煤气中 H_2S 含量稳定。

缺点：① 存在管道淤积硫问题；② 没有脱除有机硫的功能；③ 溶液本身的胶体性能和发泡性对脱硫操作和硫回收不利；④ 在脱高硫气体时，脱硫效率更低，尤其是由含有高挥发分原燃料制得的高硫气体；⑤ 对设备有腐蚀，当溶液中 Na_2SO_4 含量高于 $40\ g \cdot L^{-1}$ 时，设备腐蚀就发生，高于 $80\ g \cdot L^{-1}$ 时，腐蚀则相当严重；⑥ 设备较多，工艺操作也较复杂，设备投资较大。

【自我评价】

一、填空题

1. 改良 ADA 脱硫法中，吸收剂是_____，氧化剂是_____，催化剂是_____。

2. 改良 ADA 法脱硫可通过氧化剂氧化态 ADA 将 H_2S 氧化为_____，从而得到产物_____。

3. 改良 ADA 脱硫法再生塔内通入空气的作用有_____和使溶液中的悬浮硫以泡沫浮在溶液表面。

4. 栲胶法脱硫中采用栲胶作为载氧体的原因是栲胶中含有较多、较活泼的_____。

5. 栲胶法脱硫无须添加酒石酸钾钠作为配位剂，原因是栲胶中的_____具有一定的_____作用，可以有效防止钒沉淀的生成。

二、判断题

1. 氢氧化铁脱硫法需在酸性条件下进行。　　　　　　　　　　　（　　）

2. 氧化锌脱硫为干法脱硫，氧化锌可以再生。　　　　　　　　　（　　）

3. 氧化铁法脱硫剂不可再生。　　　　　　　　　　　　　　　　（　　）

4. 氧化铁脱硫剂可再生重复使用，故其可不用更换，永久性使用。（　　）

5. 氧化锌脱硫剂不可再生。　　　　　　　　　　　　　　　　　（　　）

6. 钴钼加氢转化法中，钴和钼是反应物。　　　　　　　　　　　（　　）

7. 钴钼加氢转化法中，钴钼催化剂硫化后，活性可大大提高。　　（　　）

8. 栲胶法脱硫与改良 ADA 脱硫原理相同，因此也需要加入偏钒酸钠。（　　）

9. 改良 ADA 法脱硫中，ADA 是载氧体。　　　　　　　　　　　（　　）

10. 栲胶法和改良 ADA 法都属于湿式氧化法脱硫。　　　　　　　（　　）

11. 改良 ADA 法中加入酒石酸钾钠的作用是阻止钒-氧-硫沉淀的形成。（　　）

12. 栲胶法脱硫中，为了保证较好的再生效果，一般采用较高的再生温度。（　　）

三、选择题

1. 下列不是常用的干法脱硫法的是（　　　　）。

A. 钴钼加氢法　　B. 活性炭　　　　　C. NHD 脱硫　　　　D. 氧化锌法

2. 根据脱硫原理不同，活性炭脱硫法不包括（　　　　）。

A. 吸附法　　　　B. 催化法　　　　　C. 氧化法　　　　　D. 吸收法

3. 钴钼加氢的说法正确的是（　　　　）。

A. 钴钼加氢用于无机 S 的转化　　　B. 钴钼加氢法可将有机 S 转化为无机 S

C. 钴钼加氢法不需要配氢，可直接使用　D. 钴钼加氢催化剂常温下即可投用

4. 以下属于干法脱硫的方法有（　　　　）。

A. 低温甲醇洗　　B. 钴钼加氢法　　　C. 栲胶法　　　　　D. 改良 ADA 法

5. 氧化铁法脱硫的条件是（　　　　）。

A. 酸性　　　　　B. 碱性　　　　　C. 中性　　　　　D. 都可以

6. 以铁矿石为原料制备氧化铁脱硫剂时，为了保证气体能顺利通过脱硫剂筐，一般给脱硫剂中加入（　　）来保证脱硫剂的松软性。

A. 木屑　　　　　B. 石灰　　　　　C. 熟石灰　　　　　D. 氨水

7. 以下属于湿法脱硫的方法有（　　）。

A. 低温甲醇洗　　　B. 钴钼加氢法　　　C. 氧化锌法　　　D. 活性炭法

8. 栲胶可以作为脱硫剂主要是因为栲胶中含有大量的（　　）。

A. 羟基　　　　　B. 酚羟基　　　　　C. 醌式结构　　　　　D. 氢

9. 改良 ADA 法脱硫属于（　　）脱硫方法。

A. 物理吸收　　　B. 化学吸收　　　C. 湿式氧化法　　　D. 干法脱硫

10. 栲胶法脱硫中，（　　）是氧化剂。

A. 碳酸钠　　　　B. 栲胶　　　　　C. 偏钒酸钠　　　　D. 酒石酸钾钠

11. 改良 ADA 法脱硫中，吸收剂是（　　）。

A. 碳酸钠　　　　B. ADA　　　　　C. 偏钒酸钠　　　　D. 酒石酸钾钠

12. 栲胶法脱硫中，最终将硫化氢中的硫以（　　）形式回收。

A. 硫化氢　　　　B. 二氧化硫　　　C. 硫黄　　　　　D. 硫氢化钠

13. 下列属于湿式氧化法脱硫的有（　　）。

A. 低温甲醇洗　　　B. 改良 ADA 法　　C. 碳酸丙烯酯法　　D. 聚乙二醇二甲醚法

三、简答题

1. 简述氧化锌脱硫的原理和工艺流程。
2. 简述钴钼加氢转化法的原理。
3. 简述栲胶法脱硫的原理。

任务四　硫黄回收方法

【任务分析】

利用含硫酸性气体生产工业硫酸，不仅使硫资源得到合理的回收利用，而且有利于保护大气环境。硫回收的方法有很多，有克劳斯硫黄回收法，也有用 H_2S 制硫酸，这是 1931 年由苏联学者阿杜罗夫提出来的，德国鲁奇公司将其付诸实施，于 20 世纪 30 年代实现工业化。

【知识链接】

知识点一：硫黄的制取

采用湿法脱硫时，除湿式氧化法可以直接回收硫黄以外，其他方法都会在吸收剂再生时解吸出酸性气体硫化氢，所以，在脱硫工段后设置有硫回收工段，对解吸出的酸性气体 H_2S

进行处理，使其可以达标排放，并回收其中的硫。目前工业上硫回收的方法有克劳斯硫黄回收法、超级克劳斯法、Shell-Paques 生物脱硫法回收硫黄和湿式接硫法制取工业硫酸，以克劳斯法应用最为广泛。

一、克劳斯硫黄回收法

早期的克劳斯法是在催化反应器中用空气将 H_2S 直接进行氧化得到硫黄。

$$3H_2S+1.5O_2 \longrightarrow 3S+3H_2O \tag{3-56}$$

该反应是一个强放热反应，温度高不利于反应的进行，一般要求维持在 250～300 ℃，如果酸性气体中 H_2S 含量高，会使催化床层温度难以控制，这就限制了克劳斯法的广泛使用。后经改进，将反应式分成两步进行。

第一步，在燃烧炉内，1/3 的 H_2S 与 O_2 燃烧，生成 SO_2：

$$H_2S+1.5O_2 \longrightarrow SO_2+H_2O+Q \tag{3-57}$$

第二步，剩余的 H_2S 与生成的 SO_2 在催化剂作用下，进行克劳斯反应生成硫黄：

$$2H_2S+SO_2 \longrightarrow 3S+2H_2O+Q \tag{3-58}$$

第一步是燃烧反应，可将含硫气体直接引入高温燃烧炉，其反应热由废热锅炉加以回收，并使气体温度至适用于第二步进行催化反应的温度。然后进入催化床层反应生成硫黄。从经过改进后的二步法克劳斯反应式可以看出：第一步仅反应掉 H_2S 总量的 1/3，第二步为 2/3，这是克劳斯法的一项技术控制关键。因此人们将第二步反应式称为克劳斯反应。

二、超优克劳斯工艺

超优克劳斯工艺是对克劳斯工艺的进一步改进，包括一个高温燃烧反应段，以及随后的两个克劳斯催化反应段、一个超优克劳斯反应段和一个超级克劳斯反应段。

（一）超优克劳斯原理

1. 高温燃烧反应段

传统的克劳斯工艺是通过控制"空气和酸性气"的比例来保证催化反应段出来的气体中硫化氢和二氧化硫的比值正好是 2。对于克劳斯平衡反应来说，这是硫化氢对二氧化硫反应的最佳比值。然而超优克劳斯工艺没有采用这种传统的控制理念，而是通过调节"空气对酸性气"的配比来控制第四级反应器（超级克劳斯反应器）入口气体中的硫化氢浓度。因此，前面的高温燃烧反应段是在偏离"克劳斯比例"下操作的，即 H_2S 和 SO_2 比值高于 2。

主燃烧器的炉膛和燃烧室中的主要反应如下：

$$2H_2S+\frac{3}{2}O_2 \Longrightarrow SO_2+H_2O+Q \tag{3-59}$$

$$2H_2S+SO_2 \Longrightarrow \frac{3}{2}S_2+2H_2O-Q \tag{3-60}$$

通过这个克劳斯反应，在主燃烧器的炉膛和燃烧室中生成气态的单质硫。

高温燃烧反应段的氧气供应：如果进入硫黄回收装置的酸性气体中的 H_2S 含量比较低的

话，为了保证燃烧段的反应温度，需要用纯氧来代替空气进行燃烧反应。

2. 克劳斯催化反应段

克劳斯催化反应段可进一步提高总的硫黄回收率。在第一反应器、第二反应器中，发生下列反应：

$$2H_2S+SO_2 \rightleftharpoons \frac{3}{x}S_x+2H_2O+Q \tag{3-61}$$

通过使用克劳斯催化剂，克劳斯平衡反应将向生成硫黄的方向进行。从第一反应器和第二反应器出来的单质硫，分别经过冷凝后排出，这样可以保证下一个催化床层中的反应进一步向生成硫黄的方向进行。

3. 超优克劳斯反应段

由于克劳斯反应是一个平衡反应，因此，从第一反应器、第二反应器出来的气体中含有一定量没有反应掉的 SO_2。而在最后一个反应器（超级克劳斯反应器）中，SO_2 不参加超级克劳斯反应，由此，这些 SO_2 带来了硫回收率的损失。为了减少 SO_2 带来的这部分损失，在第二个反应器后面引入了一个超优克劳斯反应器，在超优克劳斯反应器中装填了一种特殊的催化剂，将进气中的 SO_2 还原成单质硫和 H_2S。从第二个克劳斯反应器来的工艺气体中含有一定的 H_2 和 CO，它们将与 SO_2 在超优克劳斯反应器的催化床层中发生如下反应：

$$SO_2+2H_2 \longrightarrow \frac{1}{x}S_x+2H_2O \tag{3-62}$$

$$SO_2+3H_2 \longrightarrow H_2S+2H_2O \tag{3-63}$$

$$SO_2+2CO \longrightarrow \frac{1}{x}S_x+2CO_2 \tag{3-64}$$

4. 超级克劳斯段

从超优克劳斯反应器出来的工艺气体与空气进行混合。混合后进入下游的超级克劳斯反应器中，在超级克劳斯反应器中通过装填一种特殊催化剂将硫化氢进行选择性的氧化，直接生成单质硫，反应如下：

$$H_2S+\frac{1}{2}O_2 \longrightarrow \frac{1}{x}S_x+H_2O \tag{3-65}$$

此反应为热力学完全反应，因此反应可以达到很高的转化率。

5. 焚烧炉

从超级克劳斯反应器来的尾气，以及从液硫槽来的放空气中含有一定的硫化物，这些硫化物需要在焚烧炉中进行燃烧反应。主要反应如下：

$$H_2S+\frac{3}{2}O_2 \longrightarrow SO_2+H_2O \tag{3-66}$$

$$\frac{1}{x}S_x+O_2 \longrightarrow SO_2 \tag{3-67}$$

$$COS + \frac{3}{2}O_2 \longrightarrow SO_2 + CO_2 \qquad\qquad (3-68)$$

（二）超优克劳斯工艺流程

超优克劳斯工艺流程如图 3.19 所示。

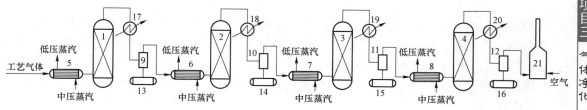

1——级克劳斯反应器；2—二级克劳斯反应器；3—第三反应器；
4—超级克劳斯反应器；5、6、7、8—预热器；9、10、11、12—硫分离器；
13、14、15、16—硫捕集器；17、18、19、20—硫冷却器；21—焚烧炉。

图 3.19　超优克劳斯工艺流程

工艺气体在气体预热器 5 中用 4.0 MPa（G）中压蒸汽加热，达到在一级克劳斯反应器 1 中催化反应需要的反应温度 240 ℃。一级克劳斯反应器催化剂包括上部的氧化铝催化剂和底层的氧化钛催化剂，在底部床层，COS 和 CS_2 可以得到较高的转化率。反应器进口温度维持在 240 ℃，以促进 COS 和 CS_2 转化，从反应器出来的工艺气体进入第一硫冷却器 17 中被冷却，硫从第一硫分离器 9 中冷凝分离出来，液硫送到硫黄槽的硫捕集器 13。

气体在第二预热器 6 中再次用 4.0 MPa（G）中压蒸汽加热到二级克劳斯反应器 2 催化反应需要的反应温度 214 ℃，二级克劳斯反应器 2 装有氧化钛型催化剂。反应器进口温度比一级反应器的低，以促进 H_2S 和 SO_2 转化为硫。二级克劳斯反应器 2 出来的工艺气体进入第二硫冷却器 18 被冷却，硫从第二硫分离器 10 中分离出来送至硫捕集器 14。

从第二硫分离器 10 出来的气体通过 4.0 MPa（G）中压蒸汽在第三预热器 7 预热至 200 ℃，进入超级克劳斯反应器，此反应器包含三种不同类型的催化剂。最上层由氧化铝型催化剂组成，以促进 H_2S 和 SO_2 转化成硫。因为最后超级克劳斯阶段不能转换硫化氢以外的成分，这些成分显示了进行到超级克劳斯阶段时回收的损失。因此，第二层是超级克劳斯催化剂——一种加氢催化剂。这种催化剂将 SO_2 还原为 H_2S 和硫蒸气。最后，底层组成是钛氧化物催化剂，用于处理 COS 等不再需要的组分。

反应器出来的工艺气体进入第三硫冷却器 19 被冷却，硫从第三硫分离器 11 分离出来，液硫送到硫捕集器 15。为了获得高的硫回收率，从第三硫分离器 11 分离的工艺气体被送到最后的催化反应段——超级克劳斯段。工艺气体进入第四预热器 8，气体被 4.0 MPa（G）中压蒸汽加热，得到合适的超级克劳斯催化转化反应温度（200～210 ℃）。

在超级克劳斯反应器 4 中，H_2S 选择性氧化生成硫。反应器中装有选择性氧化催化剂。反应器中的空气过量，以维持氧化环境，防止催化剂硫化。

从超级克劳斯反应器 4 出来的气体被送到超级克劳斯硫冷却器 20 浓缩尽可能多的硫，超级克劳斯硫冷却器在低温下操作。从超级克劳斯硫分离器 12 分离出来的液硫送到硫捕集器 16。

超级克劳斯尾气和硫黄槽的放空气中含有残留的 H_2S 和其他硫化物，不能直接向大气排放，所以这些气体在焚烧炉 21 中焚烧，使残留的 H_2S 和硫化物转化为 SO_2。

知识点二：湿接硫法

一、基本原理

根据 SO_2 进行催化转化的工艺条件，用 H_2S 制硫酸可区分为干接硫法和湿接硫法两种。干接硫法是将含 H_2S 的酸性气体直接引入硫酸厂的焚硫炉，单独或与其他制酸原料一起焚烧成 SO_2 之后再进入制酸系统，使用传统的制酸方法，经洗涤、干燥、催化转化及吸收等工序制得硫酸。而湿接硫法则以含 H_2S 的酸气为原料，先在焚炉中将 H_2S 燃烧成 SO_2，同时生成等量的 H_2O。

$$2H_2S+3O_2 \longrightarrow 2SO_2+2H_2O \tag{3-69}$$

由于 H_2S 燃烧气比较洁净，因而无须进行洗涤、干燥等工序，仅将燃烧气温度降至转化工序要求的温度，在水蒸气的存在下，将生成的 SO_2 催化转化成 SO_3 即可。并且因燃烧气中含有大量的水蒸气，这时产品 H_2SO_4 可从气相中直接冷凝生成，其浓度取决于转化气中 H_2O 与 SO_3 的比例及冷凝成酸的温度。通过控制 SO_2 的转化温度和凝结成酸温度，比较合理地解决了产品硫酸在催化剂上的冷凝，并提高了产品硫酸的浓度等技术难题，开发出比较先进的制酸工艺流程，成功实现了工业化生产。

二、工艺流程

（一）鲁奇公司的湿接硫法

1. 低温冷凝工艺流程

该工艺是鲁奇公司早期开发的，由于其 SO_3 冷凝成酸的温度较低，因此称为低温冷凝工艺，其流程如图 3.20 所示。

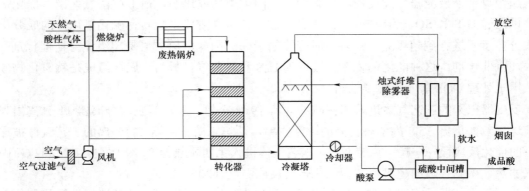

图 3.20　湿接硫法低温冷凝制酸工艺流程

含 H_2S 的洁净气体在 500～1 000 ℃下，与过量的空气一起燃烧，生成含 SO_2 5%左右的燃烧气，潮湿的燃烧气经废热锅炉冷却至约 450 ℃，不经干燥直接进入四段冷激式转化器，与钒催化剂接触，使气体中的 SO_2 转化成 SO_3，转化率达 98.5%。出转化器的气体温度为 420～430 ℃，不经冷却直接进入冷凝塔，与塔顶喷淋的循环冷硫酸逆流接触，在气-液界面发生硫酸蒸气的瞬间冷凝，同时生成少量的酸雾，出冷凝塔的温度限制在 80 ℃ 以下。酸经冷却后循环使用，尾气经烛式纤维除雾器后通过烟囱放空。

低温冷凝工艺生产的酸浓度为 80%～90%，考虑到材料腐蚀问题，通过进一步稀释制得浓度为 78% 左右的成品硫酸。该工艺的缺点是不能处理燃烧后 SO_2 浓度低于 3% 的酸性气体，使该工艺应用范围受到限制。目前主要用于含 H_2S 废气的处理，其装置规模也比较小。

2. 高温冷凝工艺流程

该工艺是让 SO_3 气体与水蒸气在高温下凝结成酸，这样随硫酸冷凝析出的水蒸气越少，制得的产品酸浓度越高。该流程中，一级冷凝选用文丘里冷凝器，二级冷凝选用填料塔，循环酸与气体由上而下并流通过文丘里冷凝器，在其颈部，气-液相密切接触，使硫酸的生成热和冷凝热充分消散，如图 3.21 所示。

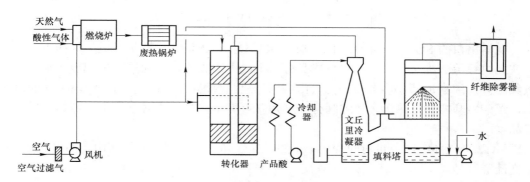

图 3.21　湿接硫法高温冷凝制酸工艺流程

文丘里冷凝器在 80～230 ℃ 下操作，大部分气体和硫黄在这里被除去。循环酸中的热量通过冷却器后移去，并抽出部分硫酸作为产品。在文丘里冷凝器与填料塔的连接处向气体中通入空气以稀释气体，避免更多的水蒸气凝结。在填料塔中采用稀的硫酸喷淋。其中的水蒸发，使气体冷却，让残余的硫酸冷凝析出。离开填料塔的气体，经纤维除雾器除酸雾，收集到的酸液返回填料塔的循环酸系统。

高温冷凝工艺能够处理含 SO_2＜1% 的酸性气体，且能维持自热平衡。若进料气体中 $n(H_2O)/n(SO_2)$＜5，就能生产浓度为 93% 的硫酸产品。采用二段床转化器或三段床转化器，排放尾气中的 SO_2＜0.02%，总脱硫率＞99.5%。

（二）托普索公司的 WSA 法

20 世纪 80 年代，托普索公司开发成功 WSA 湿式制酸工艺。WSA 工艺由原料酸气的催化焚烧或热焚烧、SO_2 催化氧化成 SO_3，以及 SO_3 与水在湿式成酸塔中吸收并浓缩成产品酸这三部分组成。图 3.22 为典型的处理酸性气体 WSA 法工艺流程。

含硫原料气与过量空气混合，不经预热直接进入催化焚烧转化炉，该炉上部为催化焚烧区。将特制耐硫燃烧催化剂装入浸没在导热熔盐的管式反应器中。原料气进入管内被加热到

200 ℃即开始进行氧化反应，将所有硫燃烧成 SO_2 或 SO_3，其反应热由管外的循环熔盐移走。反应气体进入下部转化区，将剩余的 SO_2 催化氧化成 SO_3，所用催化剂为托普索公司的 VK系列，该催化剂要求进气温度在 400 ℃左右。

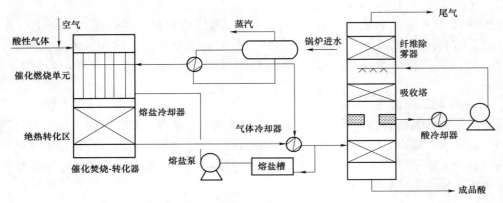

图 3.22　处理酸性气体的 WSA 法工艺流程

转化器出口的 SO_3 经气体冷却器冷却到 300 ℃，进入湿式成酸塔。成酸塔的下段为浓缩段，在此进行硫酸冷凝、浓缩，得到成品酸；上段为吸收段，喷入酸液进一步冷凝硫酸蒸气并收集酸雾，经塔顶部除雾器后的尾气由烟囱排放。喷淋酸从吸收段与浓缩段之间的溢流堰引出，经酸冷却器移走热量，浓缩制得温度为 250 ℃的热酸从塔底部导出，冷却之后作为硫酸产品。

WSA 法对气体组成及负荷的变化不敏感，操作弹性大，该工艺可使用含 H_2S 0.05%的废气生产硫酸产品。成品酸浓度在一定程度上取决于气体中的水含量，若气体中水分过量 5%～10%，成品酸浓度约为 98%，即使气体中水分过量 30%～50%，成品酸浓度也能达到 93%～94%。该法的硫回收率达 99%以上。

知识点三：生物脱硫法

Shell 公司和 Paques 公司近年来联合开发了一种名为 Shell-Paques 的生物脱硫技术，用于硫黄的回收。该工艺使用弱碱性溶液，在吸收塔内与含 H_2S 的气相物流逆向接触，然后富液中的 HS^- 在空气中与繁殖能力很强的微生物共同作用，生成元素硫，以元素硫的形式进行硫黄回收。同时，溶剂得到再生返回到吸收塔中。该工艺每天回收硫黄量为 0.05～15 t，具有很强的优势，尾气中 H_2S 含量 $<50×10^{-6}$，可直接达标排放。

Shell-Paques 工艺最重要的特点在于使用活性菌，突破了传统催化剂的不足。用于氧化 H_2S 的有机硫杆菌的混合菌群是一种自给型细菌，繁殖能力很强，每 2 h 细菌数量可以加倍，对多变的工艺环境具有很强的抵抗力。仅需 CO_2 即可满足其对于碳元素的需求，硫化物氧化过程中产生的能量即可满足其生长的能量需求。该生物菌的生存及生长需要一定的营养物。营养物以溶液形式注入装置，其使用量根据硫化物负载率确定。

一、基本原理

一定压力下，高达 10 MPa 的含 H_2S 气体可进入吸收塔与碱性溶液逆向接触，首先完成

H_2S 气体的化学吸收过程，在吸收塔中发生如下反应：

$$H_2S + OH^- = HS^- + H_2O \qquad (3-70)$$

$$H_2S + CO_3^{2-} = HS^- + HCO_3^- \qquad (3-71)$$

$$CO_2 + OH^- = HCO_3^- \qquad (3-72)$$

$$HCO_3^- + OH^- = CO_3^{2-} + H_2O \qquad (3-73)$$

吸收后，含有 HS^- 的吸收液（即富液）进入 Shell-Paques 生物反应器中，可溶性硫化物 HS^- 在空气中的氧和硫杆菌共同作用下，被氧化成元素硫析出，同时使吸收液恢复弱碱性，得到再循环使用。在生物反应器内主要发生以下反应：

$$HS^- + 0.5O_2^- \longrightarrow S + OH^- \qquad (3-74)$$

$$HS^- + 2O_2 \longrightarrow SO_4^{2-} + H^+ \qquad (3-75)$$

$$CO_3^{2-} + H_2O \longrightarrow HCO_3^- + OH^- \qquad (3-76)$$

$$HCO_3^- \longrightarrow CO_2 + OH^- \qquad (3-77)$$

其中，第一个反应式是氧和硫杆菌作用下发生的生物化学反应主反应，对吸收后的碱液进行再生；第二个反应式是在低 HS^- 浓度的条件下发生的副反应。

从上面的化学反应可以看出，碱液用来吸收气体中的 H_2S，并在产生元素硫的过程中得到再生。通常仅有小于 3% 的硫化物发生副反应，被氧化成硫酸盐和硫代硫酸盐。为了避免盐聚积，需要连续地排出液体或不断补充新鲜水。

二、工艺流程

Shell-Paques 生物脱硫工艺流程如图 3.23 所示。聚乙二醇二甲醚（NHD）或低温甲醇洗等物理脱硫法脱硫后的酸性气或合成气，首先进入分液罐分离出所携带的液体，然后进入吸收塔与塔内的弱碱性溶液逆向接触。为了使吸收液在塔内分布均匀，吸收塔可以是板式塔或填料塔。

由于吸收溶液中 H_2S 浓度几乎为零，气、液两相存在很大的浓度差，因此，酸性气中的 H_2S 几乎可以被 100% 吸收。吸收过程中，H_2S 从气相转移到液相，并以 HS^- 的形式存在。

含有 HS^- 的吸收液在重力的作用下进入反应器，反应器底部不断地通入空气。吸收溶液中的 HS^-，在空气和细菌的作用下，直接生成元素硫，同时吸收液得到再生。在生物反应器底部取出一定量的液体，分成几路：一部分液体循环到吸收塔，作为再生溶液使用；另一部分液体进入沉淀器中，为了保持生物反应器中液体悬浮硫质量浓度在 $5 \sim 15 \ \mathrm{g \cdot L^{-1}}$，从沉淀器底部还要有一定量的液体返回到生物反应器；还有一部分液体进入一个离心式分离器中，分离出硫黄。

与传统脱硫–硫黄回收工艺流程相比，Shell-Paques 生物脱硫工艺具有以下优势：生物脱硫工艺流程简单、可靠、容易操作，且可以满足脱硫要求，H_2S 可以被 100% 吸收；整个操作过程均为在线操作，没有复杂的回路系统，因此无须太多监控。对于高 CO_2 与 H_2S 比值（体积比），Shell-Paques 工艺仍能表现出好的适应性。第一套 Shell-Paques 生物脱硫工艺应用于沼气脱硫，沼气中 CO_2 与 H_2S 比值高达 80:1，溶剂消耗没有明显的增加；解决了 NHD 和低温甲醇洗装置溶剂再生后副产酸性气 H_2S 浓度低，给传统克劳斯硫黄回收装置带来的问题，并将脱硫和硫黄回收一步完成，从而减少投资；无二次污染产生，避免了传统湿法氧化脱硫技术由于废液的排出而造成的二次污染。

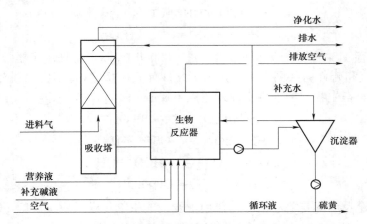

图 3.23　Shell-Paques 生物脱硫工艺流程

【知识拓展】

双碳目标与煤炭清洁利用

2020 年 9 月，在七十五届联合国大会上，我国提出"双碳"目标——2030 年前实现碳达峰，2060 年前实现碳中和。随着"双碳"目标确立，加快构建清洁低碳、安全高效的现代能源体系是保障国家能源安全，力争如期实现碳达峰、碳中和的内在要求，也是推动实现经济社会高质量发展的重要支撑。党的二十大报告中提出要积极稳妥推进碳达峰、碳中和，要深入推进能源革命，加强煤炭清洁高效利用。

2022 年 3 月，国家发展改革委、国家能源局发布《"十四五"现代能源体系规划》，提出我国"十四五"时期现代能源体系建设的主要目标，再次重申了能耗"双控"向碳排放总量和强度"双控"转变的理念，并强调了煤炭在支撑"双碳"目标实现过程中的兜底作用，要加强煤炭清洁高效利用。同时，也强调要将能源保障目标放在首位，明确了保障安全是能源发展的首要任务。要立足以煤为主的基本国情，抓好煤炭清洁高效利用，促进新能源占比逐渐提高，推动煤炭和新能源优化组合。开展煤制油、煤制气、先进煤化工等技术研发及示范应用，推进煤化工先进技术攻关和产业化，充分发挥煤炭的原料功能，进一步拓宽煤炭利用方向、途径和范围，开展现代煤化工和生态环境保护技术研究。

未来，只有深刻认识新形势下保障国家能源安全的极端重要性，坚持从国情实际出发推进煤炭清洁高效利用，切实发挥煤炭的兜底保障作用，深刻认识到推进煤炭清洁高效利用是实现碳达峰、碳中和目标的重要途径，统筹做好煤炭清洁高效利用这篇大文章，科学有序推动能源绿色低碳转型，为实现高质量发展提供坚实能源保障，才是煤炭行业绿色高质量发展的"正途"。

【自我评价】

一、填空题

1. 改进后的克劳斯法分为两步：第一步反应式为_____，反应仅消耗 H_2S 总量的_____；第二步反应式为_____，消耗 H_2S 总量的_____。

2. H_2S 制硫酸的工艺可分为_____硫法和_____硫法。

3. 湿接硫法最终将硫以_____形式回收。

4. Shell-Paques 生物脱硫技术，最终将硫以_____的形式回收。

5. Shell-Paques 生物脱硫技术需要先将含 H_2S 的气体进入吸收塔与碱性溶液进行接触吸收，将其转化为_____，然后在生物催化剂的作用下将其转化为_____。

二、判断题

1. 克劳斯硫回收工艺中，硫化物以硫黄的形式进行回收。　　　　　　（　　）

2. 超优克劳斯工艺不用控制前期的 O_2 用量的原因是增加了一个超级克劳斯反应段，可以将进气中的 SO_2 还原生成单质硫和 H_2S。　　　　　　　　　　　（　　）

3. 鲁奇公司的低温湿接硫法不能处理燃烧后 SO_2 浓度低于 3% 的酸性气体。　（　　）

4. 高温冷凝湿接硫工艺是让 SO_3 气体与水蒸气在高温下凝结成酸，制得的产品酸浓度较低。　　　　　　　　　　　　　　　　　　　　　　　　　　（　　）

三、简答题

1. 简述超优克劳斯脱硫的原理。

2. 简述超优克劳斯脱硫方法与原克劳斯脱硫方法的区别。

项目四　甲醇合成

项目简介

原料煤经前期的煤炭气化工段、变换工段、气体净化工段制得了合格的甲醇合成原料气，进入煤制甲醇的核心工段——甲醇合成工段。甲醇合成工段的主要任务是原料气 CO、CO_2 和 H_2 在甲醇合成塔内，在一定的温度、压力及催化剂存在的条件下反应，从而制得液态甲醇产品的生产过程。

教学目标

知识目标：

1. 能识读甲醇合成 PID 工艺流程图；
2. 能对甲醇合成过程进行分析，并选择合适的工艺条件；
3. 能分辨不同的甲醇合成塔。

能力目标：

1. 能绘制甲醇合成工段 PID 图；
2. 能进行甲醇合成工艺的工艺运行控制；
3. 能进行合成塔、换热器、甲醇分离器的日常维护；
4. 能进行甲醇合成催化剂的填装、还原和钝化。

素质目标：

1. 通过查找控制点和工艺参数等，使学生具有严谨的工作作风；
2. 通过分组讨论、集体完成项目，培养学生团队合作的意识。

任务导入

甲醇合成是煤制甲醇的核心部分，要完成整个合成生产，应该完成合成生产的内操和外操操作，即内操员通过 DCS 系统控制合成生产的温度、压力、流量等参数，外操员配合内操员完成开车、停车、正常生产、故障处理，以及催化剂的还原、钝化及生产过程等工作任务。

任务一　甲醇合成工艺条件选择

【任务分析】

在不同的合成工艺生产过程中，如何选择合适的反应温度、压力、原料气组成、空速等工艺条件？如何进行催化剂的正确使用？要能完成以上任务，必须掌握甲醇合成的原理，催化剂的组成、使用方法等知识内容。

【知识链接】

知识点一：甲醇合成原理

目前，工业上主要是以 CO、CO_2 和 H_2 为原料，高温、高压催化合成甲醇。主要的工艺有三种：高压法、低压法和中压法。其发展的过程与新催化剂的应用、净化技术的进步分不开。主要包括以下四种：

高压法：以铬、锌为催化剂，操作压力为 25～30 MPa，温度为 350～400 ℃。此法技术成熟，副产物较多，投资和生产成本较高。

低压法：铜基催化剂，操作压力为 5～8 MPa，温度为 200～300 ℃。其代表性流程有德国鲁奇公司低压法（Lurgi 法）和英国帝国工业公司低压法（ICI 法）。设备管道材料易得，能量消耗少，生产成本较低。其是目前主要的合成方法。

中压法：铜基催化剂，操作压力为 8～15 MPa，温度为 200～300 ℃。生产投资、操作费用和占地面积有所下降，综合经济指标比低压法更好。其是目前较为主要的合成方法。

联醇法：合成氨与甲醇联合生产；甲醇合成过程主要采用中低压工艺。其是我国特有的一种甲醇生产工艺。

一、甲醇合成的基本原理

（一）反应原理

1. 主反应

$$CO + 2H_2 = CH_3OH + 102.5 \text{ kJ/mol} \tag{4-1}$$

$$CO_2 + 3H_2 = CH_3OH + H_2O + 59.6 \text{ kJ/mol} \tag{4-2}$$

合成甲醇反应是可逆放热反应，反应时气体体积缩小，并且只有在催化剂存在条件下，反应才能较快进行。

2. 副反应

$$2CO + 4H_2 = CH_3OCH_3 + H_2O + 200.2 \text{ kJ/mol} \tag{4-3}$$

$$CO + 3H_2 = CH_4 + H_2O + 115.6 \text{ kJ/mol} \tag{4-4}$$

$$4CO + 8H_2 = C_4H_9OH + 3H_2O + 49.62 \text{ kJ/mol} \tag{4-5}$$

$$CO_2 + H_2 = CO + H_2O - 42.9 \text{ kJ/mol} \tag{4-6}$$

这些副反应的产物还可能进一步发生反应，从而生成微量的醛、酮、酯等副产物；CO 与设备发生腐蚀反应，生成少量的 $Fe(CO)_5$。以上副反应不仅消耗原料，而且影响粗甲醇的质量和催化剂的寿命。特别是生成甲烷的反应，是一个强放热反应，不利于操作控制，而且生成的甲烷不能随产品冷凝，始终存在于循环系统中，更加不利于主反应的化学平衡和反应速率，因此，工业生产中应该尽可能减少这些副反应的发生。

（二）合成反应的热效应

1. 反应热效应

一氧化碳与氢气生成甲醇的反应是放热反应，其反应热与温度及压力的关系如图 4.1 所示。

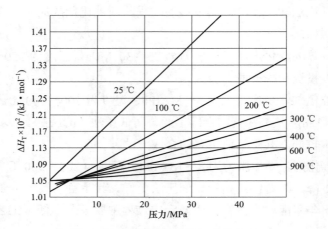

图 4.1　反应热与温度及压力的关系

由图 4.1 可以看出，甲醇合成反应在高压低温时反应热较大，且低温时反应压力对热效应的影响大于高温反应时，特别是当温度低于 200 ℃ 时，压力对热效应的影响较大。故甲醇合成在低于 300 ℃ 条件下操作时，温度与压力的波动容易造成合成塔温度的失控。而在压力为 20 MPa、温度为 300～400 ℃ 进行反应时，反应热随温度与压力变化较小，反应床层温度较容易控制。

2. 甲醇合成反应的化学平衡

合成甲醇的原料气中，同时含有 CO 和 CO_2，生产过程是一个复杂的反应系统，当达到化学平衡时，每一种物质的平衡浓度或分压必须满足每一个独立化学反应的平衡常数关系式。

甲醇合成反应系统中，如不计其他副反应，则可能的反应及其反应特点见表 4.1。

表 4.1　甲醇合成反应及其反应特点

主反应	反应特点	平衡常数
$CO + 2H_2 = CH_3OH$ （4-7）	可逆的放热反应	$K_{p1} = \dfrac{p_m}{p_{CO} p_{H_2}^2} = \dfrac{1}{p^2} \dfrac{y_m}{y_{CO} y_{H_2}^2}$
$CO_2 + 3H_2 = CH_3OH + H_2O$ （4-8）	可逆的放热反应	$K_{p2} = \dfrac{p_m p_{H_2O}}{p_{CO_2} p_{H_2}^3} = \dfrac{1}{p^2} \dfrac{y_m y_{H_2O}}{y_{CO_2} y_{H_2}^3}$

续表

主反应	反应特点	平衡常数
$CO_2+H_2=CO+H_2O$ (4-9)	可逆的吸热反应	$K_{p3}=\dfrac{p_{CO}p_{H_2O}}{p_{CO_2}p_{H_2}}=\dfrac{y_{CO}y_{H_2O}}{y_{CO_2}y_{H_2}}$

式中，p_m、p_{CO}、p_{CO_2}、p_{H_2}、p_{H_2O} 分别为 CH_3OH、CO、CO_2、H_2、H_2O 的气相分压；y_m、y_{CO}、y_{CO_2}、y_{H_2}、y_{H_2O} 分别为 CH_3OH、CO、CO_2、H_2、H_2O 的摩尔分数；p 为系统总压。

CO 与 CO_2 同时参与反应时，原料气组成相同时，不同温度、压力下甲醇合成的平衡组成和平衡常数值见表 4.2。

表 4.2　不同温度、压力下甲醇合成的平衡组成和平衡常数值

压力/MPa（atm）	温度/℃	平衡组成（y_i）摩尔分数							平衡常数/atm^{-2}	
		H$_2$	CO	CH$_3$OH	N$_2$	CH$_4$	CO$_2$	H$_2$O	$K_{p1}\times10^3$	$K_{p2}\times10^5$
5.0（50）	225	0.51	0.033	0.143 4	0.006	0.180	0.108	0.013	6.478 0	5.165 2
	250	0.54	0.054	0.098 2	0.005	0.168	0.103	0.010	2.018 2	2.482 1
	275	0.57	0.005	0.056 4	0.005	0.156	0.095	0.010	0.702 4	1.285 8
	300	0.59	0.117	0.028 5	0.004	0.148	0.089	0.011	0.269 0	0.712 1
	325	0.60	0.131	0.013 6	0.004	0.141	0.083	0.011	0.112 7	0.416 2
	350	0.60	0.139	0.006 5	0.004	0.142	0.079	0.017	0.050 5	0.254 0
	375	0.60	0.145	0.003 2	0.004	0.141	0.075	0.021	0.024 0	0.160 7
	400	0.60	0.150	0.001 5	0.004	0.141	0.071	0.024	0.012 0	0.104 9
15.0（150）	225	0.39	0.005	0.242 2	0.006	0.208	0.082	0.059	12.049 2	12.539 8
	250	0.43	0.014	0.205 7	0.006	0.198	0.093	0.041	3.163 4	4.742 9
	275	0.47	0.032	0.166 6	0.006	0.187	0.007	0.030	0.978 3	2.075 1
	300	051	0.059	0.122 9	0.005	0.175	0.095	0.024	0.342 7	1.005 3
	325	0.55	0.088	0.080 9	0.005	0.163	0.089	0.021	0.133 7	0.531 8
	350	0.57	0.114	0.048 2	0.005	0.154	0.082	0.022	0.057 3	0.304 0
	375	0.58	0.130	0.027 1	0.004	0.148	0.076	0.023	0.026 6	0.185 0
	400	0.59	0.142	0.014 9	0.004	0.144	0.071	0.026	0.013 1	0.117 9
30.0（300）	250	0.30	0.003	0.301 7	0.007	0.225	0.051	0.101	9.645 1	22.373 36
	275	0.36	0.010	0.257 0	0.007	0.212	0.070	0.074	2.102 0	6.059 1
	300	0.41	0.022	0.214 2	0.006	0.200	0.081	0.055	0.598 0	2.200 3
	325	0.46	0.043	0.160 8	0.006	0.188	0.185	0.042	0.201 9	0.950 2
	350	0.50	0.070	0.124 5	0.005	0.175	0.083	0.035	0.077 5	0.164 2
	375	0.53	0.097	0.083 9	0.005	0.164	0.078	0.032	0.033 2	0.251 3
	400	0.56	0.120	0.052 9	0005	0.155	0.073	0032	0.015 5	0.448 1

注：表中计算时的原料气组成如下。

组分	y_{0H_2}	y_{CO}	y_{0m}	y_{0CH_4}	y_{0CO_2}	y_{0H_2O}	y_{0H_2O}
摩尔分数/%	62.85	13.05	0	0.47	14.06	9.24	0.33

由表 4.2 所列数据可见，增高压力、降低温度，K_{p1} 和 K_{p2} 都增大，y_m 增大，有利于平衡，即高压低温对生成甲醇的平衡有利。

分析反应过程，低温时，对一氧化碳转化有利，对二氧化碳转化虽有影响，但影响幅度不大。原因分析：对于反应式（4-7）、式（4-9），对一氧化碳转化和变换反应都有利；对于反应式（4-8），对二氧化碳转化有利；对于反应式（4-9），对二氧化碳的生成有利。

低压下，二氧化碳的平衡浓度随温度的升高略有降低，而高压下，二氧化碳的平衡浓度随温度升高而先升后降。

结论：一氧化碳的平衡浓度对条件的变化比较敏感，而二氧化碳相对不敏感，即高温甲醇流程的原料气中，二氧化碳的含量不宜过高，以避免一氧化碳利用率不高，同时，氢气消耗增大，而且得到的甲醇浓度较稀。对于低温甲醇合成流程，原料气中二氧化碳的浓度允许高些。

综上所述，甲醇合成的过程中，温度效应明显，压力效应在低温时明显，浓度效应一般不明显，只有在低温高压下有差别。因此，在实际工业生产参数选择过程中，首先应考虑温度效应，然后叠加压力效应，浓度影响小，可以分别考虑几种不同情况，以供选择。

（三）合成反应动力学

1. 甲醇合成反应动力学

实验指出，压力、温度、气体组成、空速、催化剂的颗粒大小等，对甲醇合成的反应速率和生产强度均有影响。

合成反应动力学

甲醇合成反应属气-固相催化反应，其特点是反应主要在催化剂内表面进行，多孔催化剂上的催化过程可以认为由下列几个步骤所组成。

① 反应物从流体主体扩散到催化剂表面；

② 反应物从催化剂颗粒外表面向微孔内扩散；

③ 反应物在催化剂内表面发生吸附；

④ 被吸附的反应物在内表面上起化学反应；

⑤ 反应生成物从内表面上解吸；

⑥ 生成物由微孔向外表面扩张；

⑦ 生成物从颗粒外表面扩散到流体主体。

以上①、⑦称为外扩散过程，②、⑥称为内扩散过程，③、④、⑤称为本征反应过程。

外扩散过程：是单纯的扩散过程，是气体经过催化剂表面的气体滞流层而进行的。它主要与气体的物理性质及流动状态有关，气膜越薄，外扩散进行得越快。

内扩散过程：是反应物或生成物在催化剂内部的微孔中进行的，且与表面化学反应同时进行，即在微孔中边扩散边反应。影响内扩散的主要因素是催化剂的孔结构及颗粒的大小，而与外部气体的流动状态无太大关系。

反应速率取决于上述 7 步中阻滞作用最大的一步，这一步称为控制阶段。由于反应条件的变化，内、外扩散及表面催化反应过程本身都有可能在不同程度上影响反应的速率，所以气-固相催化反应按控制阶段可划分如下：

（1）动力学控制。如内、外扩散很容易进行，其阻滞作用可忽略不计，反应速率取决于以上所说的③、④、⑤步或其中任意一步或两步，都称为动力学控制此时气相主体中反应物 A 的浓度 C_{Ag}、催化剂表面上反应物 A 浓度 C_{As} 及催化剂颗粒中反应物 A 的浓度 C_{Ac} 几乎相等，$C_{Ag} \approx C_{As} \approx C_{Ac}$，$C_{Ac} \geq C_A^*$，$C_A^*$ 为化学反应平衡浓度。

（2）外扩散过程。如外扩散过程阻滞作用最大，则反应由外扩散过程所控制，反应速率与外扩散速率相当，称为外扩散控制。这时 $C_{Ag} \geq C_{As} \approx C_{Ac}$，$C_{Ac} \approx C_A^*$。

（3）内扩散过程。如内扩散过程阻滞作用最大，称为内扩散控制。此时 $C_{Ag} \approx C_{As} \geq C_{Ac}$，$C_{Ac} \approx C_A^*$。

对于甲醇合成过程，在工业操作条件下，外扩散过程阻滞作用一般可略去不计。甲醇合成的反应速率与温度、压力、催化剂及惰性气体的浓度有关。

2. 影响合成反应速率的因素

（1）温度。大多数化学反应的速率均随着温度的升高而加快，甲醇的合成反应速率也是如此。但随着温度的升高，正反应、逆反应和副反应的速率均增大，因此，总的反应速率与温度的关系比较复杂，并非随温度的升高而简单的增大，同时，要考虑正、逆反应和副反应。

（2）压力。反应速率是由分子间的碰撞机会的多少来决定的。在高压下，因气体体积缩小了，则氢与一氧化碳分子之间的距离也随之缩短，分子之间相碰的机会和次数就会增多，甲醇合成反应的速率也就会因此而加快。

（3）催化剂。由氢与一氧化碳直接合成甲醇是在适当的温度、压力和有催化剂存在的条件下进行的。催化剂的存在使反应能在较低温度下加快合成反应速率，缩短反应所需的时间（但不能改变达到合成时的平衡状态）。如果没有催化剂，即使在很高的温度和压力之下，反应速率也很慢。所以，由氢与一氧化碳合成甲醇必须使用催化剂。

（4）惰性气体浓度。在温度、压力和催化剂一定的条件下，惰性气体含量的增加使合成反应的瞬时反应速率降低。

二、影响甲醇合成的因素

工业上进入甲醇合成塔的入塔气由新鲜原料气和循环气组成，入塔气中含有 CO、CO_2、H_2、CH_3OH 等物质。由于催化剂的使用，反应过程对温度、压力等均有要求，在整个合成过程中，影响合成的因素较为复杂，主要有以下 8 个方面。

1. 反应温度

在甲醇合成反应过程中，温度对反应混合物的平衡和速率都有很大影响。

对于化学反应来说，温度升高会使分子的运动加快，分子间的有效碰撞增多，并使分子克服化合阻力的能力增大，从而增加了分子有效结合的机会，使甲醇合成反应的速率加快；

但是由于从平衡的角度讲，温度升高，合成的平衡常数数值会降低，CO 和 CO_2 的转化率均降低，不利于合成过程。因此，甲醇合成存在一个最适宜温度，催化剂床层的温度分布要尽可能接近最适宜温度曲线。

另外，反应温度也取决于催化剂的选用，不同的催化剂有不同的活性温度，反应温度必须在催化剂的活性温度范围内选择。一般 Zn–Cr 催化剂的活性温度为 320～400 ℃，铜基催化的活性温度为 200～290 ℃。对于每种催化剂，在活性温度范围内都有较适宜的操作温度区间，如 Zn–Cu 催化剂为 370～389 ℃左右，铜基催化剂为 250～270 ℃左右。

结论：为了防止催化剂迅速老化，在催化剂使用初期，反应温度宜维持较低数值；随着使用时间增长，逐步提高反应温度，但整个催化剂层的温度都必须维持在催化剂的活性温度范围内。

因此，严格控制反应温度并及时有效地移走反应热是甲醇合成反应器设计和操作的关键问题。甲醇合成反应器一般采用冷激式和间接换热式两种反应器来解决此问题。

2. 压力

压力也是甲醇合成反应过程的重要工艺条件之一。从热力学分析，增加压力对平衡有利，可提高甲醇平衡产率。从反应速率的角度考虑，高压下气体体积缩小，则分子之间相碰撞的机会和次数就会增多，合成反应速率也就会因此提高。因而，无论对于反应的平衡或速率，提高压力总是对甲醇合成有利。但是合成压力不是单纯由一个因素决定的，它与选用的催化剂、温度、空间速度、碳氢比等因素都有关系。同时，甲醇平衡浓度也不是随压力而成比例增加的，当压力提高到一定程度时，就不再往上增加。另外，过高的反应压力给设备制造、工艺管理及操作都带来困难，不仅增加了建设投资，而且增加了生产中的能耗。对于合成甲醇反应，目前工业上的生产方法有高压法、中压法和低压法，其中，中压法和低压法是主流生产工艺。

3. 碳氢比

甲醇由一氧化碳、二氧化碳与氢气反应生成，反应式如下：

$$CO + 2H_2 \rightleftharpoons CH_3OH \tag{4-10}$$

$$CO_2 + 3H_2 \rightleftharpoons CH_3OH + H_2O \tag{4-11}$$

从反应式可以看出，氢气与一氧化碳合成甲醇的物质的量比为 2，与二氧化碳合成甲醇的物质的量比为 3，当一氧化碳与二氧化碳都有时，对原料气中氢碳比（f 或 M 值）有以下两种表达方式：

$$f = \frac{n(H_2) - n(CO_2)}{n(CO) + n(CO_2)} = 2.05 \sim 2.15 \tag{4-12}$$

或

$$M = \frac{n(H_2)}{n(CO) + 1.5(CO_2)} = 2.0 \sim 2.05 \tag{4-13}$$

生产过程中，常用 $f = 2.1 \sim 2.2$ 作为合成甲醇新鲜原料气组成。而实际进入合成塔的混合气中，$n(H_2)/n(CO) \gg 2$。其原因是氢含量高可提高反应速率；降低副产物高级醇与羰基铁的生成；有利于反应热的导出，易于反应温度的控制，防止催化剂局部过热，从而延长催化剂寿命。

4．惰性气体

甲醇原料气中，除了 CO、CO_2 与 H_2 外，还含有少量的 CH_4、N_2 等惰性气体。CH_4 或 N_2 在合成塔内虽不参与甲醇的合成反应，但在循环的过程中，会在合成系统中逐渐累积而不断增多。循环气中，惰性气体增多会降低 CO、CO_2 和 H_2 等原料气的摩尔分数，对甲醇的合成反应不利，同时也增加了压缩机动力消耗，降低合成塔的生产能力。因此，通过惰性气体排放，从而减少循环气中惰性气体的含量，但若排放过多，会引起过多的 CO、CO_2 和 H_2 有效气体的损失，故在工业生产过程中，只要控制合成塔内气体中惰性气体的含量在一定的范围内即可。

惰性气体的一般控制原则是：在催化剂使用初期，或者是合成塔的负荷较小、操作压力较低时，循环气中惰性气体含量可稍高，控制在 20%～25%；反之，则控制在 15%～20%。

控制循环气中惰性气体含量的主要方法是，在粗甲醇分离器后循环压缩机之前进行排放。排放气量的计算公式如下：

$$V_{放空} \approx \frac{V_{新鲜} \times I_{新鲜}}{I_{放空}} \qquad (4-14)$$

式中，$V_{放空}$——放空气体的体积，m^3/h；

$V_{新鲜}$——新鲜气体的体积，m^3/h；

$I_{新鲜}$——放空气中惰性气含量，%；

$I_{放空}$——新鲜气中惰性气含量，%。

实际上，因为有部分惰性气体溶于液体甲醇中，所以放空气体体积要比计算值小一些。此外，为了减少放空量，应尽量减小新鲜气中惰性气体含量。

5．二氧化碳含量

二氧化碳也是合成甲醇的主要原料，对于铜系催化剂，二氧化碳既有动力学方面的作用，还具有化学助剂的作用。其作用主要包括以下两个方面。

有利的方面为：① 含有一定量的 CO_2，可促进甲醇产率的提高；② CO_2 的使用可提高催化剂的选择性，降低醚类等副反应的发生；③ 更有利于调节温度，防止超温，从而延长催化剂的寿命；④ 防止催化剂积炭。

不利的方面为：① 与 CO 合成甲醇相比，以 CO_2 为原料时，每生成 1 kg 甲醇，多消耗 0.7 m^3 的 H_2；② 使粗醇中水含量增加，甲醇浓度降低，增加了后期精制的困难。

总之，在选择操作条件时，应权衡 CO_2 的利弊。通常，在使用初期，催化剂活性较好时，应适当提高原料气中 CO_2 的浓度，使合成甲醇的反应不至于过分剧烈，以利于床层温度的控制；在使用后期，可适当降低原料气中 CO_2 的浓度，促进合成甲醇反应的进行，控制与稳定床层温度。在采用铜基催化剂时，原料气中 CO_2 的含量通常在 6%（体积）左右，最大允许 CO_2 含量为 12%～15%。一般初期控制在 4%～6%，中后期控制在 2%～4%。

6．入塔甲醇含量

入塔气中，甲醇含量越低，越有利于甲醇合成反应的进行，也可减少高级醇等副产物的生成。而入塔气中的甲醇主要是由循环气带入的，为此，可通过降低水冷器的冷却温度，来提高甲醇分离器的分离效率，使循环气中甲醇含量降到最低限度。采用低压合成甲醇时，要求冷却分离后气体中的甲醇含量降至 0.6%左右。一般控制水冷却器后的气体温度在 20～40 ℃。

7. 空速

气体与催化剂接触时间的长短，通常以空速来表示，空速即单位时间内每单位体积催化剂所通过的气体量。其单位是 $m^3/(m^3$ 催化剂·h)，简写为 h^{-1}。

在甲醇生产中，原料气的单程转化率仅为 3%～6%，因此，原料气必须循环使用，此时，合成塔空速常由循环机动力、合成系统阻力等因素来决定。① 如果采用较低的空速，反应过程中气体与催化剂接触时间充分，离开合成塔时，气体混合物的组成几乎达到平衡，循环气量较小，且离开合成塔时气体的温度较高，热能利用价值较高，但催化剂的生产强度较低，合成装置生产能力小。② 如果采用较高的空速，减少了气体在催化剂床层的停留时间，可提高催化剂的生产强度，但同时也增大了预热所需传热面积，出塔气热能利用价值降低，出塔气中甲醇含量降低，需增大循环气量，故而增大了循环压缩机动力消耗及增加了分离反应产物的费用。但空速增大到一定程度后，催化床层温度将较难维持，甲醇合成的空速一般控制在 10 000～30 000 h^{-1} 之间。

8. 石蜡类烷烃的生成与危害

甲醇生产过程中，石蜡类烷烃主要是由于操作不当或 CO 过高而生成的副产物。石蜡类烷烃的主要危害是：造成甲醇合成系统水冷却器、甲醇分离器等设备及管线堵塞，系统压差变大，严重时将被迫停产清蜡。另外，C_{16} 以上烷烃在常温下不溶于甲醇和水，会在液体中析出结晶或使溶液变浑浊，使甲醇质量下降，造成精甲醇消耗增加、收率下降。生产中应尽量控制生产过程，减少石蜡类烷烃的存在。

【知识拓展】

甲醇安全知识

一、标识

中文名：甲醇；木酒精。
英文名：methyl alcohol；methanol。
结构式：CH_3OH。
相对分子质量：32.04。
CAS 号：67.56.1。
危险性类别：第 3.2 类中闪点易燃液体。
化学类别：醇。

甲醇主要毒性

二、主要性状与毒理

甲醇在常温时为无色透明液体，稍具酒精的芳香。甲醇为神经性毒物，可经呼吸道、肠胃和皮肤吸收，具有明显的麻醉作用。人误饮 5～10 mL 即可导致严重中毒，10 mL 以上即有眼睛失明的危险，30 mL 以上能致人死亡，空气中允许浓度为 0.05 mg/L。

甲醇主要作用于神经系统，具有明显的麻醉作用，对视神经和视网膜具有特殊的选择作用。因眼房水和玻璃体内含水量达 99%以上，故中毒后，眼房水中的甲醇含量很高。由于醇脱氢酶的作用，使甲醇在视网膜处转化为甲醛，能抑制视网膜的氧化磷酸化过程，使视网膜内不能合成三磷酸腺苷，导致细胞发生退行性变，最后视神经萎缩，严重者可致失明。在中毒过程中出现酸中毒现象，是由于甲醇在体内抑制某些氧化酶系统，抑制酶的需氧分解，机体代谢受到障碍，使乳酸和其他有机酸积累所致；甲醇在体内的氧化物如甲酸的积累，也是引起酸中毒的另一原因。此外，甲醇蒸气对呼吸道和薄膜有强烈的刺激作用。

三、健康危害

侵入途径：吸入、食入、经皮肤吸收。

健康危害：对中枢神经系统有麻醉作用；对视神经和视网膜有特殊选择作用，引起病变；可致代谢性酸中毒。

1. 急性中毒

短时大量吸入出现轻度眼及上呼吸道刺激症状（口服有胃肠道刺激症状）；经一段时间潜伏期后，出现头痛、头晕、乏力眩晕、酒醉感、意识模糊，甚至昏迷；神经及视网膜病变，出现视物模糊、复视等，严重者失明。代谢性酸中毒时，出现二氧化碳结合力下降、呼吸加速等。

2. 慢性影响

易引起神经衰弱综合征，植物神经功能失调，黏膜刺激，视力减退等；皮肤出现脱脂、皮炎等。

四、急救措施

皮肤接触：脱去被污染的衣着，用肥皂水和清水彻底冲洗皮肤。

眼睛接触：提起眼睑，用流动清水或生理盐水冲洗；就医。

吸入：迅速逃离现场至空气新鲜处；保持呼吸道通畅，如呼吸困难，给输氧；如呼吸停止，立即进行人工呼吸；就医。

食入：饮足量温水，催吐，用清水或 1%硫代硫酸钠溶液洗胃；就医。

五、甲醇生产过程中的防火和防爆

生产甲醇的原料气、产品都是易燃易爆的介质。为了保证生产

甲醇生产过程中的防火防爆

安全，除了解这些介质的性质外，必须掌握防火防爆的安全知识。

1. 甲醇生产中一般易燃易爆物质的极限范围

甲醇生产中易燃易爆物质的极限范围见表4.3。

表4.3　甲醇生产中易燃易爆物质的极限范围

物质名称	爆炸极限（体积）/%		自燃点/℃	物质名称	爆炸极限（体积）/%		自燃点/℃
	上限	下限			上限	下限	
煤气	5.3	32.0	650	一氧化碳	12.5	74.20	651
水煤气	12.0	66.0～72.0	—	硫化氢	4.30	45.50	250～290
天然气	3.8～6.5	12.0～17.0	—	甲醇	6.0	36.50	475～500
氢气	4.15	75.0	580	二甲醚	17.36	29.59	—
甲烷	5.30	15.0	650	氨气	16.0	27.0	780

2. 甲醇的燃爆与消防

1）甲醇的燃烧条件

甲醇常温下是液体，极易燃烧。甲醇与水可以任何比例混溶，用水稀释的甲醇在一定温度下仍然能够燃烧，其自燃温度和闪点随着水含量的增加而相应提高。表4.4为不同浓度甲醇水溶液的自燃温度与闪点。

表4.4　不同浓度甲醇水溶液的自燃温度与闪点

水含量/%	0	15	45	60	75	85	90	95
自燃温度/℃	464	500	545	565	585	600	610	无着火点
闪点/℃	8	11	22.75	30	44.25	58.75	65.25	无闪点

在充氮的情况下，引起甲醇蒸气混合物着火的最小氧含量为10.3%，而充二氧化碳时，该含氧量为13.5%。甲醇蒸气同空气燃烧时，最大的火焰扩散速度是0.572 m/s；同氧气燃烧时，是1.05 m/s。甲醇蒸气在空气中燃烧时，火焰最高温度可达1 750 ℃。甲醇从自由表面烧尽的速度是1.2 mm/min或57.6 kg/（m² · h）。

2）甲醇的理化性质

甲醇的熔点为97.8 ℃，沸点为64.8 ℃，相对密度（水=1）为0.79，相对密度（空气=1）为1.11，饱和蒸气压为13.33 kPa（21.2 ℃），辛醇/水分配系数的对数值为0.82（0.66），燃烧值为727.0 kJ/mol，临界温度为240 ℃，临界压力为7.95 MPa。溶解度：溶于水，可混溶于醇、醚等多数有机溶剂。燃烧分解产物：一氧化碳、二氧化碳、水。

3）甲醇的爆炸极限

甲醇水溶液上面或容器中，甲醇蒸气与空气形成爆炸性融合物，其爆炸极限温度随混合气体中甲醇浓度的增加而降低。表4.5为不同浓度甲醇爆炸极限温度。

表 4.5　不同浓度甲醇爆炸极限温度

甲醇含量/%		100	70	40	10	3
爆炸极限温度/℃	下限	7	15	30	60	不爆炸
	上限	39	49	55	76	不爆炸

甲醇与空气形成的爆炸混合物爆炸时的压力是 0.84 MPa。

4）甲醇的燃爆特性与消防

燃烧性：易燃。

爆炸下限：5.5%。

爆炸上限：44.0%。

最小点火能：0.215 mJ。

闪点：11 ℃。

引燃温度：385 ℃。

危险特性：易燃，其蒸气与空气可形成爆炸性混合物。遇明火、高热能引起燃烧爆炸；与氧化剂接触发生化学反应或引起燃烧。在火场中，受热的容器有爆炸危险。其蒸气比空气重，能在较低处扩散到相当远的地方，遇明火会引着回燃。

灭火方法：尽可能将容器从火场移至空旷处。喷水保持火场容器冷却，直至灭火结束。处在火场中的容器若已变色或从安全泄压装置中发出声音，必须马上撤离。

灭火剂：抗溶性泡沫、干粉、二氧化碳、砂土。

5）甲醇生产中的防火与防爆措施

工艺介质的易燃与易爆是相互关联的，防爆的首要措施是防火，所以，甲醇生产的安全，首先从防火做起。根据甲醇生产的特点，应采取下列防火措施。

① 储存输送甲醇的储罐、管线附近严禁火源，并应有明显的指示牌和标记；

② 厂房内不存放易燃物质，地沟保持畅通，防止可燃气体、液体积累，加强厂房内的通风；

③ 严格遵守防火制度；

④ 电气设备须选用防爆型，电缆、电源绝缘良好，防止产生电火花；接地牢靠，防止产生静电；

⑤ 备有必需的消防器材。

爆炸可分为化学爆炸与物理爆炸。生产甲醇时，发生这两种爆炸的可能性同样存在，为防止爆炸，应注意以下几点。

① 严格执行受压容器、受压设备使用、管理有关规定，操作人员必须经过严格训练；

② 不得任意改变运行中的工艺参数，不得超温、超压及提高设备使用等级；

③ 受压容器、管线的安全设施齐全、灵敏可靠，如安全阀、压力表、防爆板及各种联锁信号、自动调节装置等；

④ 严格执行防火规定及安全技术措施，严格控制甲醇浓度，不得达到爆炸范围。

六、甲醇的储运

1. 甲醇的储灌与包装

1) 甲醇储灌注意事项

储存于阴凉、通风仓间内，远离火种、热源，仓库温度不宜超过 30 ℃，防止阳光直射。保持容器密封，应与氧化剂分开存放。储存间内的照明、通风设施应采用防爆型，开关设在仓外，配备相应品种和数量的消防器材。桶装堆垛不可过大，应留墙距、顶距、柱距及必要的防火检查走道。罐储时，要有防火防爆技术措施。对于露天储罐，夏季要有降温措施，禁止使用易产生火花的机械设备和工具。灌装时，应注意流速（不超过 3 m/s），且有接地装置，防止静电积聚。

2) 甲醇储罐区的要求

为防止具毒物质的逸散及储罐在特殊事故情况下危及周围区域，储罐必须安装在筑有防护围墙的区域内。围墙建筑要求坚固、结实，设有专门越墙的梯子。围墙的容积应大于所有储存总容积的 1.2 倍。围墙内的自然水要全部引入地下室，地下室水必须经处理，符合排放标准后排出。进入围墙的人员必须经过严格检查，不准携带火种、明火进入。

储存区须有足够的防火设施，包括消防水、灭火器材。有条件时，应设置防火泡沫剂储罐及红外线自动报警、灭火装置，泡沫剂可用管道直接引至各储罐顶部，当发生火警时，可立即将泡沫剂喷向储罐消火。

储罐应有保温降温措施。在气温较高的地区，可以考虑夏季在灌顶用喷水降温。但由于喷水对设备腐蚀、污染严重，且对于纯度较高的产品，喷水可能使产品中水分含量增加，影响产品质量，所以现在大部分工厂采取罐外保温，防止阳光的热辐射。

精甲醇是纯度高、吸湿性很强的液体，存放精甲醇的储罐在使用前必须采取严格措施，防止任何油污、铁锡污染产品。尤其需注意，使用前不准用水冲洗，进料前必须保持储罐内干燥。成品长期储存时，需防止潮湿空气进入储罐，使成品中水分增加。

储罐进出料时，罐顶有空气与甲醇蒸气混合，需防止雷击及其他火源引起罐顶着火爆炸，罐顶放空管必须装有阻火器。

精甲醇是液体产品，储罐区必须远离生产界区而靠近专运线，以利于包装、销售及生产区域的安全。

3) 甲醇产品的包装

液体产品的包装有两种方式：小批量产品可用桶装；大宗产品用罐车装运，罐车有火车专用罐车和汽车罐车两种。

常用的液体产品计量方式有两种：容积计量与计量仪表计量。容积计量方法误差较大，操作不方便，所以一般采用计量仪表计量。目前普遍采用的计量仪表大部分为椭圆齿轮流量计。椭圆齿轮流量计得到的读数是液体的容积。由于甲醇在不同温度下的膨胀系数差异较大，所以，在计量时，必须进行温度较正。表 4.6 为不同温度时甲醇的密度。

表 4.6　不同温度时甲醇的密度　　　　　　　　kg·m⁻³

温度/℃								
50	40	30	20	10	0	0	−10	−20
0.762 80	0.772 30	0.781 80	0.791 30	0.800 80	0.810 30	0.818 85	0.828 35	0.837 85
0.761 85	0.771 35	0.780 85	0.790 35	0.809 85	0.809 35	0.817 90	0.827 40	0.836 90
0.760 90	0.770 40	0.779 90	0.789 40	0.798 90	0.808 40	0.816 95	0.826 45	0.835 95
0.759 95	0.769 45	0.778 95	0.788 50	0.797 95	0.807 45	0.816 00	0.825 50	0.835 00
0.759 00	0.768 50	0.778 00	0.787 50	0.797 00	0.806 50	0.815 05	0.824 45	0.834 05
0.758 05	0.767 55	0.777 05	0.786 55	0.796 05	0.805 55	0.814 10	0.823 60	0.833 10
0.757 10	0.766 60	0.776 10	0.785 60	0.795 10	0.804 60	0.813 15	0.82	0.832 15
0.756 15	0.765 65	0.775 15	0.784 65	0.794 15	0.803 65	0.812 20	0.82	0.831 20
0.755 20	0.764 70	0.774 20	0.783 70	0.793 20	0.802 70	0.811 25	0.81	0.830 25
0.754 15	0.763 75	0.773 25	0.782 75	0.792 25	0.801 75	0.810 30	0.81	0.829 30

甲醇的包装计量必须注意保持产品的高纯度，灌装时，必须对容器进行严格检查，防止容器中的油污、杂质、水分污染产品。灌装完毕后，必须立即封口，防止泄漏，以免影响产品质量。雨天或大雾时不能装车，如果必须灌装，要采取特殊保护措施。

2. 甲醇的运输

1）甲醇运输的要求

甲醇运输按化学品和运输部门规定执行。其要点如下。

① 甲醇运输分槽车和铁桶两种，桶装每桶净重 160 kg；铁路槽车为 40～50 t，汽车槽车为 2～4 t。

② 装有甲醇的容器必须涂有明显标志：生产厂名称、产品名称、净重、标准编号、危险货物包装标志等。

③ 每批出厂产品都应附有产品质量合格证书。

④ 甲醇沸点低、易燃，在运输时，不允许接近高温火源。

⑤ 甲醇罐车须持有检修合格证明，罐车附件齐全，并验明检修期限，车上安全设施确保灵敏可靠，封口严密。

⑥ 运输中禁止猛烈撞击、滑坡。

2）甲醇泄漏应急处理

迅速撤离泄漏污染区人员至安全区，并进行隔离，严格限制出入；切断火源；建议应急人员戴自给正压式呼吸器，穿防护服；不要直接接触泄漏物；尽可能切断泄漏源，防止进入下水道、排洪沟等限制性空间。

小量泄漏：用砂土或其他不燃材料吸附或吸收。也可以用大量水冲洗，洗水稀释后放入废水系统。

大量泄漏：构筑围堤或挖坑收容；用泡沫覆盖，降低蒸气灾害；用防爆泵移至槽车或专用收集器内，收回或运至废物处理场所处理。

知识点二：甲醇合成催化剂

一、甲醇合成催化剂的组成

德国 BASF 公司于 1923 年成功开发出锌铬（ZnO/Cr_2O_3）系列甲醇合成催化剂，其操作温度为 590～670 K，操作压力为 25～35 MPa。具较好的耐热性、抗毒性以及机械性，使用寿命长、使用范围宽、操作控制容易；但发生副反应的概率增加，产品质量差，后期甲醇精制的工艺复杂、能耗高。

20 世纪 60 年代，英国 ICI 公司和德国 Lurgi 公司先后研制成功铜基催化剂。铜基催化剂在低温下表现出较高的活性，大大降低了反应温度和压力，操作温度为 500～530 K，压力为 5～10 MPa，成为当前甲醇工业的主导催化剂，锌铬催化剂逐渐被淘汰。

目前，ICI 公司有 ICI-51-1、ICI-51-2、ICI-51-3、ICI-51-7、ICI-51-8 系列铜基催化剂。

铜基催化剂的活性组分主要是氧化铜、氧化锌、氧化铝、氧化铬四种，活性组分是催化剂中最重要的组分，它们起的作用是不同的。

1. 氧化铜

氧化铜是铜基催化剂的主要活性组分，然而，纯氧化铜对甲醇合成是没有活性的，但是少量的助催化剂可以大大提高催化剂的活性，如含 10% ZnO 的氧化铜催化剂在甲醇合成中有很好的转化率。

2. 氧化锌

氧化锌是氧化铜催化剂最好的助催化剂，很少量的氧化锌就能使氧化铜催化剂的活性提高很多。纯的氧化铜是没有甲醇合成催化活性的，适当配比的 Zn-Cu 有很好的"协同作用"，不同组成 CuO-ZnO 催化剂的活性见表 4.7。

表 4.7　不同组成 CuO-ZnO 催化剂的活性

CuO-ZnO 组成	碳转化率/%	活性/[(kg CH₃OH)·(kg·h)⁻¹]	CuO-ZnO 组成	碳转化率/%	活性/[(kg CH₃OH)·(kg·h)⁻¹]
0-100	0	0	40-60	9.6	0.18
2-98	0.7	0.03	50-50	11.3	0.20
10-90	1.0	0.02	67-33	21.8	0.41
20-80	10.2	0.24	100-0	0	0
30-70	51.1	1.35			

3. 氧化铝

氧化铝是目前铜基三元催化剂中主要的第三组分，但是氧化铝对合成甲醇几乎没有催化活性。氧化铝对铜锌催化剂结构和活性的影响表现在，随着 Al_2O_3 含量的增加，催化剂中的晶体尺寸减小，在 Al_2O_3 为 10% 时，可观察到铜的表面积与催化剂总表面积的比值最大。催化剂的最大活性也与 Al_2O_3 含量有关。在原料合成气中，有 3%～12%（体积）CO_2 时，催化剂的工作较为稳定，使用寿命可以延长。

4. 氧化铬

纯的氧化铬（Cr_2O_3）的活性和选择性都很差，其活性与制备方法有关，Natta 综合了文献研究结果，认为只有用 NH_4OH 处理 $Cr(NO_3)_3$ 所生成的 $Cr(OH)_3$ 制得的氧化铬，才具有较好的催化活性。

5. 微量杂质的影响

在催化剂中加入少量的添加剂作为助催化剂，对催化剂的活性起到十分重要的作用。但有时由于催化剂中存在少量的某些物质，有可能促进副反应的进行，造成催化剂的反选择性与毒化作用。如铜基催化剂中因有少量金属铁、镍及其化合物的存在，会导致甲烷的生成；而强碱性物质的存在，则阻抑甲烷的生成，并合成高级醇。表 4.8 列出了一些杂质或毒物对催化剂性能的影响。

表 4.8　杂质或毒物对催化剂性能的影响

杂质或毒物	可能的来源	对催化剂的影响
SiO_2 等酸性氧化物	自蒸气、原料气带入	生成蜡及其他副产品
$\gamma - Al_2O_3$	催化剂制造	生成二甲醚
碱金属盐	催化剂制造	降低活性，生成高级醇
铁	以 $Fe(OH)_5$ 带入	生成甲烷、链烷烃、石蜡
镍	以 $Ni(CO)_4$ 带入	降低活性，生成甲烷
钴	催化剂制造	降低活性，生成甲烷
铅等重金属	催化剂制造	降低活性
氯化物	自原料气带入	永久性的降低活性
硫化物	自原料气带入	永久性的降低活性

二、甲醇合成催化剂的还原

铜基甲醇合成催化剂的主要活性组分在催化剂生产、加工时是以氧化铜的形式存在的，而真正具有催化活性的是金属铜或氧化亚铜，氧化铜本身无任何催化活性，因此，甲醇合成催化剂在使用前必须进行还原，使无活性的氧化铜还原为有活性的金属铜或氧化亚铜。

（一）甲醇合成催化剂还原原理

研究表明，甲醇合成用铜基催化剂在正常还原条件下只有氧化铜被还原，锌和铝的氧化物不被还原。

通常使用的还原气为氢气，稀释气为氮气，即在氮气中添加 0.5%～1%左右的氢气进行还原。氧化铜的还原主要按下列反应式进行：

$$CuO + H_2 = Cu + H_2O, \Delta H_{298} = -86.6 \text{ kJ/mol} \tag{4-15}$$

催化剂还原反应是强烈的放热反应，对氧化铜还原反应而言，当氢浓度较低时，催化床层的绝热温升和氢浓度近似成正比，每 1% 氢气将引起绝热温升约 28 ℃。为防止还原过于剧烈，床层温度急剧上升，使催化剂烧结失活，一般采用低氢还原，以惰性气（如氮气）作为稀释剂，氢浓度为 1%～2%。低氢还原法注重在温和条件下进行还原，操作稳妥可靠，床层温度便于控制，有利于提高催化剂的活性，保护催化剂的强度；缺点是还原时间较长，一般为 80～100 h。

（二）还原程序及过程控制

甲醇合成催化剂的还原是在甲醇合成反应器内进行的。

1. 还原过程

还原主要包括 4 个阶段：升温期、还原初期、还原中期、还原末期。不同的催化剂在还原的各个时期可能又分为若干个小阶段。以下以某企业催化剂还原为例来说明还原过程，不同催化剂还原过程稍有差异，以实际企业催化剂还原要求为准。

通过高氢还原管线向合成系统补入高纯度氢气，控制入塔气氢气浓度为 0.5%～1%，先在 170 ℃左右的反应温度下对催化剂进行还原，当氢气浓度下降时，可通过加氢小阀补氢，直到甲醇合成塔进出口氢浓度相等为止。维持氢气浓度在 0.5%～1%，逐渐增加开工蒸汽喷射器的蒸汽流量，催化剂按一定的升温速率进行还原，每一次提温前，甲醇合成塔进出口氢浓度一定要达到一致，以保证每级温度下催化剂都得到充分的还原。

当催化剂温度升至 190 ℃后，调整进塔气氢气浓度到 1%～2%，以 0.5 ℃/h 升温速率将催化剂温度升至 210 ℃；继续提高入塔气氢气浓度至 2%～8%，以 2.5 ℃/h 升温速率将催化剂温度升至 230 ℃，在此温度下继续提高入塔气氢气浓度至 8%～25%，恒温还原 2 h，直到还原结束。

表 4.9 列出了某企业催化剂还原操作指标，不同企业使用的催化剂有不同的指标，最终以触媒生产厂家提供为准。

表 4.9　某企业催化剂还原操作指标

阶段	时间/h		温度范围/℃	升温速率/（℃·h⁻¹）	压力/MPa	入塔气		出水量/（kg·h⁻¹）
	阶段	累积				H_2/%	CO_2/%	
升温 I	3	3	室温～70	20	约 6.0	0	<1.0	<10

还原程序及过程控制

阶段	时间/h		温度范围/℃	升温速率/ (℃·h^{-1})	压力/MPa	入塔气		出水量/ (kg·h^{-1})
	阶段	累积				H$_2$/%	CO$_2$/%	
升温Ⅱ	20	23	70～130	2～5	约6.0	0	<2.0	<10
半恒温	4	27	130～135	0～2	约6.0	约0.5	<2.0	<10
还原Ⅰ	12	39	135～160	2～3	6.0～7.0	0.5～2.0	<4.0	<10
还原Ⅱ	13	52	160～220	3～5	6.0～7.0	2.0～5.0		30～40
还原Ⅲ	5	57	220～250	5～7	6.0～7.0	约5.0		<10
还原Ⅳ	6	63	250～260	<10	6.0～7.0	>50		<10
恒温	3	66	260	0	6.0～7.0			约0
换气	4	70	265±10		<10			

项目四 甲醇合成

2. 升温还原注意事项

（1）每半小时分析一次合成塔进出口氢气含量。整个还原期间，合成塔进出口氢气浓度差值为 0.5% 左右，最高不超过 1.0%。

（2）控制循环气中，CO$_2$ 含量 <10%，水蒸气浓度 ≤5 000 ppm，如 CO$_2$ 含量 >10%，应开大补 N$_2$ 阀，排出过多的 CO$_2$。

（3）时刻监视合成塔出口温度和催化剂床层温度，若有突升趋势或压缩机故障、断电等情况发生，应立即采取断氢气、断加热蒸汽、加大汽包排污、补入低温锅炉水、补氮气、系统卸压等措施，保持合成塔温度稳定。

3. 还原终点的判断

（1）累计出水量接近或达到理论出水量。

（2）出水速率为 0 或小于 0.2 kg/h。

（3）合成塔进出口氢气浓度基本相等。

4. 升温还原控制原则

为防止还原过快、温度过高而造成催化剂烧结失活，应严格控制还原速度。还原过程中，要求升温缓慢平稳，出水均匀，以防止温度急剧上升和出水过快，否则会影响催化剂活性与寿命，甚至由于超温，会把整炉催化剂烧坏。

一般来说，铜基甲醇合成催化剂还原过程要做到"三低、三稳、三不准、三控制"。

三低：低温出水，低温还原，还原后有一个低负荷的生产期。

三稳：提温稳，补氢稳，出水稳。

三不准：提氢提温不准同时进行，水分不准带入塔内，不准长时间高温出水。

三控制：控制补氢速度，控制 CO$_2$ 浓度，控制小时出水量。

三、铜基催化剂的钝化

还原后的催化剂遇空气会自燃，因此，在进行设备检修，需卸出催化剂时，应对催化剂进行钝化。钝化即对催化剂进行表面缓慢氧化后卸出。

（一）催化剂钝化方法

系统完成卸压、降温，氮气置换至合成塔出口，分析 $CO+H_2 \leqslant 0.2\%$ 为合格。合成压缩机满负荷运行，系统压力保持 0.5 MPa，合成塔出口温度保持在 60 ℃左右，系统氮气循环，初始控制进塔气体中氧含量 $\leqslant 0.2\%$，以塔入口取样分析，按方案逐步提高入塔气中的氧浓度，直至出口氧含量达 20%以上，出口温度 $\leqslant 60$ ℃，钝化结束，累计钝化时间约 70 h。

（二）铜基催化剂的钝化

1. 钝化步骤

（1）用氮气对系统进行置换，分析合成塔出口 $CO+H_2 \leqslant 0.2\%$ 为合格。

（2）系统置换合格后，系统压力保持 0.4~0.5 MPa，合成塔出口温度 $\leqslant 60$ ℃，循环机全开，缓慢开始配入空气，初期配空气量一定要少量，取样分析，逐步提高空气量；塔进口取样分析，每半小时一次；合成塔出口小时温升必须小于 5 ℃；逐步提高氧含量，合成塔出口温度最高时不要超过 80 ℃，用冷水置换汽包，降低合成塔温度；直至氧含量为 20%，继续钝化 5 h，钝化结束。

2. 钝化终点的判断

（1）合成塔进出口氧含量无变化或变化不大。

（2）合成塔出口无明显温升。

3. 钝化时的注意事项

（1）合成塔出口分析 $CO+H_2 \leqslant 0.2\%$，确定合格后，才可以进行系统配氧。

（2）配氧钝化，必须小心谨慎，有专人负责指挥。

（3）配氧过程中，如发现汽包压力上升趋势加快，塔出口温度上升幅度较大时，应减少配氧，加大上水量，降低温度，待温度正常后重新配氧。

（4）如合成气压缩机意外停止运转后，应立即停止配氧，塔后放空，补充合格氮气。

（5）配氧时，由于催化剂活性较高，遇氧反应强烈，应严格控制起始配氧浓度和配氧速率。

四、铜基甲醇合成催化剂的中毒与失活

催化剂的寿命是普遍关心的问题，催化剂在使用的过程中活性逐渐降低的过程称为催化剂的失活。

引发铜基甲醇合成催化剂失活的原因主要有以下四种：一是原料中极微量的杂质导致催化剂中毒；二是高温下微晶烧结会使晶体粒子长大，并减小比表面积而导致活性下降；三是

催化剂活性表面渐渐积炭而导致活性下降；四是由于催化剂强度不够或操作不当，引起粉碎而导致催化剂活性下降。

催化剂的中毒即少量物质引起催化剂失去活性的现象，这些少量物质叫作催化毒素或毒物。由于化学毒物而造成催化剂失活，是催化剂失活的主要原因之一。硫化物、氯化物、溴化物等都是铜基催化剂的毒物，少量就可引起催化剂中毒，故原料气进入合成塔之前必须净化，脱除铜基催化剂的毒物。

催化剂在长期使用的过程中，活性会逐渐下降，称为催化剂的衰老。良好的操作条件可延长催化剂的使用寿命，减缓催化剂衰老的过程。

【知识拓展】

废甲醇催化剂的回收利用

铜基催化剂中含有铜、锌、铝、铬等，其中，CuO、ZnO 等含量较高，约 40%，Al_2O_3 含量约 10%，这些都是有色金属，若不加以回收利用，既浪费资源，又污染环境。南化（集团）公司研究院、河南省化工研究所等单位开发了回收利用的方法，可将废铜基催化剂进行加工，生产甲醇催化剂、低变催化剂或其他产品。

1. 生产铜基甲醇催化剂

浙江省温州化工总厂在科研部门的指导下，以废铜基催化剂为原料，经预处理后，用硝酸萃取、压滤，制得较为纯净的铜盐溶液，再经一定的络合处理、压滤、干燥、焙烧、压片成型，制得 WC 型联醇催化剂。1990 年年初，江苏省太仓化肥厂在 $\phi500$ mm 合成塔试用这种产品，并与装有传统 C207 联醇催化剂的 $\phi500$ mm 塔进行对比。催化剂升温还原过程情况正常，并具有 C207 的各种性能。这种催化剂色泽光亮、强度高、粉尘少。由于萃取过程未使用碳酸钠，因此催化剂母体中不含钠，催化剂在使用过程中副反应减少，如石蜡明显减少，延长了水冷器使用周期。几年来，该厂连续使用这种用废铜基催化剂制取的 WC 型联醇催化剂，获得较好的生产效果。

加工成 C207 催化剂，经测定：初活性＞80%、耐热后活性＞60%、强度＞140 N/cm、CO 转化率耐热前后分别为 83.99%和 75.30%、侧压强度为 293 N/cm，符合部颁 C207 催化剂标准。

2. 生产低变铜基催化剂

河南省化工研究所以废铜基催化剂为原料，并采用酸法液相混沉法和氨络合法制备了低变铜基催化剂，其质量达到国家标准，同时进行扩试生产，并和郑州市花园口化肥厂合作进行了工业试用，出口气体中，CO 含量降到 0.4%以下，符合工业使用要求。

氨络合法制备低变催化剂对设备腐蚀性小，无二次污染。工艺流程如下：以废铜基催化剂为铜、锌含量的依据，按金属:碳酸氢铵=1:1.3 的比例，加入碳酸氢铵、10%～13%的氨水和废催化剂，经搅拌、溶解、过滤，取清液加水，使浓度达到 3 g 金属/100 mL，在 35 ℃下进行分解，再经过滤，滤液返回作溶解用，滤饼经烘干（70～80 ℃）后造粒，在 360 ℃温度下煅烧 1.5 h。煅烧后，在物料中加入 10%石墨和适量的水，混匀后压片。

此法生产成本较传统法大为降低，约为 B202 型生产成本的 1/4。南化（集团）公司研究院也成功地进行了此项研究。

3. 生产新型复合微肥

湖南资江氮肥厂利用废铜基催化剂生产一种新型复合微肥。湖南省农科院连续两年进行田间实验，表明该肥能促进早稻植株增高、分蘖增多、叶绿素增加，在缺锌的土壤上施用，对防治早稻赤枯病有一定的作用。

生产新型复合微肥的制备方法如下：将废催化剂粉碎到一定细度，经过焙烧、酸溶、压滤，除掉酸不溶物及对土壤有害的铝元素，获得纯净的 Cu-Zn 复合微肥溶液，经结晶干燥制得成品。每处理 1 t 废催化剂，可生产微肥 2.5 t。

【自我评价】

一、填空题

1. 工业上合成甲醇的原料气组成有_____、_____、_____。

2. 甲醇合成反应是一个_____热的_____反应。

3. 甲醇合成的主反应有_____、_____。

4. 工业上降低甲醇合成压力的主要原因是低压下甲醇合成反应的热效应_____。

5. 目前工业上主要用到的甲醇合成催化剂是_____。

6. 铜基催化剂使用前必须经过_____。

7. 催化剂在_____前应进行钝化。

二、判断题

1. 增大反应压力有利于加速甲醇合成反应速率。　　　　　　　　　　（　　）

2. 高压法甲醇合成催化剂主要组成是锌铬催化剂，中低压法甲醇合成催化剂主要组成是铜基催化剂。　　　　　　　　　　　　　　　　　　　　　　　　　　　（　　）

3. 甲醇合成过程中，空速越大，效率越高，因此，应尽可能提高合成过程的空速。

　　　　　　　　　　　　　　　　　　　　　　　　　　　　　　　　（　　）

4. 铜基甲醇合成催化剂在使用前应进行还原，卸出时进行钝化。　　　（　　）

5. 工业上用 H_2 和 CO 合成甲醇时，还会生成醛、酮、酯等一系列副产物。（　　）

6. 催化剂进行钝化的目的是防止催化剂遇催化剂自燃。　　　　　　　（　　）

7. 催化剂还原时，使用的还原气主要有氢气和一氧化碳。　　　　　　（　　）

8. 催化剂还原的目的是使无活性的氧化铜还原成有活性的氧化亚铜，故还原速度越快越好。　　　　　　　　　　　　　　　　　　　　　　　　　　　　　　　（　　）

9. 稳定的反应温度有助于延长催化剂的使用寿命。　　　　　　　　　（　　）

三、选择题

1. 甲醇催化剂在实际生产中，对其影响最大的是（　　　）。

A. 操作压力　　　　B. 操作温度　　　　　C. 合成气 H/C　　　　D. 合成塔空速

2. 下面（　　）物质可造成合成催化剂中毒。

A. H_2S 　　　　　　B. CH_4 　　　　　　C. CO 　　　　　　D. 乙醇

3. 关于合成甲醇的方法，正确的为（　　）。

A. 一氧化碳、二氧化碳加压催化氢化　　　　B. 一氧化碳加压催化氢化

C. 二氧化碳加压催化氢化　　　　　　　　　D. 一氧化碳、二氧化碳氢化

4. 甲醇合成反应是一个（　　）。

A. 可逆、吸热反应　　　　　　　　　　　　B. 可逆、放热反应

C. 不可逆、吸热反应　　　　　　　　　　　D. 不可逆、放热反应

5. 甲醇合成反应的最适宜 H/C 为（　　）。

A. 1～1.25 　　　B. 1.25～1.5 　　　C. 1.5～2.05 　　　D. 2.05～2.15

6. 甲醇合成反应（　　）。

A. 称为外扩散过程　　　　　　　　　　　　B. 称为内扩散过程

C. 称为本征反应过程　　　　　　　　　　　D. 以上都是

7. 原料气中 CO_2 浓度的升高对甲醇合成反应收率的影响是（　　）。

A. 升高 　　　　　B. 降低 　　　　　C. 先升后降 　　　　　D. 不变

8. 甲醇的两个主反应都属于可逆的、放热的、气体分子数减少的反应，从反应平衡的角度来讲，（　　）有利于反应的正向进行。

A. 高压、高温 　　　B. 高压、低温 　　　C. 低压、低温 　　　D. 低压、高温

9. 催化剂还原过程中，循环气中 CO_2 含量应（　　）。

A. ＜5% 　　　　　B. ＜10% 　　　　　C. ＜15% 　　　　　D. ＜20%

10. 以下不是催化剂的毒物的是（　　）。

A. 硫化物 　　　　B. 砷化物 　　　　C. 氮气 　　　　D. 氯化物

11. 甲醇合成催化剂在升温还原过程中要严格控制每吨甲醇小时出水率为（　　）。

A. 2.5 kg 　　　　B. 3.0 kg 　　　　C. 2.0 kg 　　　　D. 1.5 kg

四、简答题

1. 如何延长甲醇合成催化剂的使用寿命？

2. 甲醇合成过程中，应如何控制温度、压力等参数？

3. 甲醇反应的影响因素有哪些？

4. 铜基催化剂的特点是什么？

5. 铜基催化剂如何进行还原？还原控制的关键是什么？

6. 反应温度对甲醇合成有何影响？

任务二　ICI 低压法甲醇合成工艺的控制

【任务分析】

要完成工业生产中 ICI 甲醇合成工艺的生产控制，进行生产过程设备开车、停车及各类故障处理，必须掌握 ICI 甲醇合成工艺流程、设备结构。

知识点一：ICI 低压法甲醇合成工艺流程

目前，世界上典型的甲醇合成工艺主要有 ICI 工艺（英国卜内门化学工业有限公司）、Lurgi 工艺（德国鲁奇公司）和 MGC 工艺（日本三菱瓦斯化学公司）。为了克服传统工艺 CO 单程转化率低、循环比高（5 以上）、能耗高等缺点，近年来，国内外一些大公司和研究机构一直致力于新工艺的开发。如美国 Chen. System Inc.公司开发了三相流化床与浆态床合成技术，法国 IFP 公司开发了三相涡流床合成技术，这些技术均有出口甲醇浓度高、循环比小、能耗低等优点，已研究成功，不过未实现工业化，在不远的将来，将会与气相法工艺在工业上竞争使用并趋于完善。目前应用最广泛的依然是低压法甲醇生产工艺。

一、ICI 低压法甲醇合成工艺流程

1966 年，ICI 公司在成功开发铜基低压甲醇合成催化剂之后，建立了世界上第一个低压法甲醇合成工厂，即英国 Teesside 地区的 Bilingham 工厂。该厂以石脑油为原料，日产甲醇 300 t，到 1970 年，最多日产量能达到 700 t，催化剂使用寿命可达 4 年以上。

ICI 低压法甲醇合成工艺

20 世纪 70 年代，中国轻工业部四川维尼纶厂从法国斯卑西姆（Speichim）公司引进了一套以乙炔尾气为原料，日产 300 t 的甲醇装置，工艺流程如图 4.2 所示。该工艺使用多段冷激式合成塔。合成气在 C51-1 型铜基催化剂上进行合成反应，反应在 5 MPa，230～270 ℃下进行。

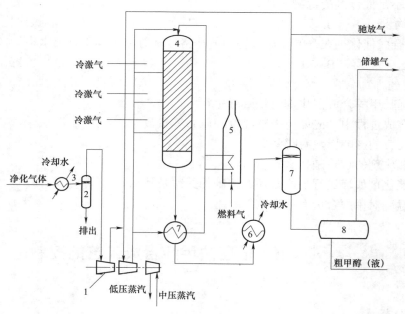

1—压缩机；2—气液分离器；3—冷却器；4—甲醇合成塔；5—开工加热炉；
6—甲醇冷凝器；7—甲醇分离器；8—中间储槽。

图 4.2　ICI 低压法冷激式甲醇合成工艺流程

新鲜原料气与循环气混合后进入循环压缩机，升压至 5 MPa 后，分为两股进入合成塔，一股进入热交换器，与从合成塔出来的合成气换热，原料气被合成气预热至 245 ℃左右，从合成塔顶部进入催化剂床层进行甲醇合成反应；另一股不经预热，直接作为合成塔各层催化剂冷激气，与反应的高温气体在合成塔内换热段直接换热，以控制催化剂床层温度在合适的范围内。根据生产的需要，可将催化剂分为多层（三、四或五层）。从合成塔底部出来的合成气与入塔原料气换热，初次降温后，依次进入甲醇冷凝器、水冷器，最终将气体温度降至 40 ℃以下，此时绝大部分甲醇被冷凝为液体，最后由甲醇分离器分离出来。粗甲醇经减压后进入粗甲醇储槽，未冷凝气体作为循环气经压缩后循环使用。为了降低入塔气中惰性气体的含量，循环气进入循环压缩机之前，将部分以驰放气的形式放空。

由此可知，合成工序主要由两部分组成，即甲醇的合成与甲醇的分离，前者在合成塔中进行，后者在一系列传热设备和气液分离设备中完成。

二、工艺设置说明

1. 循环设置

由于平衡和速率的限制，合成塔内 CO、CO_2 的单程转化率仅有 5%左右，为了提高原料气的最终转化率，充分利用未反应的原料气，在分离出甲醇后，把未反应的气体返回合成塔重新反应，这就构成了循环流程。

2. 循环压缩机设置

气体在流动过程中必有阻力损失，使其压力逐渐降低。因此，必须设有循环压缩机来提高压力。循环压缩机设在合成塔之前对合成反应是最有利的，因为在整个循环中，循环机出口处的压力最大，压力高对合成反应有利。

3. 开工换热器设置

开工时，原料气无法通过入塔前换热器进行换热升温，催化剂在升温还原时，需开启开工加热炉，通过燃烧可燃气给原料气换热升温，等合成塔温度上升至正常反应温度，塔内有高温气出来，开始逐渐关闭开工加热炉，并开启冷激气对合成塔催化剂床层进行降温，以防止催化剂的高温烧结。

4. 放空设置

在气体循环的过程中，原料气中的有效组成 CO、CO_2 和 H_2 因生成甲醇而在分离器中排出，而原料气中的惰性气体如 N_2、CH_4 等除微量溶解于液体甲醇中外，绝大多数留在系统中，循环会导致系统中惰性气体的含量持续上升，这将影响甲醇合成速率。为了控制系统中惰性气体的含量在一定范围内，装置中设有放空管线，但放空时为避免有效成分损失过多，放空位置应选择循环中惰性气体浓度最大的地点，同时，为了提高循环压缩机的效率，放空一般设置在甲醇分离器之后，循环压缩机之前。

5. 新鲜气的补入

新鲜气的补入位置，不宜在合成塔的出口或甲醇分离之前，以免甲醇分压降低，减少甲醇的收率，最有利的位置是在合成塔的进口处。

三、ICI 低压法甲醇合成工艺特点

（一）ICI 低压法甲醇合成工艺的优点

1. 合成塔结构简单

ICI 工艺采用多段冷激式合成塔，结构简单，催化剂装卸方便，通过直接通入冷激气调节催化剂床层温度。但与其他工艺相比，醇净值低，循环气量大，合成系统设备尺寸大，需设开工加热炉，温度调控相对较差，现已采用副产蒸汽等甲醇合成工艺的开发思路。

2. 粗甲醇中杂质含量低

由于采用了低温、高活性的铜基催化剂，合成反应可在 5 MPa 压力及 230～270 ℃温度下进行。低温低压的合成条件抑制了强放热的甲烷化反应及其他副反应，因此，粗甲醇中杂质少，减轻了精馏负荷。

3. 压缩系统简单

由于合成压力低，合成气压缩机在较小的生产规模下，可选用离心式压缩机。在用天然气、石脑油等为原料，蒸汽制气的流程中，可用副产的蒸汽驱动透平，带动离心式压缩机，降低了能耗。离心压缩机排出压力仅为 5 MPa，设计制造容易，也安全可靠。而且驱动蒸汽透平所用蒸汽的压力为 4～6 MPa，压力不高，所以蒸汽系统较简单。

4. 能耗低

由于采用低压法，使动力消耗减至高压法的一半，节省了能耗。

（二）ICI 低压法甲醇合成工艺的缺点

该方法的缺点是不能回收甲醇合成产生的高位能热量，合成回路循环气量大；存在催化剂段间返混，合成塔出口甲醇含量低；催化剂时空产率不高，用量大。

知识点二：ICI 低压法甲醇合成设备

一、ICI 多段段间冷激型甲醇合成塔

（一）甲醇合成塔结构要求

甲醇合成塔又叫甲醇合成反应器，是整个甲醇合成过程的核心设备，根据甲醇合成的反应特点及工艺要求，对甲醇合成塔的基本要求如下。

（1）在操作上，要求催化床的温度易于控制，调节灵活，能以较高位能回收反应热；催化剂生产强度大，合成反应的转化率高；床层中气体分布均匀，低压降。

（2）在结构上，要求简单紧凑，高压空间利用率高，催化剂装卸方便。

（3）在材料上，要求具有抗羰基化物的生成及抗氢脆的能力。

（4）在制造、维修、运输、安装上，要求方便。

（二）ICI 多段段间冷激型甲醇合成塔结构

ICI 冷激型合成塔是英国 ICI 公司在 1966 年研制成功的。合成塔分为四层，层间无空隙，该塔由塔体、催化剂床层、气体喷头、菱形分布器等组成。其结构如图 4.3 所示。

ICI 多段冷激式合成塔结构

1. 塔体

ICI 甲醇合成塔为单层全焊结构，不分内件、外件，筒体为热壁容器，要求材料抗氢蚀能力强，抗张强度高，焊接性好。

2. 气体喷头

由四层不锈钢的圆锥体组焊而成，并固定在塔顶气体入口处，使气体均匀分布于塔内。此种喷头还可以防止气流冲击催化剂床层而损坏催化剂。

3. 菱形分布器

菱形分布器埋在催化剂床层中，并在催化剂床层的不同高度平面各安装一组，全塔共装三组，它可以使冷激气和反应气体均匀混合，从而达到控制催化剂床层温度的目的，是塔内最关键的部件。

菱形分布器由导气管和气体分布管两部分组成。导气管为双重套管，与塔外的冷激气总管相连，导气管的内套管上，每隔一定距离，朝下设有法兰接头，与气体分布管呈垂直连接。

气体分布管由内、外两部分组成，外部是菱形截面的气体分布混合管，它由四根长的扁钢和许多短的扁钢斜横着焊于长扁钢上构成骨架，并且在外面包上双层金属丝网，内层是粗网，外层是细网，网孔小于催化剂的颗粒，以防止催化剂颗粒漏进混合管内。内部是一根双套管，内套管朝下钻有一排小孔，外套管朝上倾斜 45°钻有两排小孔，内、外套管小孔间距约为 80 mm。

冷激气经导气管进入气体分布管内部后，由内套管的小孔流出，再经外套管小孔喷出去，在混合管内和流过的反应热气体相混合，气体在此被降低温度后继续向下流动，并在催化剂床层中反应。菱形分布器应具有适当的宽度，以保证冷激气和反应气体混合均匀。混合管与塔体内壁间应留有足够的距离，以便催化剂在填充过程中自由流动。

合成塔内，由于采用了特殊结构的菱形分布器，床层的同平面温差仅为 2 ℃左右，同平面基本上能维持在等温下操作，对延长催化剂寿命有利。

该塔具有如下特点：① 结构简单，制造容易，安装方便；② 塔内不设置电加热器和换热器，可充分利用高压空间；③ 塔内阻力小；④ 催化剂装卸方便。

二、其他冷激型甲醇合成塔结构

日本三菱瓦斯化学公司（英文简写 MGC）生产有四段冷激型甲醇合成塔，结构如图 4.4 所示。塔外设开工加热炉和热交换器。

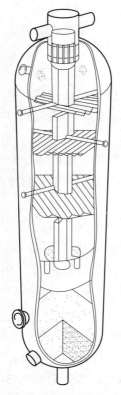

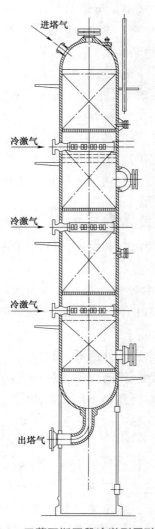

图 4.3　ICI 冷激型合成塔　　　　　图 4.4　三菱瓦斯四段冷激型甲醇合成塔

　　该塔也不分内件、外件，筒体为热壁容器。原料气经塔外换热器升温后，从塔顶进入，依次经过四段催化剂床层，层间都与冷激气混合，使反应在较适宜的温度下进行。冷激管直接在高压筒体上开孔（用法兰联接），置于两段床层之间的空间。冷激气经喷嘴喷出，以便与反应气体均匀混合，并分布均匀。

　　该塔的特点是催化剂床层是间断的，气体分布容易均匀，但不足之处是结构较复杂，装卸催化剂较麻烦，且高压空间利用不充分，减少了催化剂的装填量。

【知识拓展】

化工先驱侯德榜

侯德榜，著名科学家，杰出化学家，侯氏制碱法的创始人，中国重化学工业的开拓者，近代化学工业的奠基人之一，是世界制碱业的权威。侯德榜一生在化工技术上有三大贡献：第一，揭开了索尔维法的秘密；第二，创立了中国人自己的制碱工艺——侯氏制碱法；第三，便是他为发展小化肥工业所做出的贡献。

侯德榜，1890年8月9日生于福建省闽侯县一个普通农家。1903—1906年，得姑妈资助，在福州英华书院学习。1911年，侯德榜考入北平清华留美预备学堂，以10门功课1000分的优异成绩誉满清华园。1913年，被保送入美国麻省理工学院化工科学习。

在1921年，侯德榜接受永利制碱公司总经理范旭东的邀聘，离美回国，承担起续建碱厂的技术重任。在制碱技术和市场被外国公司严密垄断下，侯德榜埋头钻研"索尔维法"资料，带领广大职工长期艰苦努力，解决了一系列技术难题，于1926年取得成功，正常生产出优质纯碱。

1934年，侯德榜被任命为南京铔厂厂长兼技师长。1937年1月，新厂建成并一次试车成功，正常投产，技术上达到了当时的国际水平。在侯德榜的努力下，硫酸铵生产出来，硝酸也顺利投产，这标志着中国工程技术人员完全可以驾驭硫酸厂、氨厂、硫酸铵厂、硝酸厂的整体工程了。"七七事变"后，侯德榜和同仁们积极抗战，利用工厂设施，转产硝酸铵炸药和地雷壳等物资，支援前线。

1938年，永利公司在川西五通桥筹建永利川西化工厂，范旭东任命侯德榜为厂长兼总工程师。由于四川的条件不适于沿用氨碱法，侯德榜研究出新的制碱方法，并将其命名为"侯氏制碱法"。

1957年，为发展小化肥工业，侯德榜倡议用碳化法制取碳酸氢铵，他亲自带队到上海化工研究院，与技术人员一道，使碳化法氮肥生产新流程获得成功。在他的建议和指导下，对联合制碱新工艺继续进行补充实验和中间实验，1962年实现了工业化，成为中国生产纯碱和化肥的主要方法之一。

1972年以后，侯德榜日渐病重，行动不便，仍多次要求下厂视察，帮助解决技术问题，呕心沥血，直至生命的最后一息。侯德榜为发展科学技术和化学工业做出了卓越贡献。

【自我评价】

一、填空题

1. ICI甲醇合成工艺中，开车时，必须开启_____给催化剂进行还原升温。

2. ICI甲醇合成塔属于_____式甲醇合成塔。

3. 甲醇合成工艺中设置放空的目的是_____。

4. 循环压缩机应设置在_____前_____后。

5. ICI甲醇合成工艺中，通过_____控制合成塔内温度。

6. ICI甲醇合成工艺中，设置循环压缩机的目的是_____。

7. 甲醇合成工艺中，为了降低循环气中甲醇的含量，常常要求进入甲醇分离器时气体温度降低至_____。

二、判断题

1. 为了保证甲醇合成反应的正常进行，合成塔在结构上应该充分考虑反应过程中移热问题。 （　　）

2. 多段冷激式甲醇合成塔内部由菱形分布器把塔分成多段。 （　　）

3. ICI 低压法甲醇合成工艺采用的是多段冷激式合成塔。 （　　）

4. ICI 合成工艺属于高压法甲醇合成工艺。 （　　）

5. ICI 合成工艺无须设置开工加热器。 （　　）

6. ICI 甲醇合成塔内的菱形分布器最外面细网的设置是为了防止催化剂漏入菱形分布器。
（　　）

三、选择题

1. 英国 ICI 的甲醇合成工艺是（　　）。

A. 高压法　　　　　B. 中压法　　　　　C. 低压法　　　　　D. 联醇法

2. ICI 工段冷激式合成工艺通过调节（　　）控制合成塔的温度。

A. 汽包压力　　　B. 冷激气流量　　　C. 冷却水量　　　D. 蒸汽流量

3. 下列（　　）设备不是 ICI 甲醇合成工艺设备。

A. 冷激式合成塔　　　　　　　　B. 汽包

C. 开工加热器　　　　　　　　　D. 甲醇分离器

四、简答题

1. 简述 ICI 甲醇合成工艺流程。

2. 简述多段冷激式合成塔结构。

3. 合成系统驰放气排放的目的、位置及原因是什么？

4. 影响分离器分离效果的因素有哪些？

任务三　Lurgi 低压法甲醇合成工艺的控制

【任务分析】

鲁奇低压法是目前甲醇合成工艺中使用较多的一种工艺，要完成鲁奇低压法甲醇合成工艺控制，进行工艺装置的开车、停车、正常操作等，必须掌握鲁奇甲醇合成工艺流程、设备结构等相关知识。

【知识链接】

20 世纪 50 年代末，德国鲁奇公司在 Union Kraftstoff Wesseling 工厂建立了一套年产 4 000 t 的低压甲醇合成示范装置。该工艺采用管壳型合成塔，催化剂装填在管内，反应热由管间的沸腾水移走，并副产中压蒸汽。过热蒸汽驱动离心式透平机，副产的低压蒸汽可用作蒸馏热源，全系统热能利用合理。

知识点一：Lurgi 低压法甲醇合成工艺

LURGI 低压法甲醇合成工艺流程

一、Lurgi 低压法甲醇合成工艺流程

Lurgi 低压法甲醇合成工艺流程如图 4.5 所示。甲醇合成原料气在离心式透平机内加压至 5.8 MPa，与循环气以 1:5 的比例混合。混合气在原料气预热器中与塔后合成气进行换热，升温至 220 ℃左右进入管壳型甲醇合成塔管内，在管内铜基催化剂的催化作用下，于 5 MPa、240～260 ℃下进行甲醇合成反应。反应放出的热量被管间流动的沸腾水移走，同时产生一定量的蒸汽送入汽包。合成塔壳程的锅炉给水在塔内与汽包之间形成一个自然循环，可通过控制蒸汽压力，维护恒定的反应温度。反应后出塔气温度约 250 ℃，含甲醇约 7%，与进塔气体换热后，温度降至 91.5 ℃，经锅炉给水换热器冷却到 60 ℃，再经水冷器冷却到 40 ℃以下，进入甲醇分离器，液体粗甲醇则送精馏工段，分离出来的未反应完的气体大部分回到循环机入口，少部分作为驰放气排放。合成副产的蒸汽及外部补充的高压蒸汽一起进入过热器，过热至 500 ℃左右，带动透平机。透平后的低压蒸汽可作为甲醇精制工段所需的热源。

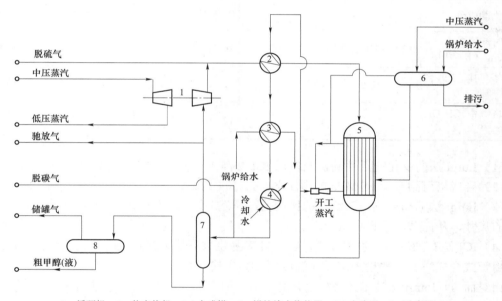

1—循环机；2—热交换机；3—合成塔；4—锅炉给水换热器；5—水冷器；7—分离器。

图 4.5　Lurgi 低压法甲醇合成工艺流程

二、Lurgi 低压法甲醇合成工艺的特点

（1）合成塔温度容易控制。

管壳型合成塔通过管间流动的沸腾水带走热量，可通过调节汽包的压力来控制合成塔的温度，合成塔温度容易控制且催化剂床层温度分布均匀，可以防止铜基催化剂过热，延长催化剂的使用寿命。温度的恒定大大减少了副反应的发生，故而允许含 CO 高的新鲜气进入合成系统，单程气体转化率高，出口反应气体含甲醇 7%左右，循环气量较少，故而设备、管道

尺寸相应减小，动力消耗低。

（2）无须专设开工加热炉，开车方便。

开工时，直接将蒸汽送入甲醇合成塔壳体，对催化剂进行加热升温、还原。

（3）合成塔可以副产中压蒸汽，非常合理地利用了反应热。

总之，Lurgi 低压法合成甲醇时，投资和操作费用低，操作简便；但不足之处是合成塔结构复杂，材质要求高，装填催化剂不方便。

三、ICI 法和 Lurgi 法的对比

ICI 法制甲醇和 Lurgi 法制甲醇工艺技术指标见表 4.10。

表 4.10　ICI 法和 Lurgi 法制甲醇工艺技术指标

项目	ICI 法	Lurgi 法	项目	ICI 法	Lurgi 法
1. 合成塔压力/MPa	5（中压法 10）	5（中压法 8）	7. 循环气:新鲜气	10:1	5:1
2. 合成反应温度/℃	230～270	225～250	8. 合成反应热的利用	不副产中压蒸汽	副产中压蒸汽
3. 催化剂成分	Cu－Zn－A	Cu－Zn－Al－V	9. 合成塔型式	冷激式	管束型
4. 空时产率/[t·(m³·h)⁻¹]	0.33（中压法 0.5）	0.65	10. 设备尺寸	设备较大	设备紧凑
5. 进塔气中 CO 含量/%	约 9	约 12	11. 合成开工设备	要设加热炉	不设加热炉
6. 出塔气中 CH₃OH 含量/%	3～4	5～6	12. 甲醇精制	采用两塔流程	采用三塔流程

（1）Lurgi 法的催化剂活性高，产率比 ICI 法高 1 倍左右，使生产费用降低。

（2）合成塔可副产 4～5 MPa 的中压蒸汽，热能利用好。

（3）Lurgi 法的循环气与新鲜气的比例低，不仅减少了动力消耗，而且缩小了设备与管线、管件的尺寸，从而节省了设备费用。

（4）ICI 法有副反应，生成烃类，在 270 ℃易生成石蜡，在冷凝分离器内析出。Lurgi 法因采用管式合成塔，能严格控制反应温度而不会生成石蜡。

相对而言，Lurgi 法技术经济先进，对于新建的甲醇厂而言，Lurgi 法技术更具有竞争力，特别是当采用重油为原料时，则值得采用 Lurgi 法的配套技术。

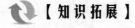

【知识拓展】

操作控制

一、开车前准备

1. 开工具备的条件

（1）与开工有关的修建项目全部完成并验收合格。

（2）设备、仪表及流程符合要求。

（3）水、电、汽、风及化验满足装置要求。

（4）安全设施完善，排污管道具备投用条件，操作环境及设备要清洁、整齐、卫生。

2. 开工前的准备

（1）仪表空气、中压蒸汽、锅炉给水、冷却水及脱盐水均已引入界区内备用。

（2）盛装开工废甲醇的废油桶已准备好。

（3）仪表校正完毕。

（4）触媒还原彻底。

（5）粗甲醇储槽皆处于备用状态，全系统在触媒升温还原过程中出现的问题都已解决。

（6）净化运行正常，新鲜气质量符合要求，总负荷≥30%。

（7）压缩机运行正常，新鲜气随时可导入系统。

（8）本系统所有仪表再次校验，调试运行正常。

（9）精馏工段已具备接收粗甲醇的条件。

（10）总控、现场照明良好，操作工具、安全工具、交接班记录、生产报表、操作规程工艺指标齐备，防毒面具、消防器材按规定配好。

（11）中控室计算机运行良好，各参数已调试完毕。

二、冷态开车

1. 引锅炉水

（1）开启锅炉汽包进水阀（手动阀和自控阀）。

（2）当汽包液位达 50%时，投自动控制，如难以控制，可手动控制。

（3）汽包设置安全阀，控制汽包压力在 5.0 MPa，如压力超过 5.0 MPa，则安全阀自动开启泄压。

2. N_2 置换

（1）开启 N_2 入口阀，向系统充入 N_2，并同时打开放空阀，可通过调节 N_2 入口阀和放空阀的开度来调整置换速度和系统压力。

（2）在置换过程中，时刻观察系统压力和 O_2 含量，始终维护系统压力在 0.5 MPa 左右，不要超过 1 MPa。

（3）当系统 O_2 含量低于 0.25%时，逐渐关闭 N_2 入口阀和放空阀，系统在 0.5 MPa 下保压。

（4）保压一段时间，如系统压力无变化，则表示系统气密性好，无泄漏；如系统压力有减小现象，则应对现场管线进行气密性检查，确保无任何问题再进行下一步操作。

3. 建立循环

（1）手动开启压缩机旁路自动阀 FIC6101，防止压缩机喘振，当压缩机入口压力大于系统压力且压缩机运转正常后关闭。

（2）开启压缩机前阀，开启透平机前阀、后阀，为压缩机提供动力，并调节压缩机转速不至过大。

（3）开启压缩机旁路阀，启动压缩机。

（4）当压缩机出口压力大于系统压力时，开启压缩机出口阀。

甲醇合成工段总图及各系统 DCS 图、现场图如图 4.6 所示。

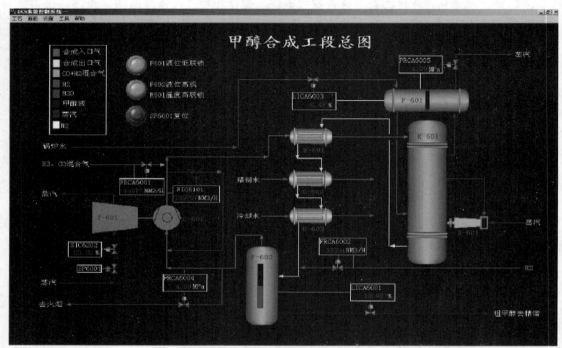

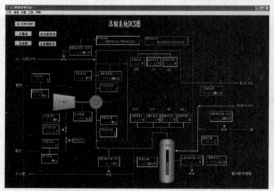
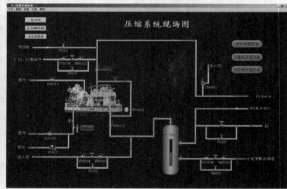

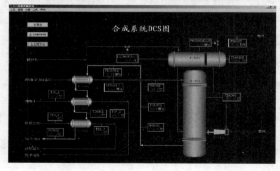
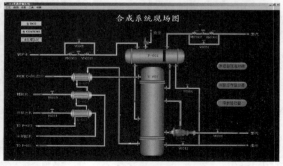

图 4.6 甲醇合成工段总图及各系统 DCS 图、现场图

4. H₂置换充压

（1）充 H_2 前，先检查系统 O_2 含量是否低于 0.25%，如不达标，应用 N_2 置换至 0.25% 以下。

（2）开启 H_2 副线进行 H_2 置换，并打开放空阀，控制系统压力在 2.0 MPa，最大不要超过 3.5 MPa。

（3）当 N_2 含量降低至 1% 以下，系统压力控制在 2.0 MPa 左右时，逐渐关闭 H_2 副线进口阀和放空阀。

5. 投原料气

（1）开启混合气入口阀、H_2 入口阀，并调节循环机，保证循环机正常运行。

（2）按照体积比 1:1 的比例，将系统压力缓慢升至 5.0 MPa 左右（不能高于 5.5 MPa），将放空阀设投自动，压力设为 4.9 MPa，并关闭混合气入口阀和 H_2 入口阀，反应器进行升温。

6. 反应器升温

（1）开启开工加热器蒸汽入口阀，使反应器温度缓慢升至 210 ℃。

（2）投用换热器 1、换热器 2，使换热器 2 气体出口温度不超过 100 ℃。

（3）当换热器 2 气体出口温度达到 200 ℃时，开启汽包出口阀，并将出口阀设投自动，压力设置为 4.3 MPa，如压力变化太快，可手动设置。

7. 调至正常

调至正常过程较长，不易控制，需慢慢调节。

（1）反应开始后，关闭蒸汽喷射器入口阀。

（2）缓慢开启原料气入口阀，向系统中补充原料气，并通过调节阀门开度，使 H_2 和 CO 的体积比达到（7:1）～（8:1），并逐渐将所有自控阀设投自动。

（3）投料至正常后，循环气中 H_2 的含量保持在 79.3% 左右，CO 含量达到 6.29% 左右，CO_2 含量达到 3.5% 左右，说明系统已经基本达到稳定。

（4）体系达到稳定后，投联锁。

三、正常停车

（1）停原料气。

（2）开蒸汽。

（3）汽包降压。

（4）反应器降温。

（5）停用压缩机。

（6）停冷却水。

四、紧急停车

紧急停车包括停原料气、停用压缩机、泄压、N_2 置换四个步骤。

项目四 甲醇合成

知识点二：Lurgi 低压法甲醇合成设备

一、Lurgi 管壳型甲醇合成反应器

（一）Lurgi 管壳型甲醇合成反应器的结构

Lurgi 管壳型甲醇合成反应器属于外冷冷管连续换热式甲醇合成反应器，是德国鲁奇公司研制设计的一种管束型副产蒸汽合成塔。操作压力为 5 MPa，温度为 250 ℃。Lurgi 管壳型合成塔如图 4.7 所示。

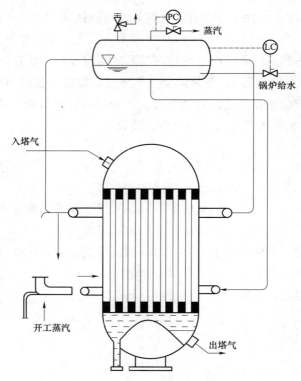

图 4.7　Lurgi 管壳型合成塔

合成塔结构类似于一般的列管式换热器，列管内装填催化剂，管外为沸腾水。原料气经预热后，进入反应器的数千根列管内反应，放出的热量很快被管外的沸腾水移走，管外沸腾水与锅炉汽包维持自然循环，汽包上装有压力控制器，以维持恒定的压力，所以管外沸腾水温度是恒定的，于是管内催化剂床层的温度几乎是恒定的。

（二）Lurgi 管壳型甲醇合成反应器的优点

1. 合成塔温度几乎是恒定的

实际催化剂床层轴向温差最大为 10～12 ℃，最小为 4 ℃，同平面温差可以忽略，整

个反应几乎是在等温下进行。温度恒定不仅有效地抑制了副反应，而且延长了催化剂的寿命。

2. 能灵活有效地控制反应温度

可通过调节汽包的压力，灵活有效地控制反应床层的温度。蒸汽压力每升高 0.1 MPa，催化剂床层温度约升高 1.5 ℃，因此，可通过调节蒸汽压力来适应系统负荷波动及原料气温度的变化。

3. 出口甲醇含量高

由于催化剂床层温度得以有效控制，原料气通过合成塔的单程转化率提高，可减少循环气量，降低循环压缩机动力能耗。

4. 热能利用好

利用反应热产生的中压蒸汽（4.5～5 MPa），可带动透平压缩机（即甲醇合成气压缩机及循环压缩机）；压缩机使用过的低压蒸汽又送至甲醇精制部分使用，大提高了整个系统的热能利用率。

5. 设备紧凑，开工方便

开车时可通过给壳程通入蒸汽对催化剂床层进行加热，而不需要另用电加热器开工。

6. 阻力小

催化剂床层中的压差仅为 0.3～0.4 MPa。

Lurgi 管壳型合成塔的不足之处是：结构设计要求高，设备制造困难，对材料也有很高的要求，且催化剂装填困难。

二、其他外冷冷管连续换热副产蒸汽甲醇合成反应器

（一）三菱重工管壳–冷管复合型甲醇合成反应器

日本的三菱重工 MHI（Mitsubishi Heary Industries）和三菱瓦斯 MGC（Mitsubishi Gas chemical company）两公司联合开发了超大型反应器，该反应器是 Lurgi 反应器的改进型。其结构如图 4.8 所示。

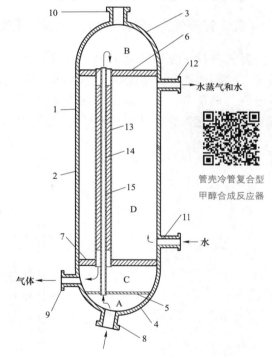

管壳冷管复合型
甲醇合成反应器

1—反应器；2—筒体；3—上封头；4—下封头；5—隔板；

6—上管板；7—下管板；8—进气口；9—出气口；

10—上方进气口；11—给水入口；12—蒸汽出口；

13—外管；14—内管；15—催化剂；

A—下封头 4 和上封头 5 形成的空间；

B—上封头 3 和上管板 6 形成的空间；

C—隔板 5 和下管板 7 形成的空间；D—壳程。

图 4.8　管壳–冷管复合型甲醇合成反应器

　　该反应器与 Lurgi 式反应器类似，不同点是该反应器的冷却管为双套管，催化剂装填在内管与外管间的环隙中，沸腾水在壳程循环，原料气从内管下部进入，沿内管自下向上流动，并被催化剂床层放出的反应热预热，至管顶后转向，再由上向下通过催化剂床层进行甲醇合成反应，反应热被壳程沸腾水和内管中的原料气带走。

　　该反应器的特点如下。

　　① 单程转化率高，循环气量小。反应管内温度分布操作线接近最佳温度线。例如，在 5 000 h⁻¹ 空速，8 MPa 条件下，甲醇合成单程转化率可达 14%，几乎是传统转化率的两倍，循环气量小。

　　② 流程简洁。在反应器中预热入塔原料气，在流程中可省去原料气预热器。

　　③ 热能回收好。每吨甲醇可副产 1 t 不低于 4 MPa 压力的蒸汽。

　　该反应器不足之处是流体阻力较大。

（二）管壳外冷–绝热复合型甲醇合成反应器

管壳冷管绝热复合型
甲醇合成反应器

　　管壳外冷–绝热复合型甲醇合成反应器是华东理工大学开发的专利技术。结构如图 4.9 所示。该反应器上管板焊接于反应器上部，将反应器分割为两部分：上管板上面堆满催化剂，为绝热反应段；上、下管板用装满催化剂的列管相连接，为管壳外冷反应段。绝热反应段的催化剂用量为催化剂总量的 10%～30%。

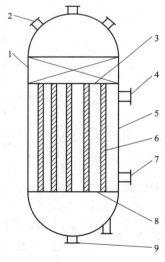

1—绝热段；2—反应气进口；3—上封头；4—沸腾水出口；5—筒体；6—列管；7—水进口；8—下管板；9—反应气出口。

图 4.9　管壳外冷–绝热复合型甲醇合成反应器结构

　　该反应器的特点是：

　　① 能量利用合理，可副产中压蒸汽。

　　② 操作控制方便，只需调节汽包压力，就可迅速调节反应温度。

　　③ 催化剂装卸方便。

④ 单程转化率高，出口甲醇浓度达 5.5%～6.0%。

⑤ 催化剂选择性好，副产物少，粗甲醇质量好。

⑥ 适用于大型化生产。

⑦ 消除了壁效应。

⑧ 反应器阻力小。

⑨ 微量毒物被绝热层催化剂吸附，催化剂使用寿命较长。

（三）Linde 等温甲醇合成反应器

Linde 等温甲醇合成反应器是杭州林达化工技术工程有限公司自主研发创新的等温型甲醇合成反应器。

Linde 等温型甲醇反应器塔内的冷管为螺旋管，结构如图 4.10 和图 4.11 所示。催化剂填装在螺旋冷管管外，冷管内流动的锅炉水移走反应热。冷管直径一般为 10～30 mm，冷管左右间的距离为 10～40 mm，上下之间的距离不少于 400 mm。

等温型甲醇合成塔的特点是：

① 反应基本上在等温下操作，减小了催化剂热应力，有利于延长催化剂的使用寿命。

② 可通过控制壳程蒸汽压力来调节反应器操作温度，操作可靠，适应性强，不需开工锅炉，催化剂还原过程无过热危险。

③ 合成操作压力可在较宽范围内选择。

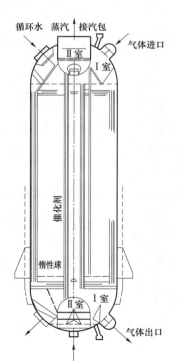

LINDE 等温甲醇合成反应器

图 4.10　Linde 等温甲醇合成反应器

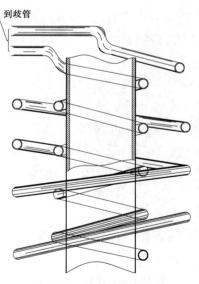

图 4.11　冷管布置图

④ 对原料气组成要求宽，可为各种不同的气体组成进行设计。

⑤ 反应器内温度分布与理想的动力学条件相近，反应速率较快。

⑥ 反应器体积装填系数大。

⑦ 冷却盘管与气流逆流、错流，传热系数较高，冷却面积可减小。

🔄【知识拓展】

林达公司自主创新之路

杭州林达化工技术工程有限公司成立于 1997 年，是浙江省科技厅认定的杭州市国家级高新技术企业，专业从事甲醇、二甲醚、合成油、合成烃、氨合成技术和高效合成反应器的开发设计及制造产业化。

公司承担完成多项国家重大项目，具有本行业领先水平和大型合成塔成功业绩，已投运和即将投运的低压甲醇合成项目总能力达年产四百多万吨。林达公司从无到有、从小到大，经过多年励精图治，坚持不懈走自主创新之路。先后取得 9 项国家级重大科技成果，包括国家技术发明二等奖 1 项、国家科技进步三等奖 1 项、国家级攻关计划 1 项、国家重点新产品项目 2 项、国家级科技成果重点推广计划 1 项、国家八五重点科技攻关计划 1 项、国家科技部火炬计划项目 1 项、国家科技部中小企业技术创新基金项目 1 项。其中，2004 年林达 JW 低压均温甲醇合成塔技术获国家技术发明二等奖，这是迄今为止我国合成反应器技术领域获得的最高级别国家级奖项。2007 年，林达公司与宁夏宝塔集团共同合作项目"单台日产 2 000 吨卧式甲醇合成塔"列入国家攻关计划，该项目的实施使林达在大型、超大型醇醚反应器领域迈出关键的一步。

林达公司立足于自主知识产权和工程经验上的自主创新，多年来一直致力于大甲醇装置生产技术和大型二甲醚合成反应器制造领域的研究和开发，取得了骄人成果。自主开发多种反应器模拟计算软件，成功开发百万吨级水冷、气冷合成塔专利技术，自主创新参与国际合作和竞标。现拥有合成反应器方面的国内外已授权专利 20 余项，正在申请中的专利 10 余项，是我国拥有甲醇合成技术和反应器专利最多的专利开发商。

林达公司具有丰富的甲醇合成塔设计、制造经验，在煤气化制甲醇，天然气、焦炉气制甲醇以及城市煤气联产甲醇、合成氨联产甲醇等项目中有着良好的工程业绩。目前已有 19 套装置成功投运，其中，已投产最大能力为内蒙古天野化工集团有限责任公司（简称天野）及陕西渭河煤化工有限公司（简称渭化）两套 20 万吨，并且天野和渭化两套装置均已顺利通过考核验收。2008 年，采用林达公司最新技术成功投运的还有内蒙古苏天化第一套18 万吨/年卧式水冷反应器、15 万吨/年立式水冷反应器，四川隆昌第一套立式水冷反应器，以及河南亚洲新能源第一套 10 万吨二甲醚装置。已签约在加工或加工完毕的有 12 套，其中包括大连大化集团 30 万吨（在加工最大能力）及山西金通、呼伦贝尔东能等多套大型甲醇塔即将投运。

🔄 【自我评价】

一、填空题

1. 甲醇合成过程中，N$_2$ 置换的目的是_____。

2. Lurgi 甲醇合成工艺中，无须设置_____，开车时只需打开_____给催化剂床层进行升温还原即可。

3. 甲醇生产过程中，N$_2$ 置换要求系统中 O$_2$ 含量降低至_____。

4. Lurgi 甲醇合成工艺可通过调节_____压力来调节合成塔温度。

二、判断题

1. 德国鲁奇甲醇合成工艺中的合成塔是固定床冷激式反应器。　　　（　　）

2. Lurgi 甲醇合成塔是典型的自热式甲醇合成塔。　　　　　　　（　　）

3. Lurgi 管壳型甲醇合成塔无须设置开工加热器。　　　　　　　（　　）

4. 三套管并流式甲醇合成塔由于三套管的中冷管与内冷管的下端焊死，形成气体的滞流层，从而起到隔热的作用。　　　　　　　　　　　　　　　　（　　）

5. 鲁奇低压法甲醇合成工艺采用的是多段冷激式合成塔。　　　　（　　）

三、选择题

1. 德国鲁奇的甲醇合成工艺是（　　）。

A. 低压法　　　　　B. 中压法　　　　　C. 高压法　　　　　D. 联醇法

2. 调节汽包压力可以改变合成塔温度，如果汽包压力提高 0.1 MPa，则合成塔温度将（　　）。

A. 升高 1.5 ℃　　B. 降低 2.0 ℃　　　C. 降低 1.5 ℃　　　D. 升高 2.0 ℃

3. Lurgi 低压法甲醇合成工艺采用（　　）式甲醇合成塔。

A. 多段冷激式　　　　　　　　　　B. 管壳–冷管复合

C. 管壳型　　　　　　　　　　　　D. 径向

4. Lurgi 管壳型甲醇合成塔管（　　）填装催化剂，管（　　）流动沸腾水。

A. 内，间　　　　　B. 内，内　　　　　C. 间，内　　　　　D. 间，间

5. Lurgi 管壳型甲醇合成塔通过管间流动的（　　）移走反应热。

A. 冷却水　　　　　B. 沸腾水　　　　　C. 蒸汽　　　　　　D. 脱盐水

6. Lurgi 管壳型甲醇合成塔通过控制汽包（　　）来控制反应床层温度。

A. 液位　　　　　　B. 温度　　　　　　C. 流量　　　　　　D. 压力

7. Lurgi 工艺为（　　）法，采用（　　）催化剂。

A. 高，锌铬　　　　B. 低，铜　　　　　C. 高，铜　　　　　D. 低，锌铬

四、简答题

1. 简述 Lurgi 甲醇合成工艺。

2. 简述甲醇合成冷态开车过程。

任务四　　其他甲醇生产工艺的控制

【任务分析】

除了前面介绍的低压法甲醇合成工艺之外，还有中压法甲醇合成工艺、高压法甲醇合成工艺及符合我国国情特色的联醇工艺和大甲醇工艺，为了完成不同甲醇合成工艺的开车、停车等操作，必须掌握与之对应的工艺流程、工艺特点、工艺条件及设备结构。

【知识链接】

知识点一：其他甲醇合成工艺

一、中高压甲醇合成工艺

（一）中压法甲醇合成工艺

中压法甲醇合成工艺是在低压法基础上进一步发展起来的。低压法操作压力低，导致设备体积庞大，不利于甲醇生产的大型化，所以发展了压力为 10 MPa 左右的中压法，它能更有效地降低建厂费用和甲醇生产成本。ICI 公司在 51−1 型催化剂的基础上，通过改变催化剂晶体结构，制成了成本较高的 51−2 型催化剂。由于这种催化剂在较高压力下能维持较长寿命，1972 年，ICI 公司建立了一套合成压力为 11 MPa 的中压甲醇合成装置，空时产率由低压法的 0.33 $t \cdot m^{-3} \cdot h^{-1}$ 提高到 0.5～0.6 $t \cdot m^{-3} \cdot h^{-1}$。所用合成塔与低法的相同，也是四段冷激式，工艺流程与低压法的也相似。Lurgi 公司也发展了 8.0 MPa 的中压法甲醇合成，其工艺流程和设备与低压法的相似，这里不再赘述。

（二）高压法甲醇合成工艺

高压法合成甲醇是发展最早、使用最广的工业合成甲醇技术。高压工艺流程指的是使用锌铬催化剂，在 300～400 ℃、30 MPa 高温高压下合成甲醇的工艺流程。自从 1923 年第一次用这种方法合成甲醇成功后，有 50 年的时间，世界上甲醇生产都沿用这种方法，此方法由于催化剂活性低、生产压力高、副产物多，不利于后期甲醇的精制，所以逐渐被中、低压法所取代。

二、联醇生产工艺

针对中国中小型合成氨装置的特点，在合成氨装置的铜洗段前，设置甲醇合成塔，用合成氨原料气中的 CO、CO_2 及 H_2 合成甲醇，即与合成氨联合生产甲醇，此工艺称为联醇工艺。操作压力为 10～13 MPa，采用铜基催化剂，催化剂床层温度为 240～280 ℃，合成塔一般采用自热式合成塔。

日本新潟工厂中压甲醇生产工艺流程，如图 4.12 所示。

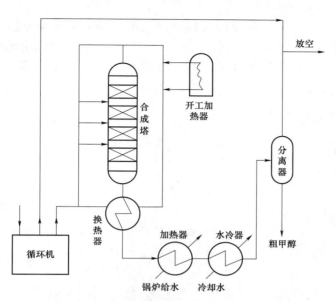

图 4.12　日本新泻工厂中压甲醇生产工艺流程

（一）联醇生产的主要特点

① 充分利用现有合成氨生产装置，只需增添甲醇合成与精馏两套设备就可以生产甲醇，所以投资少、操作简便。

② 在合成氨厂设置联醇生产，不仅可以使变换工段 CO 指标放宽，变换的蒸汽消耗降低，而且可以使铜洗工段进口 CO 含量降低，铜洗负荷减轻，从而使合成氨厂的变换、压缩和铜洗工段能耗降低。

（二）联醇生产的工艺要求

联醇生产与传统的甲醇生产有上述区别，所以，联醇生产工艺除了有一般甲醇生产的工艺要求外，还有联醇工艺的特殊要求。

① 联醇工艺与合成氨生产串联，但为了提高催化剂的利用效率，经合成分离后的一部分气体可去铜洗进行精制，除去残余的 CO、CO_2 后，作为合成氨的原料气体使用，而另一部分气体则用循环机进行循环，继续合成甲醇。

② 由于联醇工艺与合成氨生产串联，因此，生产能力以合成氨产量与甲醇产量之和，即"总氨"产量来表示。在"总氨"生产能力不变的情况下，甲醇生产能力用醇氨比（甲醇产量/总氨产量）来表示，醇氨比可以在一定范围内调整。调整的方法一般是改变原料气中 $n(H_2)/n(CO)$ 的比例，精确地说，是调整 $n(H_2-CO_2)/n(CO+CO_2)=f$。因此，在联醇生产中，既要有合成氨生产时调节氢氨比的手段，又必须有能够调整 f 值的控制手段。一般来说，联醇生产中经常用改变 CO 在变换反应中的转化率，或在变换炉进、出口之间设置一条近路，来调节原料气中 CO 的含量，从而对醇氨比在一定范围内进行调节。目前，多数联醇工厂醇氨比从 1:8 发展到 1:4 甚至 1:2 或 1:1。

③ 联醇生产作为合成氨流程中的一个环节，甲醇生产会影响合成氨及整个系统的生

产，如催化剂活性的衰退、甲醇反应器的开停及操作条件变化等原因，都会造成铜洗气中 CO、CO_2 的含量变化，使铜洗负荷产生波动，甚至影响氨合成塔的正常生产；甲醇反应器后的气液分离情况，会影响铜液组成；在甲醇生产不正常或事故状态下，要维持合成氨的生产等。

联醇工艺

（三）联醇生产工艺流程

联醇生产形式较多，一般采用如图 4.13 所示的工艺流程。

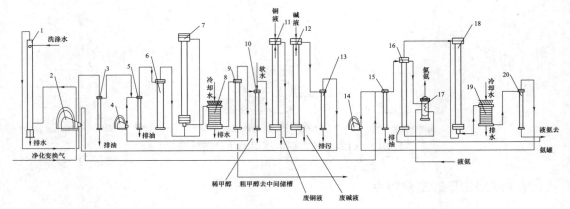

1—水洗塔；2—压缩机；3—油分离器；4—甲醇循环机；5—滤油器；6—炭过滤器；7—甲醇合成塔；

8—甲醇水冷凝器；9—甲醇分离器；10—醇后气分离器；11—铜洗塔；12—碱洗塔；13—碱液分离器；

14—氨循环机；15—合成氨滤油器；16—冷凝器；17—氨冷器；18—氨合成塔；

19—合成氨水冷器；20—氨分离器。

图 4.13　联醇生产工艺流程

由变换送来经过净化的变换气中含有 28% 左右的 CO_2，为了减少氢气的消耗与提高粗甲醇的质量，变换气经压缩机加压到 2 MPa 进入水洗塔，用水吸收 CO_2，使 CO_2 降低到 1.5%～3.0%。然后回压缩机进一步加压到 13 MPa 左右，经水冷器和油分离器除去其中的油和水后，与甲醇循环机出口的循环气混合，进循环机滤油器进一步分离油水后，进入活性炭过滤器，除去气体中夹带的少量润滑油、铁锈及其他杂质，出来的是比较净的甲醇合成原料气，经甲醇合成塔的主、副线进入甲醇合成塔。

原料气从上部进入催化剂床层，CO 和 H_2 在催化剂作用下进行甲醇合成反应，并且释放出热量，加热尚未参加反应的冷管内气体。反应气体到达催化剂床层底部后，出催化剂筐经分气盒外环隙流入热交换器管内，把热量传递带进塔冷气，温度小于 160 ℃沿副线管外环隙从塔底出塔。合成塔副线不经过热交换器，通过改变副线进气量来控制催化剂床层温度。维持催化剂床层热点温度在 260～280 ℃范围之内。

出塔气体进入水冷凝器，使合成的气态甲醇、二甲醇、高级醇、烷烃与水冷凝或溶解为液体，然后在分离器中把液体分离出来。被分离出来的液体粗甲醇减压后到粗甲醇中间储槽，以剩余压力送往精馏工段。经分离后的一部分气体，由循环加压后，循环回合成塔继续合成甲醇；另一部分气体经醇后气分离器，进一步除去气体中少量甲醇，进铜洗塔、碱洗塔进行精制，使精制后气体中 $\varphi(CO+CO_2)<25$ cm³/m³，再回压缩机，加压到 32 MPa，送氨合成系

统。醇后气分离器分离下来的少量稀甲醇,减压后去粗甲醇中间储槽。

必须指出的是,联醇生产的原料气的精脱硫应予加强,否则引起催化剂中毒,寿命缩短,更换频繁。联醇的精甲醇质量逊于单醇,尤其是碱性、臭味与水互溶性指标逊于单醇,在精馏工序应采取措施。

大甲醇工艺

三、大甲醇工艺

目前甲醇装置建设正向大型化方向发展,以中东和中南美洲为代表的国外甲醇装置普遍规模较大,目前国际上最大规模的甲醇装置产能为 170 万吨/年。2008 年 4 月底,沙特甲醇公司 170 万吨/年的巨型甲醇装置在阿尔朱拜勒投产,使该公司 5 套大型甲醇装置的总产能达到 480 万吨/年。我国早期甲醇都是较小规模生产,大多年产 10 万吨左右,随着甲醇工业的不断发展,规模不断扩大,到 2010 年年底已形成神华、兖矿、中海油、内蒙古华建能源等 4 家百万吨级超大型企业。中海石油化学有限责任公司在海南建设的年产 180 万吨/年甲醇项目,其中第一期年产 60 万吨;内蒙古鄂尔多斯市华建能源化工有限公司的年产 100 万吨甲醇项目,其中第一期年产 60 万吨;山东兖州煤业股份有限公司在陕西榆林投资建设年产 230 万吨甲醇项目,其中第一期年产 60 万吨;中煤鄂尔多斯能源化工有限公司已建成年产 100 万吨甲醇项目,其中第一期年产 60 万吨,第二期年产 40 万吨。

Lurgi 油气化学公司的利用天然气为原料的单系列装置能力可高达 10 kt/d。天然气依次进入塔顶转化器和自热式转化器,甲醇合成依次在水冷式反应器和气冷式反应器中进行。托普索公司采用两步法转化后续低压合成由天然气生产甲醇,该技术既适用于较小规模的装置,也适用于很大规模的装置。中煤鄂尔多斯能源化工有限公司已建成的年产 100 万吨甲醇项目采用的是改进后的托普索两步法生产甲醇(图 4.14),以煤气化生成合成气,采用水冷合成塔、气冷合成塔串联组合反应器。

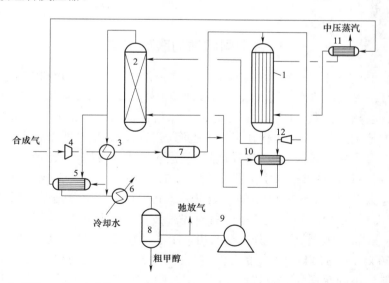

1—第一合成塔;2—第二合成塔;3—原料气加热器;4—压缩机;5—锅炉给水加热器;6—冷却器;

7—净化槽;8—粗甲醇分离器;9—循环压缩机;10—开工加热器;11—汽包;12—开工喷射器。

图 4.14　托普索二步法甲醇合成工艺流程

水冷合成塔是反应器管间副产蒸汽的等温反应器，管内装填催化剂，在中低压条件下进行甲醇合成反应，由管间沸水移出热量，并产生中压蒸汽，以控制床层温度，延长催化剂寿命，控制副反应的发生。

新鲜气体经压缩机加压后进入原料气加热器 3 与第一甲醇合成塔 1 的出口气换热，温度升到 220 ℃，经合成器净化槽 7 脱硫后分两股，一股作为第二合成塔 2 新鲜气补入，另一股与预热后的循环合成气混合，进入甲醇合成塔 1 反应并副产 2.5 MPa 中压蒸汽。反应后的气体分两股，一股进入合成塔 2 顶部作为开车升温气，另一股与来自压缩机循环气换热后，与新鲜气混合后从合成塔 2 底部进入进行反应。

经合成塔 2 反应后的 235 ℃气体分两股，其中一股经合成气净化加热器 3，另一股经锅炉给水加热器 5 降温，两股气体混合后，进入冷却器 6 冷却，冷却后的气体温度降至 40 ℃进入高压粗甲醇分离器 8。在高压分离器中，粗甲醇从循环气中分离，粗甲醇送至精馏工段或中间罐区粗甲醇罐；气相送回合成气压缩机的循环段入口，作为合成循环气。少量气体放空。

合成甲醇的两个反应都是强放热反应，因此，为迅速移走甲醇合成反应中产生的大量反应热，避免催化剂超温，在甲醇合成塔 1 列管周围壳程充满了循环的沸腾水，带走大量的反应热并副产 3.62 MPa 的中压蒸汽，减压后进入蒸汽管网。104 ℃的锅炉给水经锅炉给水加热器 5 加热后，温度达到 217 ℃进入汽包。汽包与甲醇合成塔 1 壳侧两根下水管和四根气液上升管连接形成一个自然循环锅炉。

合成升温时，来自热动车间的过热蒸汽压力 9.8 MPa、温度 540 ℃经减温减压后，分别进入开工加热器 10 和开工喷射器 12，开工加热器 10 作为循环气加热器，经开工喷射器 12 的蒸汽作为甲醇合成塔 1 的升温动力。

【知识拓展】

适合中国国情的联醇工艺

氨是一种制造化肥和工业用途众多的基本化工原料，中华人民共和国成立以后，随着我国农业发展和军工发展的需求，合成氨的产量增长很快，除了恢复并扩建旧厂外，20 世纪 50 年代建成吉林、兰州、太原、四川太四个氨厂。以后在试制成功高压往复式氮氢气压缩机和高压氨合成塔的基础上，于 60 年代在云南、上海、衢州、广州等地先后建设了 20 多座中型氨厂。此外，结合国外经验，完成"三触媒"流程（氧化锌脱硫、低温变换、甲烷化）氨厂年产 50 kt 的通用设计，并在石家庄化肥厂采用。与此同时，开发了合成氨与碳酸氢铵联合生产新工艺，兴建大批年产 5～20 kt 氨的小型氨厂，其中相当一部分是以无烟煤代替焦炭进行生产的。70 年代开始到 80 年代又建设了具有先进技术，以天然气、石脑油、重质油和煤为原料的年产 300 kt 氨的大型氨厂，分布在四川、江苏、浙江、山西等地。1983 年、1984 年产量分别为 16 770 kt、18 373 kt（不包括台湾省），仅次于苏联而占世界第二位。现在已拥有以各种燃料为原料、不同流程的大型装置 15 座，中型装置 57 座，小型装置 1 200 多座，年生产能力近 20 Mt 氨。

我国联醇工艺的研究开发始于 1966 年在江苏丹阳化肥厂进行的实验，1967 年实验成功并通过当时化工部的鉴定，随后在北京化工试验厂和淮南化肥厂先后建成了"联醇"生产装置，从此"联醇"工艺实现了工业化，这是世界化肥工业史上的一项新创举。该工业是我国甲醇工业的新创举，过去的"联醇"工艺多用于老的合成氨厂的改造，而建设一个同规模甲醇装置，"联醇"工艺的投资仅占单醇装置的 1/5 左右，建设周期仅需几个月。在"联醇"工艺几十年的发展历程中，又研发出了新一代"联醇"工艺即甲醇化甲烷化（"双甲"工艺），使"联醇"工艺达到了一个新水平，成为合成氨生产中的一项重要创新。

知识点二：其他甲醇合成主要设备

一、内冷冷管连续换热甲醇合成塔

（一）三套管并流型甲醇合成塔

三套管并流型甲醇合成塔主要用于高压法甲醇生产和联醇生产中，图 4.15 为三套管并流型甲醇合成塔的结构。它主要由高压外筒和内合成塔内件两部分组成，而内件由催化剂筐、热交换器和电加热器组成。

1. 高压外筒

高压外筒是一个锻造的或由多层钢板卷焊而成的圆筒容器。容器上部的顶盖用高压螺栓与筒体连接，在顶盖上设有电加热器和温度计管插入孔。筒体下部设有反应气体出口及副线气体进口。

2. 催化剂筐

合成塔的内件由不锈钢制成。内件的上部为催化剂筐，中间为分气盒，下部为热交换器。

催化剂筐是合成塔的中心部件。催化剂筐的外面包有玻璃纤维（或石棉）保温层，以防止催化剂筐大量散热。催化剂筐上部有催化剂筐盖，下部有筛孔板，在筛孔板上放有不锈钢网，避免放置在上面的催化剂漏下。在催化剂筐里装有数十根冷管，冷管是由内冷管、中冷管及外冷管所组成的三套管（图 4.15）。其中，内冷管与中冷管一端的环缝用满焊焊死，另一端敞开，使内冷管与中冷管间形成一层很薄的不流动的滞气层。由于滞气层的隔热作用，进塔气体自下向上通过内冷管时，冷气的温升很小，这样冷气只是经中冷管与外冷管的环隙，才起热交换作用，而内冷管仅起输送气体的作用，有效的传热面是外冷管。中、外冷管间环隙上端气体的温度略高于合成塔下部热交换器出口气体的温度，环隙下端气体的温度略低于进入催化剂床层气体的温度，而与冷套管顶部催化剂床层的温度差很大，从而提高了冷却效果，使冷管的传热量与反应过程的放热量相适应，从而达到较高的甲醇合成率。

3. 热交换器

甲醇合成塔采用的内置式热交换器，是利用甲醇合成反应热使进塔气体达到反应温度，以提高合成塔内催化剂的利用效率。热交换器的中央有一根冷气管，从副线来的气体经过此管，不经热交换器而直接进入分气盒，进而被分配到各冷管中，用来调节催化剂床层的温度。热交换器与催化剂筐下部相连接，热交换器出口接分气盒，气体经分气盒后，被分配进入催化剂筐的冷气管。

甲醇合成塔内热交换器的要求如下：① 传热效率高，热损失小，给热系数大，换热器所

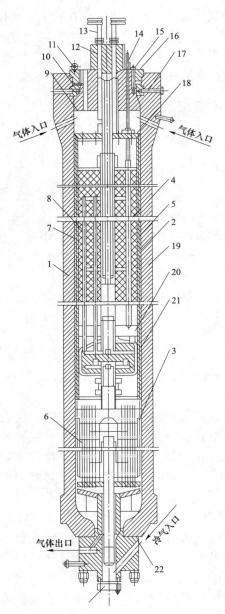

1—高压筒体；2—催化剂筐；3—热交换器；4—电热炉；
5—催化剂；6—热交换器；7—三套管内管（双管组成）；
8—三套管外管；9—上盖；10—压瓦；11—支持圈；
12—电炉小盖；13—导电棒；14—温度计外套管；
15—压瓦；16，17—螺栓；18—催化剂筐盖；19—中心管；
20—多孔板；21—分气盒；22—下盖；23—小盖。

图4.15　三套管并流型甲醇合成塔

占空间小；② 流体阻力小，操作稳定；③ 结构简单，不易被催化剂粉末堵塞，且易于维修、清理；④ 传热面积有一定的冗余度。

内置式热交换器的结构形式较多，有固定管板式、螺旋板式、波纹板式等。

4. 电加热器

电加热器由镍铬合金制成的电热丝和瓷绝缘子等组成。电加热器有两个作用：一是在开工时作为催化剂升温还原的供热热源；二是当催化剂活性下降，反应热维持不了反应温度时，用于维持反应温度。

5. 三套管并流式甲醇合成塔内气体流程

合成塔内气体流程如下：主线气体从塔顶进塔，沿外筒与内件的环隙顺流而下，这样流动可以避免外筒内壁温度升高，从而减弱了对外筒内壁的脱炭作用，也防止塔壁承受巨大的热应力。然后气体由塔下部进入热交换器管间，与管内反应后的高温气体进行换热，这样进塔的主线气体得到了预热。副线气体不经过热交换器预热，由冷气管直接进入与预热了的主线气体一起进入分气盒的下室，被分配到各个三套管的内冷管及内冷管与中冷管之间的环隙，由于环隙气体为滞气层，起到隔热的作用，所以气体在内管中的温度升高极小，气体在内管上升至顶端再折向外冷管下降，通过外冷管与催化剂床层中的反应气体进行并流换热，冷却了催化剂床层，同时，使气体本身被加热到催化剂的活性温度以上。然后，气体经分气盒的上室进入中心管（正常生产时，中心管内的电加热器停用），从中心管出来的气体进入催化剂床层，在一定的压力、温度下进行甲醇合成反应。首先通过绝热层进行反应，反应热不移出，用于迅速提高上层催化剂的温度，然后进入冷管区进行反应。为避免催化剂过热，由冷管内气体不断地移出反应热。反应后的气体出催化剂筐，进入热交换器的管内，将热量传给刚进塔的气体，自身温度降至 150 ℃以下，从塔底引出。

进塔气体流程示意图如图 4.16 所示。

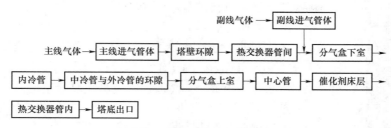

图 4.16　进塔气体流程示意图

6. 三套并流合成塔的优缺点

优点如下：

① 三套并流式合成塔的催化剂床层温度较接近理想温度曲线，能充分发挥催化剂的作用，提高催化剂的生产强度。

② 适应性强，操作稳定可靠。

③ 催化剂装卸容易，较适应甲醇生产中催化剂更换频繁的特点。

缺点如下：

① 三套管占有空间较多，减少了催化剂的装填量。

② 因三套管的传热能力强，在催化剂还原时，催化剂床层下部的温度不易提高，从而影响下层催化剂的还原程度。

③ 结构复杂，气体流动阻力大，且耗用材料较多，因此内件造价较高。

（二）单管逆流型甲醇合成反应器

单管逆流型甲醇合成反应器的结构比较简单，如图 4.17 所示。合成气从热交换器通过连接管接入分气盒，然后从该处通过冷管进入催化剂层。

该反应器的优点是：结构简单，运转可靠，操作简便等。其缺点是热点温度高，尾部温度低，偏离最佳温度曲线，易造成催化剂活性降低，寿命缩短。催化剂层顶部没有绝热层，入催化剂的反应气体不能迅速达到反应温度，故上层催化剂的利用率较低。

（三）单管并流型合成塔

单管并流型合成塔如图 4.18 所示。该塔的冷管换热器原理与三套管并流式合成塔相同，内件结构也基本相似，唯一不同的是冷管的结构。即将三套管内冷管输送气体的任务，由几根输气总管代替，这样，冷气管的结构简化，既节省了材料，又可以多装填一些催化剂。

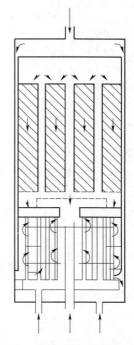

图 4.17　单管逆流型甲醇合成塔

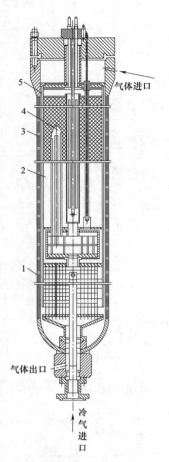

1—热交换器；2—冷管；3—输气总管；
4—环形分布管；5—催化剂筐。

图 4.18　单管并流型甲醇合成塔

单管并流冷管的结构有两种形式：一种是取消了分气盒，从热交换器出来的气体，直接由输气总管引到催化剂床层的上部，然后气体被分配到各冷管内，由上而下通过催化剂床层，再进入中心管；另一种是仍然采用分气盒，从热交换器出来的气体，进入分气盒的下室，经输气总管送到催化剂床层上部的环形分布管内，由于输气总管根数少，传热面积不大，因此气体温升并不显著。然后，气体由环形分布管分配到许多根冷管内，由上而下经过催化剂床层，吸收了催化剂床层内的反应热，而后进入分气盒上室，再进入中心管。从中心管出来的气体由上而下经过催化剂床层，进行甲醇合成反应，再经换热器换热后，离开合成塔。

采用单管并流冷管时，在结构上必须注意以下两个问题。

① 单管并流冷管的输气管和冷管的端部都连接在环管上，而输气管与冷管通过的气量和传热情况都不相同，前者的温度低，后者的温度要高得多，必须考虑热膨胀的问题，否则，当受热后，冷管与环管的连接部位会因热应力而断裂，使合成塔操作恶化甚至无法生产。

② 随着催化剂床层温度的变化，环形分布管的位置会发生上下位移，特别是停车降温时，位移最大。当环管向下位移时，对环管下壁所接触的催化剂有挤压的作用，容易使催化剂破碎。因此，在结构上应防止环管对催化剂的挤压。

（四）U 形管甲醇合成反应器

U 形管甲醇合成反应器如图 4.19 所示，气体由热交换器出口经中心管，然后流入 U 形冷管。出冷管的气体由上向下经过催化剂床层，再经换热器，然后离开甲醇合成塔。

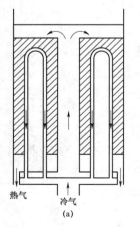

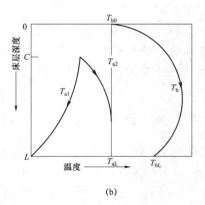

图 4.19　U 形管甲醇合成反应器示意图及温度曲线

（a）U 形管甲醇合成反应器示意图；（b）温度曲线

U 形管合成塔是冷管换热轴向合成塔中一种新颖的塔型。该塔具有以下优点。

① U 形冷管分为下行并流与上行逆流两部分。冷气在 U 形管内自上而下流动，与催化剂床层内气体并流换热，满足了取出大量反应热的需要；然后气体又在 U 形管内由下向上与催化剂床层内的气体逆流换热，同时更能有效地提高气体进催化剂床层的温度。

② 由于气体进催化剂床层的温度较高，可以迅速加快反应速率，所以，取消了一般塔长期使用的绝热层。

③ U 形管固定在中心管上，取消了上、下分气盒，简化了结构，且较好地解决了结构的热胀冷缩问题，从而既增加了内件的可靠性，又改善了操作条件。

④ 催化剂升温还原时，气体首先经过中心管内电加热器预热，再进入冷管，这样有利于提高下段催化剂床层温度，使催化剂活性提高。

但 U 形管合成塔也存在一些不足之处。

① U 形管内件催化剂床层高温区域较宽，虽然可以提高催化剂的生产强度，但催化剂容易衰老，使用寿命较短。

② U 形管内气体温度是逐渐上升的，其两侧的上升管和下降管在同一平面上与催化剂床层的温差是不同的，使同平面催化剂床层的温差较大。

③ U 形管的自由截面较小，管内汽速较大，所以管内流体阻力较大。

④ U 形管结构需采用较大的冷管面积，减少了催化剂的装填量。

托普索径向流动甲醇合成反应器

二、径向流动与轴向流动甲醇合成反应器

（一）托普索径向流动甲醇合成反应器

托普索（Topsφe）法甲醇合成回路与其他甲醇合成回路大致相同。新鲜气与循环气混合后进入循环机，压力升高，与反应后气体换热后进入合成塔反应。反应后的热气体经冷却分离出粗甲醇，粗甲醇储存在中间储槽，完成一次循环，再与新鲜气混合进入下一次循环。在和新鲜气混合以前，循环气中有过剩氢和惰性气体，必须除去，排出的气体作为驰放气，含 85%氢和 10%～12%的甲烷，可作为转化炉燃料，其能量通过预热气体和膨胀机膨胀回收。分离气所得的粗甲醇经第二次分离器降压，释放溶解的气体，在驰放膨胀机下游与驰放气混合。该工艺有三台绝热径向流动反应器，床内装填托普索新型高活性径向流动反应器。

托普索甲醇合成塔是带有外部热交换器的多段绝热间接换热径向流动反应器，如图 4.20 所示，气体在床层内向心流动，床内装填高活性催化剂。

其反应特点如下：

① 操作弹性大，新鲜气压缩循环气压缩机作为独立设备，这样的设计可以独立地控制反应压力和循环比。在不同的催化剂使用周期，在循环比不变的情况下，可以通过增加反应压力和反应温度获得同样高的效率。

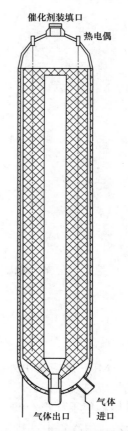

图 4.20　托普索甲醇合成塔

② 床层内气体径向流动，使流道缩短，压降减小，可增加空速，提高产量。

③ 易于放大，在直径不变的情况下，加长反应器，方便地按比例扩大生产能力，有利于单系列大型化生产。

④ 利用平衡曲线限制绝热升温，即控制各段出口温度，增大循环比，移动平衡曲线，使各段出口温度控制在催化剂绝热温度以下。

MRF 多段径向流动甲醇合成反应器

（二）MRF 多段径向流动甲醇合成反应器

多段径向流动反应器（Multistage indirect-cooling type Radial Flow）简称 MRF 反应器，是日本东洋公司（TEC）与三菱东芝株式会社（MTC）共同开发的一种新型甲醇合成反应器。其反应器的结构及操作线如图 4.21 所示。

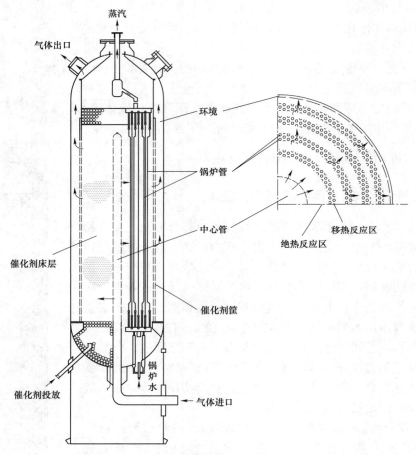

图 4.21　MRF 反应器的结构示意及操作线

MRF 反应器由外筒、带中心管的催化剂筐、催化剂床层内垂直沸水管（即冷管束）及蒸汽收集总管组成。原料气由中心管进入，然后径向流动，通过催化剂床层进行反应，反应后，气体汇集于环形空间，由上部出口排出。锅炉给水由冷管下部进入，吸收反应热后，转变为蒸汽，由冷管上部排出。根据反应的放热速率和移热速率，合理地选择冷管间距及冷管数目，可使反应过程按最佳温度线进行。

MRF 反应器的特点如下。

① 气体径向流动，流道短，空速小，所以催化剂床层压降小，仅为轴向合成塔的 1/10。

② 气体垂直流过管束，床层与冷管之间的传热速率很高，及时有效地移出了反应热，确保催化剂床层温度稳定，延长了催化剂的使用寿命。

③ 反应温度几乎接近最佳温度曲线，甲醇产率高，合成塔出口的粗甲醇深度高于 8.5%。

④ 由于低压降和低气体循环速度，所以合成系统的能耗较低。

⑤ 从结构方面考虑，可以设计生产能力较大的反应器，MRF 反应器的生产规模可达 5 000 t/d。

（三）Casale 轴径向流动甲醇合成反应器

Casale 轴径向流动甲醇合成反应器是瑞典 Ammonia Casale 公司申请设计的，该塔床层气流轴径向混合流动情况如图 4.22 所示，相应的甲醇合成流程如图 4.23 所示。

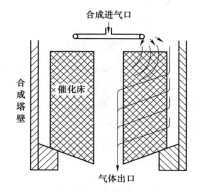

图 4.22　Casale 轴径向流动甲醇合成反应器

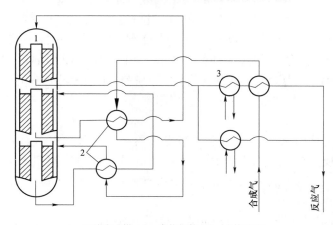

1—甲醇合成塔；2—废热锅炉；3—水饱和器。

图 4.23　Casale 甲醇合成流程

Casale 轴径向流动甲醇合成塔的主要结构特点是：环形的催化剂床层顶端不封闭，侧壁不开孔，这样催化剂床层上部气流为轴向流动。床层主要部分气流为径向流动，催化剂筐的外壁开有不同分布的孔，以保证气流均匀流动，各段床层底部封闭。反应后的气体经中心管流至反应器外部的换热器换热，以回收热量。由于不采用直接冷激，而采用反应器外部热控，各段床层出口甲醇浓度不下降，所需床层段数较少。

它与径向反应器相比，径向反应器的床层顶端要有催化剂封，以防止催化剂在还原过程中因收缩而造成气体短路，轴径向反应器不存在这个问题，各段床层轴径向流动部分实际上起了催化剂封的作用。由于床层压力减小，可使用小颗粒催化剂，同时增加床层高度，减少器壁厚度，以降低制造费用。该反应器的缺点是：反应过程属于绝热反应，反应曲线离平衡曲线较远，合成效率相对较低；床间一般只有 3 个换热器，同一床层的热点温差较大；产生低压蒸汽，与汽包式（如 Lurgi 管壳式）相比，属于低能位回收。

三、甲醇合成工序换热器、冷却器及分离设备

（一）换热设备

甲醇生产工艺中涉及一系列的换热设备，主要包括原料气预热器和甲醇冷却器。

1. 气–气换热器

气–气换热器又称为入塔气换热器、中间换热器，它的作用是甲醇合成反应器的进出口气体热量互换，从而使进口气体预热、出口气体冷却。它是甲醇装置中一个关键的换热设备，它的换热效果好坏直接关系到甲醇合成塔是否能正常运行、反应合成率的高低。其简图如图 4.24 所示。

该设备的特点如下：① 由于进、出口气体温差大，进、出口气体成分相同，内件按压差设计，减小内件厚度（特别是管板），节约了材料，同时降低了膨胀节的设计压力，可采用国家标准管道式膨胀节，解决了温差补偿问题；② 设备高径比比正常值选得大些，传热好，可节省材料；③ 该换热设备是浮头式结构，但比一般的钩圈式浮头换热器结构简单，管板不兼作法兰；④ 接管补偿采用整体补偿，对接焊缝采用单 U 形剖口，大大减小了局部应力。气–气换热器由于直径较小，无法加人孔，因此，当列管出现泄漏的情况时，检修困难。

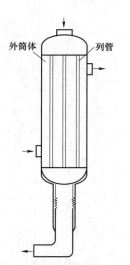

图 4.24　气–气换热器简图

外筒体　列管

2. 水冷凝器

水冷凝器的作用是用水迅速冷却合成塔出口的高温气体，使气体中甲醇和水蒸气冷凝成液体，同时，未反应的不凝性气体的温度也得到了降低。冷凝量的多少，与气体冷却后的压力及温度有关。在低压法合成甲醇中，冷却气体中的甲醇含量为 0.6% 左右，高压法时，可小于 0.1%。

甲醇合成气的水冷凝器一般有两种形式：套管式和列管式。

1）套管式水冷凝器

如图 4.25 所示，套管换热器是由两种直径不同的直套管在一起组成同心套管，然后将若干段这样的套管连接而成。每一段套管称为一程，程数可根据所需传热面积的多少而增减。内管为高压管，外管为低压管。高温气体走内管，冷却水在内管与外管形成的环隙中流动。冷却水与高温气体做逆流流动，而且速度很快，因此传热效果很高。

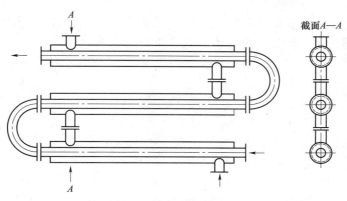

图 4.25　套管式水冷凝器

该水冷凝器的优点是结构简单，能耐高压，传热面积可根据需要增减。

但该水冷凝器也存在一些不足之处：

① 管子接头多，易发生泄漏。

② 占地面积大，单位传热面积的金属耗用最大。

③ 检修清洗不方便，给生产带来麻烦。为了经常清洗套管间的污垢和淤泥，在每排套管底部的水入口处，装有一根氮气管线，定期通入氮气，以冲洗掉污垢。如果长期不吹洗，污垢较厚，也比较坚实，再通入氮气则不易清洗干净，一般只有停车时，打开套管端部的盖板，用钢刷刷洗，或大修时，将高压管抽出，进行彻底的清洗。

④ 高压管长期浸在水中，且有一定的温度，易被水中氧腐蚀，因此，在高压管的外壁应进行防腐措施。

2）列管式冷凝器

如图 4.26 所示，列管式水冷凝器主要由壳体、管束、管板（对称花板）和顶盖（对称封头）等部件组成。管束安装在壳体内，两端固定在管板上，管板分别焊在外壳的两端，并在其上连接有两盖。顶盖和壳体上装有流体进、出口接管。为了提高壳程流体的速度，往往在壳体内安装有一定数目与管束相垂直的折流挡板（简称挡板）。这样既可提高流体速度，也迫使壳程流体按规定的路径多次错流通过管束，使湍动程度增加，以利于管外对流传热系数的提高。在甲醇生产中，水冷凝器的壳体承受低压，列管为小直径的高压管，两端为高压封头。气体由列管内通过，冷却水在管间与气体交错逆向流动。

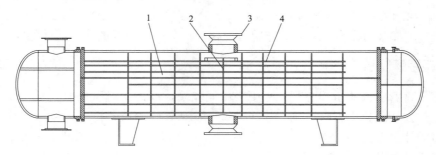

1—换热管；2—折流板；3—法兰；4—拉杆。

图 4.26　列管式冷凝器

列管式冷凝器的优点是结构紧凑，单位体积的传热面积较大，占用场地小，传热效率高。但这种冷凝器的结构比较复杂，而且存在不易清洗的缺点，在生产中，定期用酸洗清除污垢。

（二）甲醇分离器

甲醇分离器的作用是将经过水冷凝器冷凝下来的液体甲醇进行气液分离，被分离的液体甲醇，从分离器底部减压后送粗甲醇储槽。常用的甲醇分离器有两种结构，它们均由外筒和内体两部分组成，还有附属液位计。

1. 甲醇分离器（一）

如图 4.27 所示，筒体为一高压钢筒，外筒向上的高压上盖与筒体用螺栓连接，在高压筒体内焊有一个套筒。内件由四层圆筒所组成，圆筒壁开有许多长方形孔，各层孔的位置错开，使气体流动时改变方向；圆筒固定在上面圆板上，圆板置于焊接在筒内壁的圆环上，以螺栓相连接。圆板的中心有一个气体出口。带有液体甲醇颗粒的循环气，由筒体上部侧面进入，沿筒体及套筒间环隙向下流动。当气体沿环隙流动到筒体中部时，流速降低很多，气体中颗粒较大的液体甲醇因重力作用而下降。气体即从内件最外层圆筒上的长方孔进入，顺次曲折流经第二、三、四层。由于气体不断改变方向，且与圆筒壁和长孔的不断撞击，则有更多的液滴被分离，较小的液滴出会凝聚长大，都沿着圆筒流下。最后，气体从中心圆筒上部出去，在筒体上部侧面流出，分离下来的甲醇积存在下部，由底部排出口排出。

2. 甲醇分离器（二）

该甲醇分离器是上述分离器与金属丝网过滤层相结合的一种分离设备，如图 4.28 所示。外筒与前者相同，内件与前者的区别是：① 在四层圆筒的上部留有空间，装有金属丝网过滤层，金属丝网绕在一个篮状的圆筒上，气体呈径向流动；也可以卷成圆柱形横置在截面上，使气体轴向流动，后者比前者分离效果好。但是规定气体通过金属丝网的流速小于 $0.25\ \mathrm{m\cdot s^{-1}}$，往往由于截面过小，轴向流动速度过快，而采用了径向流动的形式。② 内件外筒的外壁焊有螺旋绕板，使气体在环隙中呈螺旋流动，产生离心力，更有利于液滴的分离。循环气进入分离器后，首先通过环隙间绕板，螺旋向下流动，所产生的离心力使大部分液滴沿外筒向下流动，气体出螺旋套筒后，在进入圆筒的长孔之前，由于流速降低，又借重力作用进行分离：然后经过四层圆筒，使小颗粒也得到了分离；最后，通过金属丝网的过滤，呈细雾状的液滴大部分被分离除去，气体出金属丝网后，引出分离器外。分离器下部有消波多孔板，其作用是使积存在分离器下部的液体液面稳定。

（三）粗甲醇储槽

由甲醇分离器出来的粗甲醇到流粗甲醇中间储槽，溶解在粗甲醇中的氢气、一氧化碳、氮气等有一部分从液相中解吸出来，经压力调节，从气体出口管排出。液体甲醇靠罐中压力送粗甲醇储槽计量、储存。中间槽的甲醇出口管上装有调节阀，控制液位高度在储槽的 1/2 左右。图 4.29 为粗甲醇储槽结构图。

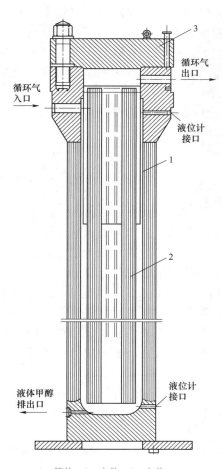

1—筒体；2—内件；3—上盖。

图 4.27　甲醇分离器（一）

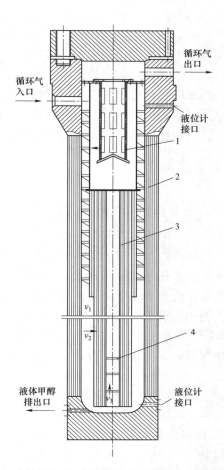

1—金属丝网；2—螺旋绕板；3—圆筒；4—消波多孔板。

图 4.28　甲醇分离器（二）

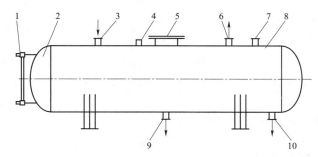

1—液位计；2—封头；3—粗甲醇进口；4—压力接口；5—人孔；6—出气口；

7—安全阀；8—筒体；9—排污口；10—粗甲醇出口。

图 4.29　粗甲醇储槽结构

　　粗甲醇储槽是压力容器，为了保证安全，在顶部装有压力表及安全阀。为便于清理和检修，顶部还装有人孔，下部设有排污口。

　　甲醇分离器由外筒和内筒两部分组成。内筒外侧绕有螺旋板，下部有几个进入气体的圆孔。气体从甲醇分离器上部切线进入后，沿螺旋板盘旋而下，从内筒下端的圆孔进入筒内折流而上，由于气体的离心作用与回流运动，以及进入内筒后空间增大，气流速度降低，使甲醇液滴分离。气体再经多层钢丝网，进一步分离甲醇雾滴，然后从外筒顶盖出口管排出。液体甲醇从分离器底部排出口排出。筒体上装有液面计。

　　甲醇分离器的分离效率，不但关系到产品的收率，而且关系到甲醇合成塔的操作和产量，所以应设计和选择分离效率较高的甲醇分离器。

【知识拓展】

甲醇合成新工艺

　　目前，国内外以煤及天然气为原料生产甲醇基本上都采用气-固相催化法，此法由于反应器受到传热的限制，有单程转化率低、循环比大、能耗大的缺点。为了克服这些缺点，新的甲醇合成工艺在不断地研究探索，目前研究较多的是三相床甲醇合成工艺。

　　三相床甲醇合成工艺即反应过程中同时存在气-液-固三相化学反应。此法的优点是，由于反应器中含有气-液-固三相，含氢、一氧化碳及二氧化碳的合成气经悬浮在液相热载体中的细颗粒甲醇合成催化剂，在一定温度及压力下反应生成甲醇，反应热传向导热性能良好的液相热载体，并传向放置在热载体中的换热元件，可以提高中出口气中甲醇浓度和单程转化率。

　　根据气-液-固三相物料在反应过程中的流动状态，气-液-固三相催化反应器主要有湍流床、搅拌釜、淤浆床、液化床与携带床几种。甲醇合成研究较多的是淤浆床生产。

　　1. 三相淤浆床甲醇合成工艺特点

　　三相淤浆床甲醇合成有以下工艺特点：① 床层的等温性，由于床层中采用了导热系数大、热容大的惰性液相热载体，又由于床层中的气-液-固三相处于高度湍动状态，导致反应热迅速分散和传向冷却介质，使床层温度接近等温；② 反应的高效性，由于气-液-固三相浆态床甲醇合成中，一般采用 60～120 目甚至更小的细颗粒催化剂，使催化剂内表面积利用率高，可获得较大的原料气转化率；③ 原料的适应性，由于有优良的传热性能和合理的副产蒸汽，反应物 CO 可在大范围内变化；④ 操作可塑性，由于气-液-固三相浆态床有优良的传热性能与合理的产汽配置，加上床层压降降低，空速可在较大范围内变化，而反应器仍能正常稳定操作；⑤ 节能的现实性，等温操作大大提高了反应效率，降低循环比，降低能耗；⑥ 联产的可行性。

　　2. 三相淤浆床甲醇合成工艺条件

　　① 温度；② 压力；③ 空速；④ 原料气组成；⑤ 催化剂。

　　3. 三相淤浆床甲醇合成工艺流程

　　三相淤浆床甲醇合成是国内外正在开发中的新工艺技术，目前尚无成熟，完整的工艺流程与设备结构可供套用。美国的规模为 260 t/d 的三相淤浆床甲醇合成工业示范装置虽已基本成功，但其并未公开技术细节。国内目前尚处于中试阶段，并无工业规模的流程组合和三相淤浆床甲醇合成反应器。这里只对其流程与设备做简要叙述。

　　三相淤浆床甲醇合成系统的流程如图 4.30 所示。原料气经加压后，进原料气预热器预热到接近反应温度，从底部进入淤浆床反应器，经反应器内悬浮于石蜡油中的细颗粒催化剂催化反应，部分合成甲醇，未反应的原料气和生成的甲醇蒸气经粗甲醇冷凝器冷却到 40 ℃ 以下，再经气液分离器将甲醇分离出来。分离出的粗甲醇进入粗甲醇储槽储存并计量后定期外送，由气液分离器分离出的未反应气体经减压并计量后外排。

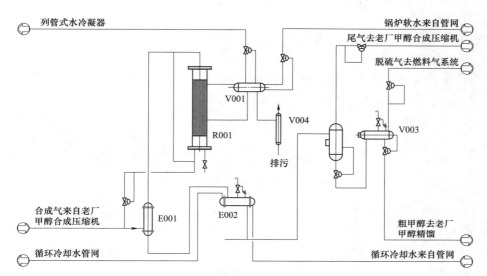

图 4.30　三相淤浆床甲醇合成系统的流程

合成反应放出的热量通过反应器内浸于液体中的内换热器将水汽化，汽水混合物由汽包分离，产生的水蒸气可进入蒸汽管网。通过调节汽包的压力，可以控制反应器内的温度。

催化剂的还原可采用原位活化，原料气降压后，与氮气混合成还原气，控制还原气中的氢浓度。还原气经原料气预热器预热后，进入反应器对催化剂进行活化。还原时，生成的热量若不足以维持反应器内的温度，可由反应器下部直接向内换热器喷射蒸汽进行加热。

【自我评价】

一、填空题

1. 目前甲醇合成的主要以_____压法为主。

2. 联醇工艺是_____和甲醇联合生产，目的是_____催化剂的利用效率。

3. 联醇工艺中，生产能力以_____和_____之和，即"总氨"产量来表示。

4. 三套管并流式甲醇合成塔主要由高压外筒、_____、_____和电加热器组成。

5. 三套管并流式甲醇合成塔催化剂筐内的冷管由_____、_____和外冷管所组成的三套管，其中，内冷管和_____一端用满焊焊死，使其间形成一层不流动的滞气层，从而起_____作用。

6. U 形合成塔冷管分为_____与_____两部分。

7. 甲醇分离器的作用是_____。

二、判断题

1. 三套管并流式甲醇合成塔中，外冷管仅起输送气体的作用，有效的传热面是内冷管。

（　　）

2. 三套管并流式合成塔下部设置副线气体进口，主要目的是调节进入催化剂床层的气体温度。　　　　　　　　　　　　　　　　　　　　　　　　　　（　　）

3. 单管逆流型甲醇合成塔气体在管内与催化剂床层的流动方向相同。　（　　）

4. 三套管并流式甲醇合成塔由于三套管的中冷管与内冷管的下端焊死，形成气体的滞流层，从而起隔热的作用。　　　　　　　　　　　　　　　　　　　（　　）

5. 径向流动合成塔即气体在塔内沿半径方向流动。　　　　　　　　（　　）

三、简答题

1. 简述托普索径向流动甲醇合成反应器结构。

2. 简述三套管并流型甲醇合成塔内流体流动方向。

甲醇合成过程中，在发生甲醇合成反应主反应的同时，还伴随一系列副反应，其反应的产物主要是由甲醇及水、有机杂质等组成的混合溶液。为了除去粗甲醇中的水分和有机杂质等，必须采用精馏的方法，从而获得高质量的精甲醇。

教学目标

知识目标：

1. 了解粗甲醇的组成、质量标准、分析方法、精制的要求和方法原理；
2. 了解精馏塔、再沸器、冷凝器的结构和工业生产中常用类型；
3. 掌握粗甲醇单塔、双塔、双效法三塔精馏工艺流程；
4. 掌握甲醇精制的原理。

能力目标：

1. 掌握工艺条件控制、影响因素及产品质量控制；
2. 掌握甲醇分析、检测方法；
3. 能合理选择合适的粗甲醇精制工艺；
4. 对生产过程中出现的各种故障能及时进行处理。

素质目标：

1. 通过查找控制点和工艺参数等，使学生具有严谨的工作作风；
2. 让学生具备质量意识；
3. 通过分组讨论、集体完成项目，培养学生团队合作的意识。

任务导入

作为新进入甲醇生产岗位的员工，经过三级安全教育、考核合格后走向生产岗位，前序工段已合成了粗甲醇产品，为了得到高质量的精甲醇，作为工艺操作工和设备检修工，应尽快掌握精制岗位的基本操作与维修。为了尽快熟悉精制岗位知识，要学习哪些内容？做哪些工作呢？

任务一　　甲醇精制原理的认知

【任务分析】

作为新进入精制生产岗位的工艺操作工，要想尽快进行生产操作，首先要熟悉粗甲醇产品的基本组成，了解各组分的理化性质差异，掌握精制操作的基本原理及设备结构，掌握生产原理、主要设备，掌握精制工段工艺参数，会分析解决各种故障，完全掌握工艺操作控制方法。熟悉流程时，必须将 DCS 流程和生产现场流程进行对照，按照主物料管线、次物料管线、辅助管线、设备、仪表、控制点、工艺参数等顺序逐一查找，并进行列表。

【知识链接】

知识点一：粗甲醇的组成

甲醇合成的生成物与合成反应的条件有密切的关系，虽然参加合成反应的元素不只有碳、氢、氧三种，但是往往由于合成反应的条件，如温度、压力、空间速度、催化剂、反应气的组分及催化剂中的微量杂质等的作用，都可使合成反应偏离主反应的方向，生成各种副产物成为甲醇中的杂质。由于 H_2/CO 比例的失调及 ZnO 的脱水作用，可能生成二甲醚；H_2/CO 比例太低、催化剂中存在碱金属，有可能生成高级醇；反应温度过高，甲醇分离不好，会生成醚、醛、酮等羰基化合物；进塔气中水汽浓度高，可能生成有机酸；催化剂及设备管线中带入微量的铁，就可能有各种烃类生成；原料气脱硫不尽，就会生成硫醇、甲基硫醇，使甲醇呈异臭。

甲醇作为有机化工的基础原料，用它加工的产品种类比较多，有些产品生产需要高纯度的原料，例如，生产甲醛是目前消耗甲醇较多的一种产品，甲醇中如果含有烷烃，在甲醇氧化，脱氢反应时，由于没有过量的空气，便生成炭黑覆盖于银催化剂的表面，影响催化作用；高级醇可使生产的甲醇产品中酸值过高；即便性质稳定的杂质——水，由于甲醇蒸发气化时不易挥发，在发生器中浓缩积累，使甲醇浓度降低，引起原料配比失调而发生爆炸。再如，用甲醇和一氧化碳合成乙酸，甲醇中如果含有乙醇，则乙醇能与一氧化碳生成丙酸，从而影响乙酸的质量。此外，甲醇还被用作生产塑料、涂料、香料、农药、医药、人造纤维等甲基化的原料，少量杂质的存在会影响产品的纯度和性能，因此，粗甲醇必须进行精制。

为了获得高纯度的甲醇，采用精馏工艺提纯，清除所有杂质。由粗甲醇精制为精甲醇，采用精馏的方法，同时根据甲醇的质量，在精制过程中，还可能采用化学净化与吸收的方法。

一、粗甲醇的组成

粗甲醇的组成是很复杂的，用色谱或色谱–质谱联合分析方法将粗甲醇进行定性、定量分析，可以看到，除甲醇和水以外，还含有醇、醛、酮、酸、醚、酯、烷烃、羰基铁等几十种微量有机杂质。表 5.1 按沸点高低列出了粗甲醇中的部分有机物。

表 5.1 按沸点顺序排列的粗甲醇组分

组分	沸点/℃	组分	沸点/℃	组分	沸点/℃
1. 二甲醚	−23.7	11. 甲醇	64.7	21. 异丁醇	107.0
2. 乙醛	20.2	12. 异丙烯醚	67.5	22. 正丁醇	117.7
3. 甲酸甲酯	31.8	13. 正己烷	69.0	23. 异丁醚	122.3
4. 二乙醚	34.6	14. 乙醇	78.4	24. 二异丙基酮	123.7
5. 正戊烷	36.4	15. 甲乙酮	79.6	25. 正辛烷	125.0
6. 丙醛	48.0	16. 正戊醇	97.0	26. 异戊醇	130.0
7. 丙烯醛	52.5	17. 正庚烷	98.0	27. 4−甲基戊醇	131.0
8. 醋酸甲酯	54.1	18. 水	100.0	28. 正戊醇	138.0
9. 丙酮	56.5	19. 甲基异丙酮	101.7	29. 正壬烷	150.7
10. 异丁醛	64.5	20. 醋酐	103.0	30. 正癸烷	174.0

为了使精馏过程便于处理，上述组成大致可分为以下几组：① 轻组分，见表 5.1 中组分 1～15（甲醇、乙醇除外）；② 甲醇；③ 水；④ 重组分，见表 5.1 中组分 16～30；⑤ 乙醇。

二、粗甲醇中杂质的分类

粗甲醇中所含杂质的种类很多，根据其性质，可以归纳为以下几类。

1. 还原性杂质

这类杂质可用高锰酸钾变色实验进行鉴别。甲醇之类的伯醇也容易被高锰酸钾之类的强氧化剂氧化，但是随着还原性物质质量的增加，氧化反应的诱导期相应缩短，以此可以判断还原性物质的多少。其方法是将一定浓度和一定量的高锰酸钾溶液流入一定量的精甲醇中，在一定温度下测定其变色时间。时间越长，表示稳定性越好，精甲醇中的还原性物质越少，同时也可判定其他杂质清除得较干净；反之，时间越短，则稳定性越差。通常认为，易被氧化的还原性物质主是醛、胺、羰基铁等。

2. 溶解性杂质

根据甲醇杂质的物理性质，就其在水及甲醇溶液中的溶解度而言，大致可以分为水溶性、醇溶性和不溶性三类。

① 水溶性杂质。醚、C_1～C_5 醇类、醛、酮、有机酸、胺等，在水中都有较高的溶解度，当甲醇溶液被稀释时，不会被析出或变浑浊。

② 醇溶性杂质。C_6～C_{15} 烷烃、C_6～C_{16} 醇类，这类杂质只能在浓度很高的甲醇中被溶解，当溶液中甲醇浓度降低时，就会从溶液中析出，或使溶液变浑浊。

③ 不溶性杂质。C_{16} 以上烷烃和 C_{10} 以上醇类，在常温下不溶于甲醇和水，会在液体中析出结晶或使溶液变浑浊。

3. 无机杂质

除在合成反应中生成的杂质以外，还有从生产系统中夹带的机械杂质及微量其他杂质，如由粉末压制而成的酮基催化剂，在生产过程中因气流冲刷，受压而破碎，从而被带入粗甲醇中。由于钢制设备、管道、容器受到硫化物、有机酸等腐蚀，粗甲醇中会有微量含铁杂质。当采用甲醇脱硫剂时，被脱除的硫也带到粗甲醇中来，这类杂质虽然量很少，但影响很大，如微量铁在反应中生成的羰基铁 $[Fe(CO)_5]$ 混在粗甲醇中与甲醇共沸，很难处理。

4. 电解质及水

纯甲醇的电导率为 $4×10^7 \, \Omega \cdot cm$，由于水及电解质的存在，使电导率下降。在粗甲醇中，电解质主要有有机酸、有机胺、氨及金属离子，如铜、锌、铝、铁、钠等，还有微量的硫化物和氯化物。

知识点二：精甲醇的质量标准及分析方法

一、质量标准

精甲醇的质量是根据用途不同而定的，各国的甲醇质量标准有所差异，中国工业精甲醇质量国家标准见表 5.2。

表 5.2　工业精甲醇（GB 338—2011）质量国家标准

项目	指标		
	优等品	一等品	合格品
色度，Hazen 单位（铂–钴色号）≤	5		10
密度，ρ_{20}/（g·cm^{-3}）	0.791～0.792	0.791～0.793	
沸程（0 ℃，101.3 kPa）/ ℃　≤	0.8	1.0	1.5
高锰酸钾实验/min　≤	50	30	20
水混溶性实验　≥	通过实验 （1+3）	通过实验 （1+9）	
酸度（以 HCOOH 计），ω/% ≤	0.001 5	0.003 0	0.005 0
碱度（以 NH$_3$ 计），ω/% ≤	0.000 2	0.000 8	0.001 5
水，ω/% ≤	0.10	0.15	0.20
羰基化合物含量（以 HCHO 计），ω/% ≤	0.002	0.005	0.010
蒸发残渣含量，ω/% ≤	0.001	0.003	0.005
硫酸洗涤实验，Hazen 单位（铂–钴色号）≤	50		
乙醇的质量分数，ω/%	供需双方协定	—	—

二、分析方法

精甲醇的分析方法如下。

本实验方法所用试剂和水，除特殊注明外，均为分析纯试剂盒蒸馏水或同等纯度的水。

（一）色度的测定（按 GB 3143 的规定）

1. 原理

甲醇试样与铂-钴标准比色液目视比色。结果用铂-钴色度单位（每升 2 mg 六水合氯化钴和 1 mg 铂的溶液的颜色）表示。

2. 仪器和试剂

① 比色管。容量 100 mL，无色玻璃制品并带玻璃磨口塞。

② 盐酸。0.1 mol/L、6 mol/L。

③ 色度标准比色液的配制。准确称取 1.245 g 氯铂酸钾和 1.000 g 氯化钴，称准至 0.001 g。溶于适量水中，加入 200 mL 6 mol/L 盐酸，移于 1 000 mL 容量瓶中，用水稀释至刻度。此溶液为 500 号色度标准溶液。放于暗处，有效期一年。

取 500 号色度标准液 0、0.4 mL、1.0 mL、1.4 mL、2.0 mL、2.4 mL、3.0 mL、…、6.0 mL 分别注入各支 100 mL 比色管中，用 0.1 mol/L 盐酸稀释至刻度，即得 0、2、5、7、10、12、15、…、30 号色度标准比色液。放于暗处，有效期 15 天。

3. 测定步骤

取测定过外观的试样与色度标准比色液在白天或日光灯照明下，对正白色背景，轴向观察，比较出甲醇试样的色度号数。

4. 精密度

平行测定结果的差值不超过 2 个号数，取平均值为测定结果。

（二）密度的测定

1. 原理

在规定的温度范围内测定甲醇密度。由视密度换算为 20 ℃时的密度。

2. 仪器

① 密度计。0.750～0.800 g/mL，分刻度 0.001 g/mL，经过校正。

② 温度计。0～100 ℃水银温度计，分刻度 0.5 ℃。

③ 量筒。容量 200～250 mL。

3. 测定步骤

取适量甲醇试样置于清洁、干燥的量筒内，调节试样温度在 15～35 ℃范围内，准确至 0.2 ℃。将干净的密度计慢慢放入，使其下端距离量筒底部 20 mm 以上。待其稳定后，记录试样温度。按甲醇试样液面水平线与密度计管颈相交处取视密度。读数时，需注意密度计不应与量筒壁接触，视线与液面成水平线。

4. 计算

20 ℃时的密度 ρ_{20}（g/mL）按下式计算：

$$\rho_{20} = \rho_{\mathrm{T}} + 0.000\,93(T - 20) \tag{5-1}$$

式中，ρ_{T} 为 $T\ ^\circ\!\mathrm{C}$ 时的视密度，$\mathrm{g/mL}$；T 为测定时甲醇试样的温度，$^\circ\!\mathrm{C}$；$0.000\,93$ 为甲醇在 $15\sim$ $35\ ^\circ\!\mathrm{C}$ 范围内温度变化 $1\ ^\circ\!\mathrm{C}$ 时的温度密度校正值。

5. 精密度

平行测定结果的差值不超过 $0.001\ \mathrm{g/mL}$，取平均值为测定结果。

（三）沸程的测定

按 GB 7543 的规定进行测定。主温度计的示值范围为 $50\sim70\ ^\circ\!\mathrm{C}$，冷凝器规格符合 GB 7543 中 3.4.1 节的要求。

1. 原理

在规定条件下，取 $100\ \mathrm{mL}$ 甲醇试样在常压下进行蒸馏，测定初馏点、干点的温度及馏出体积。将测得的温度校正到标准下的温度。初馏点为在规定条件下进行蒸馏时，从冷凝器末端滴下第一滴液体的温度。干点为在规定条件下进行蒸馏时，蒸馏瓶底部最后一滴液体气化瞬间所观察到的温度，忽略瓶壁上的任何液体。馏程温度范围为初馏点与干点之间的温度。

2. 仪器

① 主温度计。棒状水银温度计，$50\sim70\ ^\circ\!\mathrm{C}$，分刻度 $0.1\ ^\circ\!\mathrm{C}$，储液泡与中间泡的距离不超过 $5\ \mathrm{mm}$。全浸式并经过校正。

② 辅助温度计。棒状水银温度计，$0\sim100\ ^\circ\!\mathrm{C}$，分刻度 $0.1\ ^\circ\!\mathrm{C}$，全浸式。

③ 支管温度计。容量 $130\ \mathrm{mL}$，硬质玻璃制品。

④ 异径量筒。容积 $100\ \mathrm{mL}$，$0\sim95\ \mathrm{mL}$，分刻度 $1\ \mathrm{mL}$；$95\sim100\ \mathrm{mL}$，分刻度 $0.1\ \mathrm{mL}$。

⑤ 屏蔽罩。用 $0.7\ \mathrm{mm}$ 金属板制成，无底，无盖，截面为矩形。

⑥ 石棉板。放在屏蔽罩内，两块，其尺寸为 $270\ \mathrm{mm} \times 200\ \mathrm{mm} \times 6\ \mathrm{mm}$，上块开直径 $50\ \mathrm{mm}$ 圆孔，下块开直径 $110\ \mathrm{mm}$ 圆孔。两孔在同一同心圆上。

⑦ 气压计。挂式，动槽水银温度计。

3. 仪器的安装

① 主温度计的位置：用适当材料的塞子固定在蒸馏瓶颈部，应不受蒸馏液体的冲击。温度计储液泡上端最细部分应与蒸馏瓶支管的内壁下缘在同一水平位置。

② 辅助温度计的位置：附在主温度计上，使其水银球位于甲醇沸点温度露出塞上部分的 $1/2$ 处。

③ 蒸馏瓶的位置：将蒸馏瓶放在屏蔽罩内两块石棉板的圆孔处，使其严密封堵圆孔，并固定在支架上。

④ 蒸馏瓶与冷凝器连接：使蒸馏瓶的支管伸入冷凝器的上端不小于 $25\ \mathrm{mm}$，并与其同轴。

4. 热源

酒精灯或煤气灯。

5. 冷却水

水温不超过 $20\ ^\circ\!\mathrm{C}$。

6. 测定步骤

蒸馏仪器必须清洁、干燥并冷至室温。调节甲醇试样温度为［（20±0.5）℃］时，用清洁、干净的异径量筒取 100 mL 试样放入支管蒸馏瓶中，并加入沸石或玻璃小球 3～5 粒。按③安装好蒸馏仪器，量取试样的异径量筒不需要干燥，放在冷凝器下端，使冷凝器末端进入异径量筒的部位不少于 20 mm，并且不低于刻度线，异径量筒口位置由不被甲醇腐蚀的软质料盖和棉絮封闭，以防甲醇挥发损失。接通冷却水，记录气压和气压计附属温度计读数，然后点燃酒精灯或煤气灯，调节火焰最小部分与蒸馏瓶瓶底接触，由开始加热至初馏点的时间为 5～10 min。记录从冷凝器末端滴下第一滴馏出液的温度为初馏点。此后蒸馏温度为每分钟馏出液 3～5 mL，并调节冷却水的流量，使蒸馏液的温度与取试样时的温度相差±0.5 ℃。当蒸馏瓶瓶底最后一滴液体汽化时的瞬间温度为干点。立即停止加热，静止 3 min 后，读取蒸馏液体积在 98 mL 以上。

7. 计算

馏程温度范围 T 按下式计算：

$$T = T_2 - T_1 \tag{5-2}$$

$$T_1 = t_a + \Delta t_1 + \Delta t_2 + \Delta t_3 \tag{5-3}$$

$$T_1 = t_b + \Delta t_1 + \Delta t_2 + \Delta t_3 \tag{5-4}$$

式中，T_1 为校正到标准状况下的初馏点，℃；T_2 为校正到标准状况下的干点，℃；t_a 为蒸馏时初馏点，℃；t_b 为蒸馏时干点，℃；Δt_1 为主温度计的校正值，℃；Δt_2 为主温度计水银柱露出塞上部分的校正值，℃；

$$\Delta t_2（初）= 0.00016 h_1 (t_a - t_2) \tag{5-5}$$

$$\Delta t_2（干）= 0.00016 h_2 (t_b - t_2) \tag{5-6}$$

式中，t_2 为辅助温度计的读数，℃；0.00016 为水银的视膨胀系数；h_1 为主温度计水银柱露出蒸馏瓶塞上部分初馏点水银柱的高度，℃；h_2 为主温度计水银柱露出蒸馏瓶塞上部分干点水银柱的高度，℃；Δt_3 为气压对甲醇沸点温度的校正值，℃，$\Delta t_3 = K(760 - p_0)$，$K$ 为气压变化 1 mmHg 对甲醇沸点温度的校正值，℃/mmHg。气压变化 1 mmHg 对甲醇沸点温度的校正值应符合表 5.3 规定。

表 5.3　气压与 K 值关系

气压/ mmHg	580～610	611～650	651～700	701～740	741～800
K 值/（℃·mmHg^{-1}）	0.037	0.036	0.035	0.034	0.033

$$p_0 = p + \Delta p_1 - \Delta p_2 + \Delta p_3 \tag{5-7}$$

式中，760 为标准气压，mmHg；p_0 为实验所在地点的气压换算到 0～45 ℃纬度时的气压，mmHg；Δp_1 为气压计的校正值，mmHg；Δp_2 为室温时气压换算到 0 ℃的气压校正值，mmHg；Δp_3 为实验地区纬度校正值，mmHg。

精密度：平行测定结果的差值不超过 0.2 ℃，取平均值为测定结果。

（四）高锰酸钾实验

1. 原理

甲醇中含有还原性杂质，在中性溶液中与高锰酸钾反应，还原高锰酸钾为二氧化锰。

2. 仪器

① 水浴。控制温度（15 ± 0.5）℃，低温恒温水浴或相当精度的仪器。

② 比色管。50 mL，五色玻璃制品，带玻璃磨口塞。

③ 移液管。2 mL。

3. 试剂和溶液

① 水的制备。取适量的水，加入足够量的稀高锰酸钾溶液，使其呈稳定的粉红色，煮沸30 min。如粉红色消失，则补加高锰酸钾溶液再呈粉红色，放冷备用。此溶液用时制备。

② 高锰酸钾溶液的制备。准确称取 0.200 g 高锰酸钾置于 1 000 mL 棕色容量瓶中，用水溶解，并稀释至刻度，摇匀。密封存放于暗处，使用期为一周。

③ 色标的配置。称取 2.500 0 g 氯化钴（$CoCl_2 \cdot 6H_2O$）和 2.800 0 g 硝酸铀酰（$UO_2NO_3 \cdot 6H_2O$）溶解于水，定量移于 1 000 mL 容量瓶中，加入 10 mL 硝酸溶液，用水稀释至刻度，摇匀备用。此溶液使用期为三个月。

4. 分析步骤

测定前对所使用的仪器预先用盐酸（1:1）泡洗，再用自来水洗净，然后用蒸馏水洗涤、干燥。用移液管取约 15 ℃的甲醇试样 50 mL，注入比色管中，放入（15 ± 0.5）℃水浴中。水浴中的水面要高出比色管中试样水平线之上，经过 15 min 后从水浴中取出比色管，用移液管加入 2 mL 高锰酸钾，记录加入第一滴的时间。加盖塞住，摇匀，放回水浴中。此后间隔一定时间从水浴中取出，与另一支注入等体积的色标的比色管（此管不必放入水浴中）进行对比，在白色背景下侧向观察甲醇试样的颜色变化。注意：避免将试样溶液直接暴露在阳光下，以防高锰酸钾分解。记录甲醇试样的颜色变化与色标颜色一致时的时间。此时间范围为高锰酸钾实验的测定时间。

5. 允许差

平行测定结果的差值不超过 3 min。取平均值为测定结果。

（五）水溶性实验

1. 原理

甲醇中含有烷烃、烯烃、高级醇等水溶性差的杂质，利用水溶性的差异，相对测定这类杂质的含量。

2. 比色管

同（四）高锰酸钾实验的比色管。

3. 测定步骤

取 10 mL 甲醇试样注入比色管中，再注入 30 mL 水混匀，放置 30 min 后，与另一支加入40 mL 水的比色管进行对比，在黑色背景下轴向观察，若甲醇试样与水一样澄清，则为一等品。取 5 mL 甲醇试样注入比色管中，再注入 45 mL 水混匀，放置 30 min 后，与另一支加入 50 mL水的比色管进行对比，在黑色背景下轴向观察，若甲醇试样与水一样澄清，则为二等品。

（六）水分的测定

1. 原理

甲醇试样中含有水分，与卡尔－费休试剂发生化学反应。

2. 比色管

实验室用仪器和永停电位法滴定装置。

3. 试剂和溶液

① 甲醇。水分含量不超过 0.05%，如甲醇中含水大于此量，按下法脱水：在 1 L 甲醇中放入 100 g 于 500 ℃灼烧的 5 A 分子筛，塞紧瓶塞，放置过夜，吸取上层清液使用。

② 吡啶。水分含量不超过 0.05%，如吡啶中含水大于此量，按甲醇脱水法脱水。

③ 碘。化学纯。

④ 浓硫酸。化学纯。

⑤ 无水亚硫酸钠。化学纯。

⑥ 二氧化硫的制备。钢瓶装或用浓硫酸分解亚硫酸钠制得。

⑦ 卡尔－费休试剂的制备。取 85 g 碘于干燥清洁的 1 L 带塞的棕色瓶中，加入 67 mL 甲醇，塞上瓶塞，振荡至碘全部溶解后，再加入 270 mL 吡啶，混匀，通入 63～67 g 二氧化硫，吸收液应放在冰浴中冷却，使其温度不超过 20 ℃。制备好的溶液放置暗处，24 h 后即可使用。

⑧ 卡尔－费休试剂的标定。取一定量的甲醇注入滴池中，其用量应足够淹没电极。接通电源，开动搅拌器，然后用卡尔－费休试剂滴定至电流计指针产生较大的偏转，并保持 1 min 不变为终点（此卡尔－费休试剂体积不用记录）。用微型注射器注入 1～5 mg 水，再用卡尔－费休试剂滴定至电流计指针产生与前次滴定同样大的偏转，并保持 1 min 不变即为终点。记下卡尔－费休试剂消耗的体积和水的质量。此溶液使用时标定。卡尔－费休试剂滴定度 T（mg/mL）按下式计算：

$$T = \frac{G}{V} \qquad\qquad (5-8)$$

式中，V 为消耗卡尔－费休试剂的体积，mL；G 为纯水质量，mg；

4. 测定步骤

取定量的甲醇（3 中的甲醇），注入滴定池中，用卡尔－费休试剂（3 中制备的），滴定至电流计指针产生较大的偏转，立即用吸管迅速加入 10 mL 甲醇试样，用卡尔－费休试剂滴定至电流计产生与标定时同样大的偏转并保持 1 min 稳定不变，即为终点。

5. 计算

水分含量 X_1 按下式计算：

$$X_1 = \frac{V_1 T}{V \rho_t \times 1\,000} \times 100\% \qquad\qquad (5-9)$$

式中，V_1 为消耗卡尔－费休试剂的体积，mL；T 为卡尔－费休试剂的滴定度，mg/mL；V 为甲醇试样的体积，mL；ρ_t 为在 t ℃时甲醇试样的密度，g/mL。

6. 精密度

平行测定结果，允许相对偏差不大于 10%。取平均值为测定结果。

（七）酸度或碱度的测定

1. 原理

甲醇试样用不含二氧化碳的水稀释，加入溴白里香酚兰指示剂，若试样呈酸性，则用氢氧化钠标准滴定溶液中和游离酸；若试样呈碱性，则用硫酸标准滴定溶液中和游离碱。

2. 试剂和溶液

① 氢氧化钠标准溶液。$c(NaOH)=0.01\ mol/L$。

② 硫酸标准溶液。$c(0.5H_2SO_4)=0.01\ mol/L$。

③ 溴白里香酚兰溶液。称取 0.1 g 溴白里酚兰溶解于 50%乙醇中，并稀释至 100 mL。

④ 不含二氧化碳水的制备。将蒸馏水放入烧瓶中煮沸 10 min，立即将装有碱石棉玻璃管的塞子塞紧，放冷后使用。

3. 仪器

① 滴定管。容量 10 mL，分刻度 0.05 mL。

② 三角瓶。250～300 mL。

4. 分析步骤

甲醇试样用等量的不含二氧化碳水稀释，加入溴白里香酚兰指示剂溶液鉴别，呈黄色为酸性反应，测酸度；呈蓝色则为碱性反应，测碱度。取 50 mL 无二氧化碳水，注入三角瓶中，加入 4～5 滴溴白里香酚兰指示剂溶液。测定游离酸时，用氢氧化钠标准溶液滴定至浅蓝色（不计消耗氢氧化钠标准滴定溶液的体积），然后用 50 mL 移液管加入 50 mL 甲醇试样，用氢氧化钠标准滴定至溶液由黄色变为浅蓝色，30 s 不褪色即为终点。测定游离碱时，用硫酸标准溶液滴定至溶液由蓝色变为黄色，30 s 不变色即为终点。

5. 计算的结果

以质量分数表示的酸度 X_1（以 HCOOH 计）或碱度 X_1（以 NH_3 计），分别按下面公式计算：

$$X_1=\frac{c_1V_1\times0.046}{50\rho_t}\times100\% \qquad (5-10)$$

$$X_2=\frac{c_2V_2\times0.017}{50\rho_t}\times100\% \qquad (5-11)$$

式中，c_1 为氢氧化钠标准滴定溶液的实际浓度，mol/L；V_1 为滴定消耗氢氧化钠标准滴定溶液的体积，mL；0.046 为与 1.00 mL 氢氧化钠标准滴定溶液 $[c(NaOH)=1.000\ mol/L]$ 相当的，以克表示的甲酸的质量；ρ_t 为在 t ℃时甲醇试样的密度，g/cm³；c_2 为硫酸标准滴定溶液的实际浓度，mol/L；V_2 为滴定消耗硫酸标准滴定溶液的体积，mL；0.017 为与 1.00 mL 硫酸标准滴定溶液 $[c(0.5H_2SO_4)=1.000\ mol/L]$ 相当的，以克表示的氨的质量。取两次平行测定结果的相对偏差不超过 30%。

（八）羰基化合物含量的测定

1. 原理

甲醇试样中的羰基化合物，在酸性介质中与 2,4-二硝基苯肼发生化学反应，生成 2,4-二硝基苯腙。将溶液转化成碱性后即呈红棕色。用分光光度计在波长 430 nm 处进行测量。

2. 试剂和溶液

① 苯乙酮。

② 2,4-二硝基苯肼。

③ 盐酸。

④ 氢氧化钠。

⑤ 无羰基甲醇的制备。取 1 L 甲醇放入蒸馏瓶中，加入 6 g 2,4-二硝基苯肼、10 滴盐酸，将蒸馏瓶放在水浴中，装上回流冷凝器，加热至沸腾并回流 3～4 h 后放置过夜，装上适宜的分馏柱和冷凝器进行缓慢蒸馏，弃去初馏液 75 mL，接收随后馏出液 850 mL，余下的弃去。如果馏出液带颜色，则应重新蒸馏。

⑥ 氢氧化钠溶液。称取 10 g 氢氧化钠，溶解于 20 mL 水中，冷却后加入 80 mL 无羰基甲醇，混合均匀。当日配制。

⑦ 2,4-二硝基苯肼溶液。称取约 6 g 2,4-二硝基苯肼，称准至 0.001 g，溶于 49 mL 无羰基甲醇中，加入 1.5 mL 盐酸，混合均匀。当日配制。

⑧ 羰基化合物标准溶液的制备。用针筒减量法（针尖用硅橡胶封住），称取 1.200 g 苯乙酮注入 100 mL 干燥的容量瓶中，用无羰基甲醇稀释至刻度，摇匀，此溶液为 A 溶液。

⑨ 取 A 溶液 1 mL 于 100 mL 干燥的容量瓶中，用无羰基甲醇稀释至刻度，摇匀，此溶液为 B 溶液。B 溶液 1 mL 含苯乙酮 0.000 12 g，相当于甲醛 30 μg。

3. 仪器

① 水浴。可控制温度为（50±2）℃。

② 比色管。容量 2 mL，无色玻璃制品，带玻璃磨口塞。

③ 移液管。容量 1 mL、2 mL、10 mL，分刻度为 0.1 mL。

④ 容量瓶。容量 25 mL、100 mL。

⑤ 分光光度计。

4. 羰基化合物标准曲线的绘制

取数个 25 mL 容量瓶，分别准确地加入 B 溶液 0 mL、2.5 mL、5.0 mL、7.5 mL、10 mL、12.5 mL、15.0 mL、20.0 mL，用无羰基甲醇稀释至刻度，相当于每毫升含 0 μg、3 μg、6 μg、9 μg、12 μg、15 μg、18 μg、24 μg 甲醛。从上述各容量瓶中各取 15 mL 后，用分光光度计在波长 430 nm 处（用 5～10 mm 比色皿，以试剂补偿溶液调节吸光度的零点），测定每个标准溶液的吸光度。以测得的吸光度值为纵坐标，标准溶液的甲醛含量为横坐标，绘制标准曲线。此曲线使用期为 3 个月。

5. 分析步骤

用移液管移取 1 mL 甲醇试样置于此比色管中，取 1 mL 无羰基甲醇于另一支比色管中，以调节吸光度的零点。测定吸光度的步骤按照 4 进行操作。将测得的试样的吸光度从标准曲线上查出相当于甲醛含量的质量（μg）。如果甲醇试样中含羰基化合物超过曲线范围，则取 0.5 mL 试样用无羰基甲醇稀释至 1 mL。

6. 结果表示

羰基化合物（以 HCOOH 计）含量 X_3 以质量分数按式计算：

$$X_3 = \frac{m}{V \times \rho_t \times 10^6} \times 100\% \qquad (5-12)$$

式中，m 为从标准曲线上查出的甲醛含量，μg；V 为甲醇试样的体积，mL；ρ_t 为在 t ℃时甲醇试样的密度，g/cm^3。

取两次平行测定结果的相对偏差不超过 20%。

（九）蒸发残渣的测定

1. 原理

将试样在水浴上蒸发至干后，在（110±2）℃干燥至恒重。

2. 仪器

① 铂、石英或硼酸盐玻璃蒸发皿，容积 150 mL。

② 恒温水浴。

③ 烘箱：（110±2）℃。

3. 分析步骤

将蒸发皿放在烘箱中，于（110±2）℃下加热 1 h，取出，放入干燥器中冷却 45 min 后，称重（准至 0.000 1 g）。重复上述操作至恒重，即相邻两次称重的差值不超过 0.000 2 g。

移取（100±0.1）mL 试样于蒸发皿中，放于水浴上，维持适当温度，在通风柜中蒸发至干。将蒸发皿自水浴上移开，皿外面用擦镜纸擦干净，再将其置于预先调节并恒温至（110±2）℃的烘箱中加热 2 h，取出，放入干燥器内冷却 45 min，称重（准至 0.000 1 g），再放入烘箱加热 1 h，于干燥器中冷却 45 min，称至恒重，即相邻两次称重的差值不超过 0.000 2 g。

4. 结果计算

蒸发残渣以质量分数计，按下式计算：

$$\frac{m}{\rho V} \times 100\% \tag{5-13}$$

式中，m 为蒸发残渣量，g；V 为试样的体积，mL；ρ 为试样在 t ℃时的密度，g/L。

三、甲醇的工业分析控制

（一）甲醇合成的分析控制

甲醇合成工序的分析点通常有 3 个，即反应入口气、循环气和排污液，见表5.4。

表 5.4　甲醇合成分析控制表

序号	样品名称	指标		分析方法
1	反应入口气	CO_2	0～15%（体积分数，下同）	ASTM D 1945
		CO	0～10%	ASTM D 1945/1946
		H_2	0～80%	ASTM D 1945/1946
		CH_4	0～30%	ASTM D 1945/1946
		N_2	0～40%	ASTM D 1945/1946
		甲醇	0～2%	蒸馏或色谱法

序号	样品名称	指标		分析方法
2	驰放气/循环气	CO_2	0～15%	ASTM D 1945
		CO	0～10%	ASTM D 1945/1946
		H_2	0～8100%	ASTM D 1945/1946
		CH_4	0～30%	ASTM D 1945/1946
		N_2	0～40%	ASTM D 1945/1946
		甲醇	0～2%	蒸馏或色谱法
3	排污液	pH	9～12	ASTM D 1293
		电导率	0～2 500 μS/cm	ASTM D 1125
		SiO_2	0～100 mg/L	ASTM D 859
		PO_4^{3-}	0～20 mg/L	ASTM D 515
		Cl^-	0～10 mg/L	ASTM D 512

（二）甲醇精馏的分析控制

甲醇蒸馏常有双塔工艺和三塔工艺，其主要分析项目有粗甲醇、回流液、侧线抽取液和甲醇产品的分析等，典型的分析项目见表5.5。

表5.5 甲醇精馏分析项目

序号	样品名称	指标		分析方法
1	化学品	NaOH	0～30%（质量分数）	ASTMD1067
2	粗甲醇1	高级醇	0～1%（质量分数）	色谱法
		丙酮+醛	0～1%（质量分数）	ASTM D 1612
		H_2O	10～20%（质量分数）	ASTM D 4052
3	粗甲醇2	高级醇	0～1%（质量分数）	色谱法
		丙酮+醛	0～1%（质量分数）	ASTM D 1612
		H_2O	10～20%（质量分数）	ASTM D 4052
4	膨化气	CO_2	0～15%（体积分数）	ASTM D 1945
		CO	0～10%（体积分数）	ASTM D 1945/1946
		H_2	0～100%（体积分数）	ASTM D 1945/1946
		CH_4	0～30%（体积分数）	ASTM D 1945/1946
		N_2	0～40%（体积分数）	ASTM D 1945/1946
		甲醇	0～2%（体积分数）	蒸馏或色谱法

序号	样品名称	指标		分析方法
5	回流液	高级醇	0～1%（质量分数）	色谱法
		丙酮＋醛	0～5%（质量分数）	ASTM D 1612
		H_2O	0～1%（质量分数）	ASTM D 4052
6	预塔粗甲醇	高级醇	0～1%（质量分数）	色谱法
		丙酮＋醛	0～5%（质量分数）	ASTM D 1612
		H_2O	0～1%（质量分数）	ASTM D 4052
7	尾气	CO_2	0～80%（体积分数）	ASTM D 1945
		CO	0～2%（体积分数）	ASTM D 1945/1946
		H_2	0～5%（体积分数）	ASTM D 1945/1946
		CH_4	0～10%（体积分数）	ASTM D 1945/1946
		丙酮＋醛	0～1%（质量分数）	
		甲醇	0～30%（体积分数）	蒸馏或色谱法
8	工艺用水	甲醇	0～5%（体积分数）	蒸馏或色谱法
		高级醇	0～5%（质量分数）	色谱
		NaOH	$0～100×10^{-6}$	ASTM D 1067
		pH	7～10	ASTM D 1293
		Cl^-	0～10 mg/L	ASTM D 512
9	侧线抽取液	甲醇	0～50%（体积分数）	蒸馏或色谱法
		高级醇	0～30%（质量分数）	蒸馏或色谱法
		NaOH	$0～100×10^{-6}$	ASTM D 1067
		pH	7～10	ASTM D 1293
		Cl^-	0～10 mg/L	ASTM D 512
		相对密度 20/20 ℃	7～10	ASTM D 4052
		丙酮	0～0.01%（质量分数）	ASTM D 1612
		乙醇	0～0.005%（质量分数）	色谱法
		丙酮＋醛	0～0.015%（质量分数）	ASTM D 1612
		酸度		ASTM D 1613
		碳化值		ASTM E 346
		色度		ASTM D 1209
		水		ASTEM E 1064
		气味		ASTM D 1296

续表

序号	样品名称	指标	分析方法
10	甲醇产品	外观和碳氢化合物	ASTM E 346
		馏程	ASTM D 1078
		非挥发成分	ASTM D 1353
		高锰酸钾测试时间	ASTM D 1363
		碱度（NH₃计）	ASTM D 1614

四、主要分析方法简介

（一）气体分析仪法

1. 原理

根据气体组分化学性质不同，采用不同的吸收液分别进行吸收，由吸收前后气体体积的变化，可计算气体中某些组分的含量。对于气体的另一些组分，则在一定条件下，使之燃烧或爆炸，然后按其体积的变化或借助吸收液的吸收，计算气体组分的含量。

① 二氧化碳用氢氧化钠溶液吸收。

② 用焦性没食子酸钾溶液吸收氧气。

③ 用氨性氯化亚铜溶液吸收一氧化碳。

④ 爆炸法测氢气和甲烷。

2. 仪器

采用气体分析仪。

（二）气相色谱法

1. 原理

气体中各组分通过一定长度色谱柱，保留时间不同。当气体流出色谱柱时，分离成单一组分，进入热导池反应器中，用外标法定量，比较标准样品与待测样品的峰高或峰面积，从而计算各组分的含量。

2. 仪器

采用气相色谱仪（进口仪器如美国安捷伦6890或同等类型产品；国产仪器如北分生产的3400型或同类型产品）。

【知识拓展】

国 际 标 准

美国联邦甲醇质量标准见表5.6（O－M－232k）。

表 5.6　美国联邦甲醇质量标准（O−M−232k）

成分	指标	方法
甲醇/%	≥99.85	ASTM E−346
水/%	≤0.1	
乙醇/（×10⁻⁶）	≤80	ASTM E−346
酸度（以醋酸表示）/（×10⁻⁶）	≤15	ASTM D−1613
羰基化合物（以丙酮表示）/（×10⁻⁶）	≤30	ASTM D−1612
碱度（以氨表示）/（×10⁻⁶）	≤2	ASTM D−974
硫/（×10⁻⁶）	≤0.1	ASTM D−4045
相对密度	0.791 0~0.792 1	ASTM D−891
馏程（101 325 Pa）/℃	64.0~65.5	ASTM D−1078
高锰酸钾测试（20 ℃）/min	≥50	ASTM D−1363
颜色（Pt−Co）		ASTM D−1209
蒸发残余物含量/（×10⁻⁶）	≤10	ASTM D−134653
水溶性实验	澄清	
气味	无特别气味	
外观	无色透明液体 无见不纯物	

（一）外观

1. 原理

将甲醇试样与水进行比较，观察视样的澄清度和机械杂质。

2. 测定步骤

取试样注入 100 mL 比色管至刻度线，在充足的阳光下观察。一、二级品应为无色透明液体，无可见杂质；三级品应为透明液体，无可见杂质。保留比色管中的试样为测定色度时的试样。

（二）乙醇的测定

1. 原理

甲醇试样中含有乙醇等杂质，通过色谱柱分离，用氢火焰离子化检测器检测，以内标校正曲线法定量。

2. 试剂

① 载气。氮气，纯度 99.9%。

② 燃气。氢气，经过净化干燥。

③ 助燃气。空气，经过净化干燥。

④ 色谱级固定液。山梨醇。

⑤ 甲醇。乙醇含量不超过 10×10^{-6}，如乙醇含量大于此量，可用本底扣除法测定。

⑥ 乙醇。经过测定的已知含水量的无水乙醇。

⑦ 异丙醇。色谱纯。

⑧ 载体。经酸洗的 6201 载体，60～80 目。

3. 仪器

① 气相色谱柱。FID 检测器，敏感度 $M > 1 \times 10^{-10}$ g/s。

② 色谱柱。柱长 5～6 m、内径 3～4 mm 的不锈钢管。使用前充分清洗干净，干燥后备用。

③ 固定相的配制：称取 25～30 g 山梨醇置于 600 mL 烧杯中，加入 300 mL 甲醇溶解，将烧杯放在水浴上微热并轻微搅拌使山梨醇溶解后，加入 70～75 g 载体继续加热，同时轻微搅拌，待甲醇溶剂蒸发至干。然后移于 50～60 ℃ 真空箱中经 4～6 h 或移于 70～80 ℃ 烘箱中经 6 h 取出装柱。

④ 色谱柱的老化。在通入载气下于 130 ℃ 老化 8～12 h。

⑤ 记录仪。满量程 1～10 mV。

⑥ 注射器。10 μL。

4. 标准曲线的配制

① 异丙醇内标溶液。量取 80 mL 甲醇置于 100 mL 容量瓶，加入 1 mL 异丙醇，再用甲醇稀释至刻度，混匀。

② 乙醇标准溶液：取清洁、干燥并已称量的 100 mL 容量瓶，注入 80 mL 甲醇后称量，称准至 0.000 2 g。再注入 1 mL 乙醇，称量，用减量法获得乙醇的量。然后注入甲醇至容量瓶的刻度线，再称量。

③ 乙醇标准溶液中乙醇含量 i_1（%）按下式计算：

$$i_1 = \frac{E(100 - A)}{W} \tag{5-14}$$

式中，E 为乙醇量，g；A 为乙醇中水的质量分数，%；W 为乙醇与甲醇的总量，g。

④ 标准样品：取清洁、干燥的 25 mL 容量瓶 6 支，分别注入 20 mL 甲醇，用移液管分别向各容量瓶中注入 1 mL 异丙醇内标溶液，再用移液管分别注入 0.0 mL、0.5 mL、1.0 mL、1.5 mL、2.0 mL、2.5 mL 乙醇标准溶液，然后向各容量瓶中注入甲醇至刻度，混匀。

⑤ 每个标准样品中乙醇含量 i_2（$\times 10^{-6}$）按下式计算：

$$i_2 = \frac{B \times 10^4}{25} \tag{5-15}$$

式中，B 为乙醇标准溶液的体积，mL；25 为标准样品的体积，mL。

5. 标准曲线的绘制

测出每个标准样品中的乙醇色谱峰高（$h_乙$）及异丙醇内标色谱峰高（$h_异$），分别求出乙醇峰高与异丙醇峰高的比值 $r(h_乙/h_异)$，再由各个 r 值减去空白 $r^0(h_乙^0/h_异^0)$，得到校正过的 $r'(h_乙'/h_异')$，然后以标准样品的乙醇加入量为纵坐标，以 $r'(h_乙'/h_异')$ 值为横坐标作图，使校正曲线通过原点。

每个标准样品的定量校正因子 m 按下式计算：

$$m = \frac{D}{r} \qquad (5-16)$$

式中，D 为标准样品中加入乙醇的量，$\times 10^{-6}$；r 为乙醇峰高及异丙醇峰高的比值。

再用各标准样品的定量校正因子 m 求出平均值 $\bar{m}$。

6. 测定步骤

① 色谱仪操作条件：柱温 100 ℃；汽化室温度 150 ℃；检测器温度 150 ℃；载气流速根据测定条件选定，应使乙醇峰和异丙醇峰达到最佳分离；氢气、空气流速根据测定条件选定，应使检测器达到最高灵敏度。

② 甲醇试样的测定：取 20 mL 甲醇试样注入清洁的 25 mL 容量瓶中，再用移液管注入 1.0 mL 异丙醇内标溶液，然后注入甲醇试样至容量瓶刻度，摇匀。进样量为 1～10 μL。得到色谱图。

7. 计算

乙醇含量 X_6 按下式计算：

$$X_6 = m \times \frac{h_乙}{h_异} \qquad (5-17)$$

式中，m 为平均定量校正因子；$h_乙$ 为乙醇的峰高；$h_异$ 为异丙醇内标的峰高。

当甲醇试样中乙醇含量低于 50×10^{-6} 时，应配制适合的内标准曲线。

8. 精密度

平行测定结果，允许相对偏差 $0 \sim 1 \times 10^{-4}$ 为 30%，$1 \times 10^{-4} \sim 1 \times 10^{-3}$ 为 10%，取平均值为测定结果。

知识点三：精制的要求及方法

一、精制要求

将粗甲醇进行精制，可以清除其中的杂质，但要求将粗甲醇中的杂质全部清除是不可能的，由于精甲醇中杂质含量极微，并不影响精甲醇的使用价值，可以将其近视为纯净的甲醇。优质甲醇的指标集中表现在沸程短，纯度高，稳定性好，有机杂质含量极少。一般精甲醇中各组分含量在表 5.7 所列范围之内。

精甲醇中可能含有痕量的金属，如铁、锌、铬、铜等，这些杂质是由萃取蒸馏加水、催化剂尘粒及设备和污染管路中带入的，如将这些金属换算成氧化物，含量一般不超过 $1 \times 10^{-4}\% \sim 4 \times 10^{-4}\%$。

表 5.7　精甲醇中各组分含量

物质	含量/%	物质	含量/%
二甲醚	痕量～0.002 54	甲基	痕量～0.000 83
甲乙醚	痕量～0.000 06	丙烯醛	0.000 70
乙醛	0.000 27～0.000 65	丙酸甲酯	0.000 5～0.003 70
二甲氧基甲烷	0.003 13	丁酮	0.001 4～0.003 70
甲酸甲酯	0.000 3～0.000 77	甲醇	99.66～99.98
丙醛	0.000 7～0.002 70	乙醇	0.002～0.03
1,1－二甲氧基乙烷和异丁醛	0.000 4～0.001 0	油醛	0.000 48

二、精制方法

为了得到纯甲醇，利用甲醇与各杂质之间各种物理性质上的差异，将杂质分离，在精制时，通常用精馏的方法。早期高压法甲醇合成工艺由于副产物较多，粗甲醇精制时，除了采用精馏的方法，也采用高锰酸钾化学方法除去粗甲醇中的杂质。随着催化剂及合成条件的改进，粗甲醇的质量得到改善，现代工业上粗甲醇的精制过程已取消了高锰酸钾的化学净化方法，而主要采用精馏过程。在精馏之前，用氢氧化钠中和粗甲醇中的有机酸，使其呈弱碱性，pH 为 8～9，可以防止工艺管路和设备的腐蚀，并促进胺类与羰基化合物的分解，通过精馏可以脱出轻组分、重组分和水。

精馏又称为分馏，它是蒸馏方法的一种。精馏的原理是利用液体混合物中各组分具有不同的沸点，在一定温度下，各组分相应具有不同的蒸气压。当液体混合物受热汽化，与其蒸汽相平衡时，在气相中易挥发物质蒸汽占较大比重，将此蒸汽冷凝而得到含易挥发物质组分较多的液体，其中易挥发物质的组分又增加了，如此继续往复，最终就能得到接近纯组分的各物质。即将液体混合物在精馏设备中经过多次部分汽化、多次部分冷凝而最终达到分离提纯的目的。

精馏实质上就是沸腾着的混合物的蒸汽经过精馏塔进行着一系列的热平衡。操作时，将精馏塔顶凝缩而得到液体的一部分，由塔顶回流入塔内，使其与从蒸馏釜中连续上升的蒸汽密切接触，上升蒸汽部分凝放出热量，使下降的凝缩液部分汽化，两者之间发生了热交换和质交换。如此往复多次，就等于进行了多次热平衡，从而提高了各组分的分离程度，达到了多次蒸馏的目的。精馏过程中，在精馏塔各块塔板上形成了浓度梯度，以达到分离混合物的目的。

精馏通常可将液体混合物分离为塔顶产品和塔底产品两个部分。也可根据混合物中各组分沸点的不同，分别从相应的塔板引出馏分，进行多元组分的分离。

【知识拓展】

安 全 生 产

一、标识

中文名：甲醚；二甲醚。

英文名：methyl ether；dimethyl ether。

结构式：CH_3OCH_3。

相对分子质量：46.07。

CAS 号：115.10.6。

危险性类别：第 2.1 类易燃气体。

化学类别：醚。

二、主要性状与毒理

二甲醚常温下为无色气体，有略似氯仿的嗅味，比空气重，在空气中允许浓度为 0.05 mg/L。

二甲醚为弱麻醉剂，对呼吸道有轻微的刺激作用，如长期接触，会使皮肤发红、水肿、生疮；血液中嗜伊红白血球增多。长期、反复受到二甲醚的作用时，皮肤对此感受性增强。

中毒症状：体积分数为 7.5%时，吸入 12 min 后仅自感不适；体积分数到 8.2%时，21 min 后共济失调，视觉障碍，30 min 后轻度麻醉，血液流向头部；体积分数为 14%时，经 23 min 引起运动共济失调及麻醉，经 26 min 失去知觉。

三、预防与急救

在二甲醚气体浓度较高的场合工作，需防止有明火与静电产生，工作者必须戴隔离式防毒面具。发现中毒时，应立即将中毒者脱离现场，到空气新鲜的地方。

四、二甲醚的燃爆与消防

1. 二甲醚的理化性质

二甲醚的熔点为 -141.5 ℃，沸点为 -23.7 ℃，相对密度（水 =1）为 0.66，相对密度（空气 =1）为 1.62，饱和蒸气压为 533.2 kPa（20 ℃），燃烧热为 1 453 kJ/mol，临界温度为 127 ℃，临界压力为 5.33 MPa，折射率为 1.344 1（-42.5 ℃）。

溶解度：溶于水、醇、乙醚。

禁忌物：强氧化剂、强酸、卤素。

燃烧分解产物：一氧化碳、二氧化碳、水。

2. 二甲醚的燃爆特性与消防

燃烧性：易燃。

爆炸下限：3.4%。

爆炸上限：27.0%。

最小点火能：0.29 mJ。

最大爆炸压力：0.880 MPa。

闪点：无意义。

引燃温度：3 500 ℃。

危险特性：易燃气体，与空气混合能形成爆炸性混合物。接触热、火星、火焰或氧化剂时，易燃烧爆炸。接触空气或在光照条件下，可生成具有潜在爆炸危险性的过氧化物。气体比空气重，能在较低处扩散到相当远的地方，遇明火会引着回燃。

灭火方法：切断气源。若不能立即切断气源，则不允许熄灭正在燃烧的气体。喷水冷却容器，尽可能将容器从火场移至空旷处。

灭火剂：雾状水、抗溶性泡沫、干粉、二氧化碳、砂土。

【自我评价】

一、填空题

1. 甲醇中杂质种类很多，按其性质不同，分为_____、_____、_____、电解质及水。

2. 高锰酸钾实验用来检测甲醇中_____的含量，保色时间越_____，含量越少。

3. 沸程即_____和_____之间的温度。沸程越_____，甲醇纯度越高。

4. 初馏点即_____。

5. 干点即_____。

6. 甲醇中，酸的含量以_____含量来计算，碱的含量以_____含量来计算。

7. 目前粗甲醇精制的方法主要是_____，早期也采用_____等化学方法来除去其中杂质。

8. 将粗甲醇中的杂质按沸点不同，可大致分为_____、_____、_____、_____。

9. 为了得到纯甲醇，利用甲醇与各杂质之间各种物理性质上的差异，将杂质分离，在精制时，通常用_____方法。

10. _____是衡量精甲醇中还原性杂质的多少。

二、判断题

1. 甲醇精制过程中，对设备腐蚀的有害物质有二氧化碳、有机酸、水等。　（　　）

2. 精甲醇产品的分析只测定甲醇中的水含量。　（　　）

3. 粗甲醇中的有机胺类物质含量高，易造成甲醇产品酸度超标。　（　　）

4. 甲醇产品中的烷烃含量高，易造成产品的高锰酸钾氧化实验不合格。　（　　）

5. 甲醇精馏系统的碱液浓度低，易造成甲醇产品酸度超标。　（　　）

三、选择题

1. 精馏需要配碱，可以用来配碱的溶剂为（　　）。

A. 锅炉水　　　　B. 一次水　　　　C. 脱盐水　　　　D. 甲醇液

2. 我国甲醇产品的标准中，符合高锰酸钾实验 50 min，游离酸≤0.001 5%，游离碱≤0.000 2% 的甲醇是（　　）。

A. 优等品　　　　B. 一级品　　　　C. 二等品　　　　D. 合格品

3. 甲醇精馏单元，中间控制分析的甲醇产品质量指标是（　　　）。

A. 水分含量　　　　　　　　　　　　　　B. 流程

C. 游离酸含量　　　　　　　　　　　　　D. 游离碱含量

4. 我国甲醇产品中有关优等品和一级品分析项目指标相同的是（　　　）。

A. 水溶性实验　　　　　　　　　　　　　B. 馏程范围

C. 高锰酸钾实验　　　　　　　　　　　　D. 水分含量

5. 我国标准优等甲醇中，游离酸（以 CHOOH 计）含量为（　　　）。

A. ≤0.005 0%　　　　　　　　　　　　　B. ≤0.003 0%

C. ≤0.002 0%　　　　　　　　　　　　　D. ≤0.001 5%

6. 国标甲醇产品中的碱度指标以（　　　）计量。

A. 氢氧化钠　　　B. 氢氧化钙　　　C. 氨　　　　　　　D. 氢氧化钾

7. 如甲醇产品中石蜡含量较高，主要影响产品的（　　　）指标。

A. 水溶性　　　　　　　　　　　　　　　B. 氧化实验

C. 色度　　　　　　　　　　　　　　　　D. 羟基化合物含量

8. 甲醇产品中，（　　　）物质含量高，会造成水溶性实验不合格。

A. 甲醛　　　　B. 乙酸　　　　　C. 甲酸　　　　　　　D. 石蜡

9. 甲醇产品中，（　　　）物质含量高，会造成氧化实验不合格。

A. 醚类　　　　　　　　　　　　　　　　B. 水

C. 高级醇类　　　　　　　　　　　　　　D. 烷烃

四、简答题

1. 粗甲醇精馏的目的是什么？

2. 简述精甲醇稳定性的测定方法。

3. 粗甲醇中，轻、重馏分的定义是什么？

4. 精甲醇的质量标准有哪些？

任务二　粗甲醇精馏工艺流程分析与选择

【任务分析】

　　甲醇装置的大型化和工艺流程的优化控制对节能降耗、提高经济效益有着至关重要的作用。因此，生产过程中选择合理的精馏工艺，以求最大限度地节能并提高产品质量。本任务要求学生熟悉各种精制工艺流程，并能进行粗甲醇精制工艺流程分析及选择。

【知识链接】

　　工业生产上粗甲醇的工艺流程，因粗甲醇合成方法不同而有所差异，其精制过程的复杂程度有一定差别，但基本原理是一致的。首先，利用精馏的方法在精馏塔的顶部脱出比甲醇沸点低的轻组分，这时也可能有部分高沸点的杂质与甲醇形成共沸物，随轻组分一起从塔顶出去；其次，仍利用精馏的方法在塔的底部或底侧除去水和重组分，从而得到纯净的甲醇组分；最后，根据精甲醇对稳定性或其他特殊指标的要求，采取必要的辅助方法。

目前，随着催化剂、粗甲醇合成条件以及制取物料气方法的改进，粗甲醇的精制过程相应有较大的改变。应对这些条件进行综合考虑，并结合精馏过程中能源消耗的降低、自动化程度的提高、对精甲醇质量特殊要求等，合理选择适当的精馏工艺流程。

在制订粗甲醇精馏的工艺流程时，应考虑如下问题。

① 根据甲醇工艺采用锌铬催化剂合成粗甲醇的高压法，获得的粗甲醇质量较差，所以精制方法采用了精馏和化学净化相结合，比较复杂。目前，世界上新建的甲醇工厂都采用了铜系催化剂中、低压法合成甲醇，国内也相继采用了铜系催化剂，改善了粗甲醇的质量。实验证明，粗甲醇的杂质含量主要取决于催化剂本身的选择性，而反应温度、反应压力对其影响并不显著，表 5.8 列出了铜系催化剂在不同温度、压力下合成的粗甲醇杂质含量（空速 $1\,000\ h^{-1}$，气体组成 $w(CO)+w(CO_2)+w(H_2)=73.2\%$、$w(N_2)+w(CH_4)=26.8\%$）。

表 5.8　不同条件下合成粗甲醇（铜系催化剂）的杂质含量

合成压力/MPa	杂质含量/%					
	200 ℃	220 ℃	240 ℃	260 ℃	280 ℃	300 ℃
5	0.1	0.2	0.3	0.4	0.4	0.5
7	0.1	0.2	0.3	0.5	0.7	0.8
10	0.1	0.2	0.3	0.6		0.8
15	0.1	0.2	0.2	0.3	0.5	0.6
20	0.1	0.2	0.2	0.4	0.6	0.8

由表 5.8 可知，铜系催化剂合成的粗甲醇杂质含量一般小于 1%，仅为锌铬催化剂的 1/10 左右，不必再用化学净化方法进行处理，而且降低了精馏塔的负荷，并可缩小精馏塔的尺寸和减少蒸馏过程的热负荷。目前，工业生产上一般采用双塔或三塔流程，就能获得优级工业甲醇产品。

② 在简化工艺流程时，还应考虑甲醇产品质量的特殊要求及蒸馏过程中甲醇的收率。

当精甲醇的质量对难以分离，不能用化学方法处理的乙醇杂质的含量有严格要求时（小于 10 mg/kg），或要求水分脱除干净，以及具有其他苛刻的质量指标等，即使改善了粗甲醇的质量，也需要较复杂的精馏方法，工业生产上有专门的工艺流程。进行降低这些杂质含量的操作时，常常容易造成产品甲醇的流失，从而降低了甲醇的收率。为了减少甲醇的损失，同时又确保甲醇产品的质量，则相应地增加了工艺流程的复杂程度。

③ 降低蒸馏过程的热负荷。精馏过程的能耗很大，且热能利用率很低，在能源极其宝贵的今天，粗甲醇的精馏也应向着节能方向发展。除改善粗甲醇质量，降低其分离难度，达到减小热负荷以外，在工艺流程中，应采取回收废热的措施；采用加压多效蒸馏；在选用新型精馏设备时，要充分考虑其有效分离高度，以减小回流比等。

④ 蒸发工艺操作集中控制。实现全系统计算机自动控制，维持最佳工艺操作条件，使产

品质量稳定地达到优等标准，提高产量及甲醇收率，降低能耗。

⑤ 重视副产物的回收。粗甲醇中的有些杂质是有用的有机原料，因此，在工艺流程中，应考虑副产品的回收。

⑥ 环境保护。粗甲醇中的许多有机杂质是有毒的，无论是排入大气，还是流入污水，都会造成环境污染，因此，在工艺流程中，应重视排污的处理，从而保护环境。

知识点一：精甲醇精馏的工艺流程

一、铜基催化剂合成粗甲醇的单塔精馏流程

铜基催化剂合成粗甲醇的单塔精馏流程

由于锌铬催化剂的改进，特别是 20 世纪 60 年代后期，铜系催化剂又开始用于甲醇的合成，大大改善了粗甲醇的质量。与此同时，精馏的设备和工艺也进行了一些改进。因此，粗甲醇精馏的工艺流程较传统工艺流程逐步得到了简化。

下面介绍几种目前工业上普遍采用的粗甲醇精馏工艺流程。粗甲醇精馏流程是根据对产品甲醇不同的质量要求而定的，一般可分为单塔、双塔以及三塔流程。如果产品为燃料级甲醇，可以采用较简单的单塔流程；如果想要获得质量较高的甲醇，常采用双塔流程；从节能的观点出发，还可以采用三塔流程。

图 5.1 是生产纯度较低的甲醇产品所使用的单塔精馏工艺流程简图。粗甲醇从塔中部加料口送入，低沸物由塔顶排出，高沸物在进料板以下若干塔板处引出，水从塔底除去，而甲醇产品在塔顶以下若干塔板处引出。

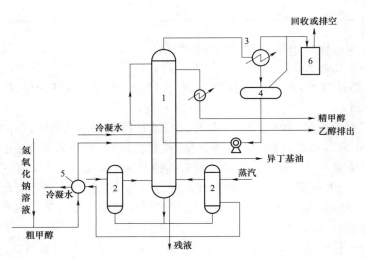

1—精馏塔；2—再沸器；3—冷凝器；4—回流罐；5—热交换器；6—液封。

图 5.1　粗甲醇单塔精馏工艺流程

由于铜系催化剂的使用，甲醇合成中，副反应明显减少，粗甲醇中，不仅还原性杂质含量大大减少，而且二甲醚的含量降低为几十分之一，因此，在取消化学净化的同时，采

用一台精馏塔就能够获得一般工业上所需的精甲醇。显然，单塔流程对节约投资和减少热能损耗都是有利的。

单塔流程更适用于合成甲基燃料的分离，很容易获得工业上所需的燃料级甲醇。

铜基催化剂合成粗甲醇
的双塔精馏流程

二、铜基催化剂合成粗甲醇的双塔精馏流程

双塔流程是目前应用较为普遍的甲醇精馏方式，设预精馏塔和主精馏塔，两塔再沸器的热源均来自循环气压缩机驱动透平排出的低压蒸汽。

预精馏塔分离轻组分和溶解的气体，如 H_2、CO、CO_2 等，塔顶取出的气体包括不凝性气体、轻组分、水蒸气以及甲醇，经过冷凝，大部分水和甲醇回流入塔。同时，从冷凝器抽出一小部分冷凝液，以减少挥发性较低的轻组分。为了减少塔顶排放气中甲醇的损失，塔顶冷凝器可做成二级冷凝。

主精馏塔主要除去重组分，包括乙醇、水及高级醇，同时获得产品精甲醇，含水和高沸点组分的甲醇从该塔中部进入，高级醇从加料板以下侧线引出，含微量甲醇的水从塔底排放，产品从近塔顶取出。

图 5.2 与图 5.3 分别是 ICI 与 MGC 双塔精馏的流程简图。

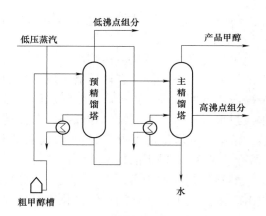

图 5.2　ICI 双塔精馏的流程简图

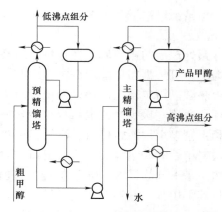

图 5.3　MGC 双塔精馏的流程简图

图 5.4 为某厂的粗甲醇双塔精馏流程图。在粗甲醇储槽的出口管（泵前）上，加入含量为 8%～10% 的 NaOH 溶液，使粗甲醇呈弱碱性（pH 为 8～9），其目的是促进胺类及羰基化合物的分解，防止粗甲醇中有机酸对设备的腐蚀。

加碱后的粗甲醇，经过热交换器用热水（各处汇集之冷凝水，约 100 ℃）加热至 60～70 ℃后进入预精馏塔。为了便于脱除粗甲醇中的杂质，根据萃取原理，在预精馏塔上部（或进塔回流管上）加入萃取剂，目前采用较多的是以蒸汽冷凝水作为萃取剂，其加入量为入料量的 20%。预精馏塔塔底侧有个再沸器，以蒸汽间接加热，供应塔内的热量。塔顶出来的蒸汽（66～72 ℃）含有甲醇、水和少量有机杂质。冷凝下来后，送至塔内回流。以轻组分为主的大部分有机杂质经塔顶液封槽后放空或回收作燃料。塔底为预处理后的粗甲醇，温度约为 75～85 ℃。

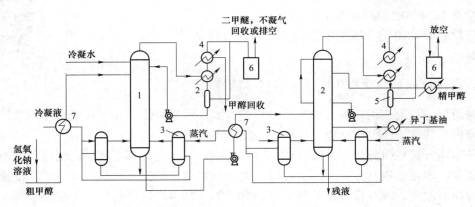

1—预精馏塔；2—主精馏塔；3—再沸器；4—冷凝器；5—回流罐；6—液封；7—热交换器。

图 5.4　某厂的粗甲醇双塔精馏工艺流程

为了提高预精馏后甲醇的稳定性及精制二甲醚，可在预精馏塔塔顶采用两级或多级冷凝。第一级冷凝温度较高，减少返回塔内的轻组分，以提高预精馏后甲醇的稳定性；第二级则为常温，尽可能回收甲醇；第三级要以冷冻剂冷却至更低温度，以净化二甲醚，同时又进一步回收了甲醇。

预精馏塔塔板数大多采用 50～60 层，如采用金属丝波纹填料，其填料总高度应达到 6～6.5 m。

预处理后的粗甲醇，在预精馏塔底部引出，由主精馏塔入料泵从主精馏塔中下部送入主精馏塔，可根据粗甲醇组分、温度及塔板情况调节进料板。塔底侧设有再沸器，以蒸汽加热供给热源。塔顶部蒸汽出来经过冷凝器冷却，冷凝液流入回流罐，再经回流泵加压送至塔顶进行全回流。极少量的轻组分与少量甲醇经塔顶液封槽溢流后，不凝性气体放空。在预精馏塔和主精馏塔顶液封槽内溢流的初馏物入事故槽。精甲醇从塔顶往下数第 5～8 块板上采出，可根据精甲醇质量情况调节采出口。精甲醇冷却器冷却到 30 ℃ 以下的精甲醇利用位能送至成品槽。塔下部约第 8～14 块板处，采出杂醇油。杂醇油和初馏物均可在事故槽内加水分层，回收其中甲醇，其油状烷烃另做处理。塔中部设有中沸点采出口（使用锌铬催化剂时，称为异庚酮采出口），少量采出有助于提高产品质量。

塔釜残液主要为水及少量高碳烷烃。控制塔底温度大于 110 ℃，相对密度大于 0.993，甲醇含量小于 1%。为了保护环境，甲醇残液需经过生化处理后方可排放。

主精馏塔板在 75～85 层，目前采用较多的是浮阀塔，而新型的导向浮阀塔和金丝网填料塔在使用中都显示了优良的性能和优点。

三、制取高纯度甲醇的三塔精馏流程

双塔精馏流程所获得的精甲醇产品，要求甲醇中乙醇和杂质含量控制在一定范围内即可。特别是乙醇的分离程度较差，由于它的挥发度和甲醇比较接近，分离较为困难。在一般双塔流程中，根据粗甲醇质量不同，精甲醇中乙醇含量约为 100～600 mg/kg。随着甲醇衍生产品的开拓，对甲醇质量提出了新的要求。为进一步降低乙醇含量（10 mg/kg 以下），则需适当改

变工艺流程。

改进工艺流程的目的如下。

① 生产高纯度无水甲醇。

② 不增加甲醇的损失量，甲醇回收率可达 95% 以上。

③ 从甲醇产品中分出有机杂质，特别是乙醇，而不增加甲醇的损失量。

④ 热能的综合利用。

图 5.5 所示为制取高纯度精甲醇三塔工艺流程。此流程采用了有效的精馏方法，从粗甲醇中分离出水、乙醇和其他有机杂质，以得到高纯度的甲醇，使甲醇含量达到 99.95%。

项目五 粗甲醇精制

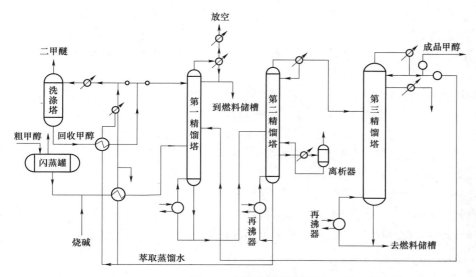

制取高纯度精甲醇三塔
工艺流程

图 5.5　制取高纯度精甲醇三塔工艺流程

粗甲醇在闪蒸罐中，释放出气体（甲烷、氢气等）及二甲醚、少量甲醇等。闪蒸气在洗涤塔中用循环水洗涤，回收甲醇、二甲醚和不溶解气体在顶部放空。洗涤塔底部的甲醇溶液经过热交换，与第二精馏塔底部出来的萃取水进行热交换，加热至进入第一精馏塔顶部的温度（60～80 ℃）。与萃取水混合后，进入第一精馏塔顶部下面的第 3～4 块板。此处甲醇溶液一般含甲醇 2%～10%。

从闪蒸罐出来的粗甲醇，加入氢氧化钠中和有机酸后，经过换热器，被萃取水加热至 60～80 ℃，进入第一精馏塔，大部分的杂质（除了微量的低沸物和高沸物）从塔顶蒸气中带走。馏出物的温度控制在 60～70 ℃。塔顶蒸汽在冷凝器中部分冷凝以后，再在冷却器中进一步冷却到常温。二甲醚和其他不凝性气体同少量的甲醇由冷凝器出口排放掉。冷凝液大部分返回第一精馏塔进行回流，采出量约占进料的 1.0%～3.5%，送燃料储罐。第一精馏塔的操作压力一般为 0～3.5 MPa。

第一精馏塔的釜底液一般含甲醇 15%～35%，温度为 70～90 ℃，送入第二精馏塔中部。第二精馏塔的操作压力一般为 0～0.35 MPa。在塔内从甲醇中分离出大部分水。第二精馏塔的釜液温度一般为 90～110 ℃，大约含有甲醇 0～15%、水 85%～100%，以及少量高级醇类和有机杂质。出塔后，分为两路流经热交换器，分别预热粗甲醇和洗涤塔，回收甲醇后，用作第一精馏塔的溶剂水和洗涤塔的洗涤水。从第二精馏塔下部侧线采出的高沸点杂质，部分是异丁醇和正丁醇，温度一般为 80～95 ℃，其组成大致是水 55%～75%、油和高级醇类 30%～35%、甲醇 1%～10%，在离析器中分为两层，大部分不溶于水的物质在上层，进行回收利用，下层含有水、甲醇和少量高沸物，作为粗甲醇回收或返回第二精馏塔的下部。

第二精馏塔的气相馏出物主要是甲醇，并含有少量的水和乙醇，以及微量的高沸点和低沸点杂质，温度一般为 65～75 ℃。其气相馏出物通过冷凝器部分冷凝成液体，返回塔内回流；未冷凝的馏出物从第三精馏塔中部的一块塔板进入。

第三精馏塔的操作压力一般为 0～0.35 MPa，底部温度为 75～90 ℃，含 30%～90% 甲醇、高级醇 1%～20%（包括乙醇）、其他有机物 0.5% 和低于 50% 的水，从塔釜采出一小部分，约为进塔量的 1.3%～14%，以排出乙醇和高级醇以及其他杂质。如果塔釜水的含量超过 50%，则乙醇在塔底得不到浓缩，而在塔内上升，这时除在塔釜采出一小部分外，还需在塔下部适当的位置（高级醇类浓缩处）侧线进行采出，以排出乙醇和高级醇类及有机杂质。

如果进入第三精馏塔的物料中轻组分含量很少，且可以忽略不计，那么其塔顶馏出物中，甲醇含量最少，为 99.95%，温度为 55～80 ℃，在冷凝器中全部冷凝。冷凝液分为两部分，其比例为（4～5):1，大部分返回塔内回流，小部分采出，即为成品甲醇。另一种情况是，如果进塔物料中含有比较多的轻组分杂质，则冷凝液的绝大部分返回塔顶回流，而少量（约占冷凝量的 0.1%～0.4%）返回第一精馏塔的中部，再去除轻组分杂质。这时由第三精馏塔顶部向下的第 4～6 块板采出甲醇，采出量与回流量的质量比一般为 1:（4～5）。

粗甲醇经过上述方法精馏，所获得的精甲醇纯度可达 99.95% 以上，甲醇回收率至少为90%，可高达 95%～99%。精甲醇中，乙醇含量小于 10 mg/kg。

四、双效法三塔粗甲醇精馏工艺流程

精馏过程的能耗很大，且热能利用率很低，为了提高甲醇质量和收率，降低蒸汽消耗，发展了双效法三塔粗甲醇精馏工艺流程。此流程的目的是更合理地利用热量，它采用了两个主精馏塔，第一主精馏塔加压精馏，操作压力为 0.56～0.60 MPa，第二主精馏塔为常压操作。第一主精馏塔由于加压，使物料沸点升高，顶部气相液化温度约为 121 ℃，远高于第二常压塔塔釜液体（主要是水）的沸点温度，将其冷凝潜热作为第二主精馏塔再沸器的热耗。据介绍，双效法三塔精馏流程较双塔精馏流程节约热能 30%～40%。

双效法精馏需要有压力较高的蒸汽作热源，而且对受压容器的材质、壁厚、制造也有相应的要求，投资较大。但对于粗甲醇精馏规格较大的装置，从长计议，效益是明显的。

双效法三塔粗甲醇精馏工艺流程如图 5.6 所示。在粗甲醇预热器中，用蒸汽冷凝液将粗甲醇预热至 65 ℃后，进入预蒸馏塔中进行蒸馏。在预蒸馏中除去粗甲醇中残余溶解气体及低沸物。塔内设置 48 层浮阀塔板（也可以采用其他塔型）。塔顶设置两个冷凝器，将塔内上升蒸汽中的甲醇大部分冷凝下来，进入回流槽，经回流泵进预蒸馏塔顶进行回流。不凝性气体、轻组分及少量甲醇蒸气通过压力调节后，至加热炉作燃料。预蒸馏塔塔底由低压蒸汽加热的再沸器向塔内提供热量。为防止粗甲醇对设备的腐蚀，在预蒸馏塔下部高温区加入一定量的稀碱液，使预蒸馏后甲醇的 pH 保持在 8 左右。

从预蒸馏塔塔底出来的预蒸馏后甲醇，经第一主精馏塔（即加压塔）进料泵加压后，进入加压塔精馏，加压塔为 85 块浮阀塔。塔顶蒸汽进入冷凝再沸器中，这样即可用加压塔气相甲醇的冷凝潜热来加热第二精馏塔（即常压塔）的塔釜，被冷凝的甲醇进入回流槽，在其中稍加冷却，一部分由加压塔回流泵升压至 0.8 MPa 送至加压塔塔顶作回流液，其余部分经加压塔甲醇冷却器冷却到 40 ℃后作为成品送至精甲醇计量槽。

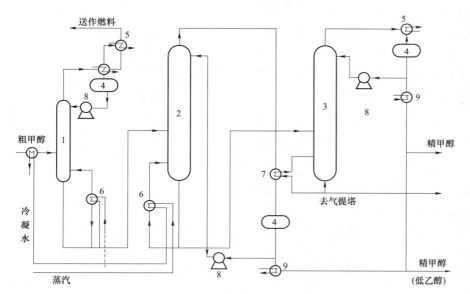

1—预精馏塔；2—第一精馏塔；3—第二精馏塔；4—回流液收集槽；

5—冷凝器；6—再沸器；7—冷凝再沸器；8—回流泵；9—冷却器。

图 5.6　双效法三塔粗甲醇精馏工艺流程

双效法三塔粗甲醇精馏
工艺流程

加压塔用低压蒸汽加热的再沸器向塔内提供热量，通过低压蒸汽的加入量来控制塔的操作温度。加压塔操作压力约为 0.57 MPa，塔顶操作温度约为 121 ℃，塔底操作温度约为 127 ℃。

从加压塔塔底排出的甲醇溶液送至常压塔下部，常压塔也采用 85 块浮阀塔。由常压塔塔顶出来的甲醇蒸气经常压塔冷凝器冷凝后，进入常压塔回流槽，一部分由常压塔回流泵加压后，送至常压塔顶进行回流，其余部分经常压塔冷却器进一步冷却后，送至精甲醇计量槽。常压塔塔顶操作压力约为 0.006 MPa，塔顶操作温度约为 65.9 ℃，塔底操作温度约为 94.8 ℃。

常压塔的塔底残液经气提塔进料泵加压后，进入废水气提塔，塔顶蒸汽经气提塔冷凝器冷凝后，进入气提塔回流槽，由气提塔回流泵加压，一部分送废水气提塔塔顶做回流，其余部分经气提塔甲醇冷却器冷却至 40 ℃，与常压塔采出的精甲醇一起送至产品计量槽。若采出的精甲醇不合格，可将其送至常压塔进行回收，以提高甲醇精馏的回收率。

气提塔塔底用低压蒸汽加热的再沸器向塔内提供热量，塔底下部设有侧线，采出部分杂醇油，并与塔底排出的含醇废水一起进入废水冷却器冷却到 40 ℃，经废水泵送至污水生化处理装置。

上述双效法三塔粗甲醇精馏工艺流程具有如下特点。

① 经预蒸馏塔脱除了轻组分杂质后的预蒸馏后甲醇分离是由两个主精馏塔来完成的。因

为加压塔的回流冷凝器也是常压塔的塔底再沸器，所以常压塔没有消耗新的热能，并且将加压塔的回流冷却用水也节省了。在开车时，在加压塔建立回流的同时，应在常压塔建立塔底液面，否则加压塔将无法达到冷凝的目的。

② 加压塔操作为 0.57 MPa，压力提高，相应塔中液体的沸点也升高。在加压塔中，塔顶 121 ℃，塔底 127 ℃，全塔温度差仅 6 ℃，而混合物组分间相对挥发度却减小，且无侧线馏出口，所以，为保证产品质量，操作温度应严格控制。

③ 加压塔的回流比、常压塔的负荷，以及加压塔塔压的控制，这三者相互影响，相互牵制，因此，在操作中对平衡的掌握也比双塔常压精馏有更高的要求。

🔄【知识拓展】

新工艺改进

一、其他工艺

1. 四塔甲醇精馏工艺

四塔甲醇精馏工艺是在三塔甲醇精馏工艺的基础上，在常压塔后增加 1 个气提塔用于回收常压塔侧线或釜液中的甲醇，其工艺流程如图 5.7 所示。其中，预塔和加压塔再沸器热源为低压蒸汽，常压塔再沸器热源为加压塔塔顶气相。四塔甲醇精馏工艺虽然增加 1 个气提塔，但是仍属于双效流程。

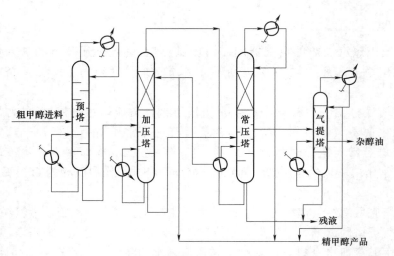

图 5.7　双效法四塔粗甲醇精馏工艺流程

2. 五塔精馏工艺

粗甲醇经泵加压送至预塔，预塔塔顶气相冷凝后送至回流槽重新回流到预塔，塔底釜液经泵加压送至常压塔。常压塔、低压塔、高压塔、末塔釜液依次后送，塔顶气相冷凝后，一部分回流，一部分作为产品采出，其工艺流程如图 5.8 所示。其中，末塔和高压塔再沸器热源为低压蒸汽，预塔再沸器热源为末塔塔顶气相，低压塔再沸器热源为高压塔塔顶气相，常压塔再沸器热源为低压塔塔顶气相。高压塔与低压塔、低压塔与常压塔、末塔与预塔形成了三组热集成模式，故称为三效节能流程。

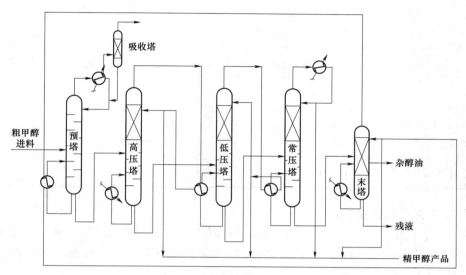

图 5.8　三效法五塔粗甲醇精馏工艺流程

兖矿国宏公司甲醇精馏装置精醇中乙醇含量偏高，约为 1 000 ppm，不能满足下游客户的需求。装置吨甲醇耗蒸汽约 1.2 吨，能耗较高。由于回收塔回流槽中的甲醇因乙醇含量过高而导致无法回收利用，精馏装置回收率偏低。

在原有工艺流程不做大调整的前提下，采用甲醇三效精馏工艺技术，对现有装置进行提质增效改造。新增高压塔、回收塔，即由改造前的"3+1"双效精馏改为"4+1"三效精馏。甲醇三效精馏工艺技术是原双效精馏技术的延伸，主体设备包括加压、常压、负压或高压、中压、常压三个塔，是由前一个塔塔顶气相作为后一个塔再沸器的热源，比原双效精馏技术多了一效，可进一步节能，吨甲醇的蒸汽耗量可以由双效的 1.1~1.2 降低到 0.8~0.9，而且产品质量高。该流程具有技术可靠、处理能力大、产品质量高、吨甲醇蒸汽耗量低等优点。

此套"五塔三效"甲醇精馏装置正常运行后，达到的精甲醇性能指标如下：
（1）精甲醇中，乙醇含量比改造前大大降低。
（2）精馏系统的吨精醇蒸汽消耗（以 1.0 MPa 蒸汽热值核算）达到 0.85 t 以下。
（3）日精醇产量比改进前增加 10%。
（4）甲醇收率大大提高。

二、各甲醇精馏工艺对比

依据不同的工艺流程，其蒸汽消耗、设备装备、装置投资、产品质量等不相同，对三塔、四塔、五塔甲醇精馏工艺各方面进行对比分析。

1. 各项产品消耗对比

甲醇精馏装置主要消耗为低压蒸汽、循环冷却水、动力电等，甲醇精馏工艺不同，消耗不同，甲醇收率不同，生产成本也有较大区别。以 60 万吨/年甲醇精馏装置为例，各种工艺消耗对比见表 5.9。

表 5.9　各种工艺消耗对比

编号	工艺流程	蒸汽压力/ MPa	吨甲醇蒸汽消耗量/ t	循环冷却水体积流量/ （$m^3 \cdot h^{-1}$）	动力电量/ （$kW \cdot h$）
1	三塔（双效）	0.5	0.9	4 050	8
2	四塔（双效）	0.5、1.0	1.3	4 250	9
3	五塔（三效）	0.5、1.0	0.8	3 300	7

2. 各项工艺产品质量对比

不同的甲醇精馏工艺，由于对甲醇的提浓程度不同，产品质量也不相同。五塔甲醇精馏工艺由于甲醇精馏塔多，故能产生品质更优的产品。各种工艺的产品质量对比见表 5.10。

表 5.10　各种工艺的产品质量对比

编号	工艺流程	产品品质	乙醇质量分数
1	三塔（双效）	GB 338—2011 优等品	3×10^{-4}
2	四塔（双效）	GB 338—2011 优等品	2×10^{-4}
3	五塔（三效）	工业甲醇美国联邦标准 AA 级	1×10^{-5}

3. 各工艺装置投资对比

甲醇精馏工艺不同，带来的设备数量及规模不同，必然会引起装置投资费用不同。新建装置不仅要考虑运行成本，也要计算装置投资及回收期。以 60 万吨/年甲醇精馏装置为例，对采用三塔、四塔、五塔甲醇精馏工艺的装置投资进行对比，结果见表 5.11。

表 5.11　各种工艺装置投资对比

编号	工艺流程	设备数量	装置投资费用/ 万元
1	三塔（双效）	42	4 500
2	四塔（双效）	57	6 800
3	五塔（三效）	87	8 300

4. 综合对比分析

对各甲醇精馏工艺进行综合对比分析，尽管五塔甲醇精馏工艺的装置投资费用比四塔甲醇精馏工艺多 1 500 万元，但每吨产品蒸汽消耗量低 0.5 t。以 60 万吨/年甲醇精馏装置为例，每吨低压蒸汽成本按 100 元计算，每年装置蒸汽消耗节省 3 000 万元，多投资的 1 500 万元，半年即可回收。同时，五塔甲醇精馏的产品品质更优，市场竞争力更强。

知识点二：精馏的残液处理

一、精馏残液的生化处理

联醇生产的粗甲醇，在精馏时，排出的残液性质及主要组成见表 5.12。

表 5.12　联醇生产粗甲醇精馏时排出的残液性质及主要组成

pH	COD /（mg·L⁻¹）	TOD /（mg·L⁻¹）	甲醇 /（mg·L⁻¹）	乙醇 /（mg·L⁻¹）	正丙醇 /（mg·L⁻¹）	杂醇 /（mg·L⁻¹）
5.58	92 158	24 649	58 666	1 868	1 988	2 277

国内用于处理甲醇残液的方法大致有两种：一种是传统的曝气法；另一种是由西南化工研究院和第三化工设计院联合开发的厌氧法。这两种方法同属生物化学的处理过程。无论采用哪一种方法。经处理后的排放水必须符合国家污水排放标准。国家标准的污水排放主要考核项目见表 5.13。

表 5.13　国家标准的污水排放主要考核项目　　　　　　　　　　　　mg·L⁻¹

项目	COD	含油	含氰	含酚
指标	≤50	≤10	≤0.5	≤0.5

1. 甲醇残液的曝气处理

① 工艺流程。图 5.9 为含醇污水曝气法生化处理工艺流程。

从精馏塔来的残液进隔油池 1，除去残液中高级烷烃之类的甲醇油，再进配水池 2，在此加入一定量的冷却水，使温度维持在 18～38 ℃，并将残液稀释至 COD<8 000 mg/L。然后进中和池 3，调整 pH 为 6～8.5，并适量加入营养液。营养液组分根据处理水的组分而定，甲醇废水主要加入氮（尿素）和磷。由中和池出来经调节水量分别进入曝气池 4，在曝气池中通入空气，使曝气池中活性污泥不断沸腾，并提供足够的氧气。曝气池容积需保证进池的水在池中停留 80 h 以上。水从曝气池出来时，夹带一部分活性污泥，进沉淀槽 9 沉淀分离，经分离后，水流经原水槽 6 和过滤器 5，分析水中毒物含量是否符合排放标准，决定是排放还是循环。由沉淀槽底排出的活性污泥，根据曝气池中活性污泥的量，或经脱水槽 7 脱水后排出，或经浓缩槽 8 浓缩后回收。

② 工艺条件。污水曝气处理的工艺条件见表 5.14。

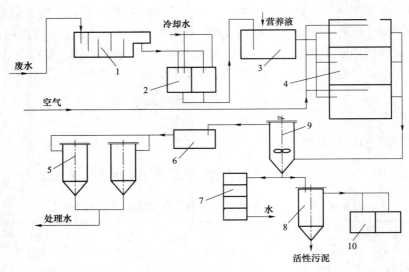

1—隔油池；2—配水池；3—中和池；4—曝气池；5—过滤器；6—原水槽；7—脱水槽；

8—浓缩槽；9—沉淀槽；10—再曝气池。

图 5.9　含醇污水曝气法生化处理工艺流程

表 5.14　污水曝气处理的工艺条件

控制项目	指标	控制项目	指标
进水中 COD/（mg·L^{-1}）	＜8 000	磷/（mg·L^{-1}）	＞1
油/（mg·L^{-1}）	＜50	曝气池中停留时间/h	＞80
进水 pH	6.5～8.5	排水指标	符合国家标准
进水水温/℃	18～38	排水中溶解氧/（mg·L^{-1}）	＞1
进水中溶解氧/（mg·L^{-1}）	2～3		

2. 含醇废水的厌氧处理

① 工艺流程。图 5.10 为含醇废水厌氧法处理的工艺流程。

甲醇残液进隔油槽 1 分离去其中的烷烃类甲醇油，并根据水质组分补充磷、钾等营养物质，用泵 2 输入初沉器 3，沉淀分离废水中的机械杂质及其沉淀物。然后进配水冷却器 4，使废水 COD 浓度维持在 1 500 mg/L，并将水温调整到 18～38 ℃。从 UASB（厌氧活性污泥床的简称）反应器 6 底部进入，在此与活性污泥自流搅拌混合，向上流动。在反应器上部的三相分离器，将反应产生的沼气、活性污泥和处理水分开，沼气由塔侧出来经流量调节后进水封槽 5 回收。每千克 COD 可产生 0.5 m³ 沼气。活性污泥则经三相分离器回流在反应器内，少量随水带出，进竖沉器 8 进一步分离，分析反应器中活性污泥的量，决定回收或排走。竖沉器出来的水经过过滤后排放。由于在废水中 COD 浓度高时，厌氧法反应效果好，所以进水基本不加稀释，而在处理后根据分析，加水稀释排放。

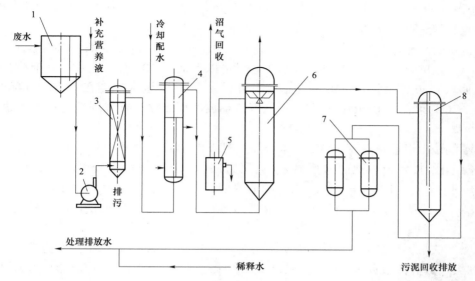

1—隔油槽；2—泵；3—初沉器；4—配水冷却器；5—水封槽；6—UASB 反应器；7—砂滤器；8—竖沉器。

图 5.10　含醇废水厌氧法处理的工艺流程

② 工艺条件。含醇废水厌氧处理工艺条件见表 5.15。

表 5.15　含醇废水厌氧处理工艺条件

控制项目	指标	控制项目	指标
进水中 COD/（mg·L^{-1}）	15 000～30 000	下部污泥浓度/（g·L^{-1}）	60～80
进水中油/（mg·L^{-1}）	<50	有机负荷（COD）/[kg·（m^3·h）$^{-1}$]	7.5
进水 pH	6.5～8.0	水力负荷/[m^3·（m^3·h）$^{-1}$]	0.5
进水水温/℃	18～38	出水中 COD/（mg·L^{-1}）	<500
平均污泥浓度/（g·L^{-1}）	25～30		

3. 活性污泥的培养与驯化

曝气法和厌氧活性污泥的培养与驯化方法大致相同，唯菌种来源稍有差别。曝气法菌种取自制药厂废水处理池和屠宰厂废水处理池中的污泥，而厌氧法菌种取自污水处理厂。将取来的菌种配上农村臭水坑底略带滑腻的污泥，再掺杂少量农村沼气发酵池下清液。

为了使菌种适应工况条件下的繁殖和生成，必须将菌种进行驯化。将取来的菌种与配料混合，加上少量处理废水，维持温度在 35 ℃左右。曝气菌种可通过少量空气使液体湍动。厌氧菌种则须放入密闭容器，用机械进行搅拌，气相产生沼气时放入反应器，然后投入少量的处理水，根据驯化情况，逐渐提高进水量。菌种对温度的适应范围较大，但在改变温度时，开始阶段反应颇感不适，而后逐渐适应新的环境条件。水温低于 15 ℃时，驯化情况就不如高于 38 ℃时好。

4. 两种废水处理方法的比较

传统曝气法与厌氧污泥床废水处理方法各有其优越性，但也都存在不足。就其处理效果、投资费用与工艺条件的维护等方面进行比较如下。

① 传统曝气法进水在指标范围，即进水中 COD 在 8 000 mg/L 左右，水在曝气池中停留时间不少于 80 h 的情况下，出水中 COD 含量可以保证在 30×10^{-6} 左右，完全符合国家排放标准。而厌氧法要求水中 COD 在高浓度下进行反应，尽管进水中 COD 允许到 3 000 mg/L，但出水中 COD 须在 500 mg/L 左右，不能直接排放，而必须进行稀释处理后才能达到排放标准。

② 曝气法由于要求进水 COD 含量较低，且在池中停留时间较长，因此必须建设容积庞大的曝气池，投资及占地面积都很大。而厌氧法由于在高浓度下操作，水力负荷为 0.5～0.75 m³ 废水/m³ 容积时，一个年产 5 万吨的联醇厂，只要有一台容积为 15 m³ 普通钢制常压 UASB 反应器即可，与曝气法相比，显然节省投资。因此，厌氧法更适用于扩建联醇生产的工厂。

③ 曝气法与厌氧法同属生物处理，各自有特定的生存条件，维护不当都会导致细菌的死亡，如油类、氨类都会引起中毒。但是厌氧法除上述条件外。UASB 反应器靠水力流速进行搅动，对水量稳定有特殊的要求。

④ 其他如曝气法曝气池敞开，在一定程度上有污染转移的可能，而厌氧法则全部关闭，且每 1 kg COD 能得到 0.5 m³ 沼气，真正实现了化害为利。

二、精馏残液的回收处理

1. 气提法

① 基本原理。利用甲醇在水溶液中和水蒸气中的分配不同来除去和回收甲醇，使残液达到净化的目的。其过程是水蒸气直接通入气提塔釜，以汽泡穿过水溶液层，以增加气相和液相的接触面积，水蒸气由气态变为液态，放出了大量的潜热，而残液中的甲醇受热，由液态变为气态，并向气相挥发，在塔内进行热和质的传递过程，把甲醇分离出来。当塔底沸腾时，甲醇由液相转入气相的传质速度加快。

气提传质过程的推动力是残液中甲醇的实际浓度与平衡浓度之差。当残液中甲醇浓度较低时，即平衡时甲醇在液相和气相的浓度之比服从分配定律：

$$Y=KX$$

式中，Y 为平衡时甲醇在蒸汽冷凝液中的浓度，g/L；X 为平衡时甲醇在残液中的浓度（即国家允许排放残液中甲醇的最高浓度），g/L；K 为分配系数。

② 工艺流程。甲醇残液气化制气工艺流程如图 5.11 所示。

从精馏主塔底排放出含 1%～5%甲醇残液，经分离器除去残液中的高级烷烃后，自流到残液收集池。通过残液进料泵提压后经过滤器、冷凝器与气提塔塔顶的蒸气换热，再进入换热器与气提塔塔底来的处理液换热，加热到 85 ℃左右，再通过减压器，然后进入气提塔中上部。气提用 0.3 MPa 蒸汽经计量后直接通入气提塔塔底。在塔内，从塔底上升的蒸汽与下流液通过填料进行热和质的传递交换。从塔底排出含甲醇 0.05%以下的净化液至接收槽，用出料泵经换热器加热进料残液后，送冷却循环水池作为系统补充水，或送变换工序作冷激水，实现废水在系统内循环使用。从气提塔塔顶取出含甲醇 15%的水蒸气，经冷凝器冷凝后取出浓缩液，送甲醇精馏系统作为萃取水，代替新鲜水，实现回收甲醇的目的。

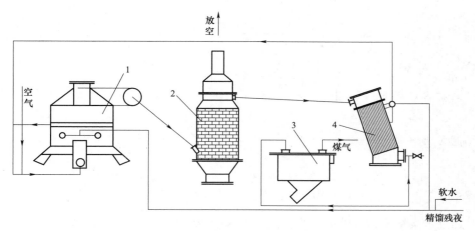

1—造气室；2—燃烧室；3—洗气箱；4—废热锅炉。

图 5.11　甲醇残液气化制气工艺流程

通过实践，残液中甲醇回收率为 85%，把残液基本消化在本系统内，避免对环境的污染。此法装置简单，投资少，当年回收投资，适用于中小联醇工厂。

2. 残液返回造气系统法

把残液与软水一起用泵送至造气 L 段的废热锅炉或造气炉夹套锅炉中代替部分软水，使残液变成蒸汽，再送入造气炉。残液中的甲醇等在造气炉内燃烧，分解为 CO、CO_2、H_2 和 H_2O 等。这样处理甲醇残液是一种既经济又彻底的方法。

三、稀甲醇液的回收利用

从粗醇合成塔出来的气体，经水冷却后，温度一般都高于 30 ℃，经粗醇分离器后，气体中有 0.2%～0.5%的甲醇被带到铜洗工序，这使铜液再生时氨耗增加。这部分氨和再生气中甲醇一起被吸氨塔的水吸收，两者浓度可达 1%～2%，液态氨和 COD 含量都超出排放标准，因而污染环境。回收醇后气中甲醇的方法有塔吸收法、冷冻法和管道喷水吸收法等。

塔吸收法以吸收塔为主体，用软水在塔内进行气液逆流接触，吸收醇后气中的甲醇。其吸收效率比管道喷水吸收法高，但该法的投资较高。

冷冻法回收的醇后气经冷却分离后，气体中甲醇和水蒸气含量大为减少，这有利于后工序铜洗操作和减少氨的消耗。但该法需要制冷和高压设备，投资和操作费均较高。

管道喷水吸收法是在醇后气的管道上设置喷射器，直接以水喷射进行吸收，经铜洗后，在气液分离器中将水分离。喷水量可根据醇后气中甲醇数量和稀甲醇浓度来决定。该流程的关键设备是喷射吸收器，包括喷水管、喷嘴和雾化片，要求醇后气的喷射速度适宜，既使吸收水分散成雾滴，使气液充分接触，又要符合水泵供水性能。喷射吸收器的扩张管部分既要使气液充分接触，又要避免气相阻力过大。

其流程如图 5.12 所示。

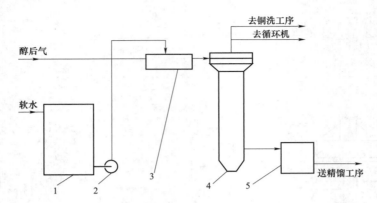

1—软水储槽；2—高压水泵；3—喷射吸收器；4—稀甲醇分离器；5—稀甲醇储罐。

图 5.12　醇后气的喷射吸收流程

软水通过水泵增压，在喷射吸收器的喷嘴内形成细雾，与醇后气混合，在湍流状态下甲醇被水吸收，随后进入稀醇液分离器，气相一部分送铜洗工序，一部分送循环机回到甲醇合成系统。稀醇液经储槽送甲醇精馏工序。稀醇溶液中含甲醇可达 5%～10%，符合精馏预塔萃取水的要求。年产万吨的甲醇装置每年可回收纯甲醇几百吨，价值几十万元，经济效益十分显著。该法吸收效果虽比塔吸收法和冷冻法稍差，但投资少，简易可行。

知识点三：精甲醇精馏的主要设备

精馏工序的主要设备有精馏塔、冷凝器、换热器、再沸器、冷却器、输液泵、收集槽及储槽等。精馏塔是精馏过程中的关键设备。

一、精馏塔

对精馏过程来说，精馏塔是使过程得以进行的重要条件。性能良好的精馏设备，为精馏过程的进行创造了良好的条件。它直接影响到生产装置的产品质量、生产能力、产品的收率、消耗定额、三废处理及环境保护等方面。精馏塔的种类繁多，但其共同的要求是相仿的，主要有以下几点。

① 具有适宜的流体力学条件，使气液两相接触良好。

② 要求有较高的分离效率和较大的处理量，同时要求在宽广的气液负荷范围内，塔板效率高且稳定。

③ 蒸汽通过塔的阻力要小。

④ 塔的操作稳定可靠，反应灵敏，调节方便。

⑤ 结构简单，制造成本低，安装检修方便。在使用过程中耐吹冲，局部的损坏影响范围小。

当然，对某一确定的精馏塔，以上各点要求很难同时满足，有时仅仅表现为某一方面的优点比较突出。而对不同生产过程，往往某一方面的要求是主要的。由此，根据生产上的要求，选择比较满意的精馏塔。

目前，工业生产上使用的精馏塔塔型很多，而且随着生产的发展，还将不断创造出各种新型塔结构。根据塔内气液接触部件的结构形式，可分为两大类：一类是逐级接触式的板式塔，塔内装有若干块塔板，气液两相在塔板上接触并进行传热与传质；另一类是连续接触式的填料塔，塔内装有填料，气液传质在湿润的填料表面进行。对传质过程而言，逆流条件下传质平均推动力最大，因此这两类塔总体上都是逆流操作。操作时，液体靠重力作用由塔顶流向塔底排出，气体则在压力差推动下，由塔底流向塔顶排出。

工业生产上普遍采用的双塔流程中有两台精馏塔：预精馏塔（也称为脱醚塔）和主精馏塔。

（一）预精馏塔

预精馏塔的主要作用是：第一，脱除粗甲醇中的二甲醚；第二，加水萃取，脱除与甲醇沸点相近的轻馏分；第三，除去其他轻组分有机杂质。通过预精馏后，二甲醚和大部分轻组分基本脱除干净。

工业生产中，粗甲醇的预精馏塔多数采用板式塔，初期为泡罩塔，近年来改用筛板塔、浮阀塔、浮动喷射塔及浮动蛇形塔等新型塔板。新建的甲醇精馏装置都不再采用泡罩塔。

目前工业上使用的预精馏塔的主要参数如下：

① 板数。根据工业生产的实际经验，为达到预精馏目的，以确保精甲醇的质量，预精馏塔至少需 50 块塔板。根据塔的直径大小，板间距不等，预精馏塔的总高度约 20～30 m。

② 板间距。预精馏塔塔径由负荷决定，一般塔径为 1～2 m 时，板间距为 300～500 mm。

③ 其他参数，如塔径、蒸汽穿孔速度（孔数和阀数）、溢流强度、堰高、降液管面积等，均根据物性和塔型的性能，通过流体力学一一算出。

④ 入料口。预精馏塔的入料口一般有 2～4 个，可以根据进料情况调整入料口的高度，入料口一般在塔的上部。

⑤ 萃取水。萃取用水一般在预精馏塔顶部或由上而下的第 2～4 块板上加入。

⑥ 预精馏塔用碳钢制造。

（二）主精馏塔

主精馏塔的作用是：第一，将甲醇组分和水及重组分分离，得到产品精甲醇；第二，将水分离出来，并尽量降低其有机杂质的含量，排出系统；第三，分离出重组分——杂醇油；第四，采出乙醇，制取低乙醇含量的精甲醇。

主精馏塔一般采用板式塔，初期也为泡罩型，现已被淘汰。目前多采用浮阀塔，也有筛板塔、浮舌塔及斜孔塔等，较少用填料塔。主精馏塔的主要参数如下。

① 板数。根据工业生产的实际经验，需要 75～85 块塔板，才能保证精甲醇苛刻的质量指标。要降低甲醇中杂质的含量至 1×10^{-5} 以下，需要有足够多的塔板数方可达到分离效果。塔的总高度为 35～45 m。

② 板间距。一般塔径为 1.6～3 m（根据负荷），其板间距为 300～600 mm。

③ 其他参数，如塔径、蒸汽穿孔速度（孔数和阀数）、溢流强度、堰高、降液管面积等，均根据物性和塔型的性能，通过流体力学算出。塔体由碳钢制造。

④ 入料口。主精馏塔的入料口一般有 4 个，在塔的中下部（一般为 26 层板以下），可根

据物料的状况调节入料高度。

⑤ 采出口。精甲醇采出口也有 4 个，一般在塔顶向下数第 7 层板以下，为侧线采出，这样保持顶部几层板进行全回流，可防止残留的轻组分混入成品中。重组分采出口在塔下部第 6～12 层塔板处，也有 4 个采出口，可以选择重组分浓集的地方进行采出。乙醇的采出口一般在接近入料口上方的塔板上。

二、再沸器

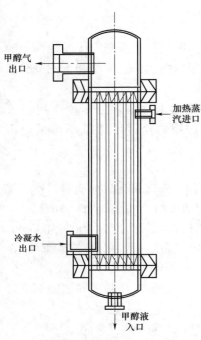

再沸器的结构如图 5.13 所示。再沸器通常采用固定管板式换热器，置于精馏塔底部，用管道与塔底液相相连，液体依靠静压，在再沸器中维持一定高度的液位。管间通以蒸汽或其他热源，使甲醇汽化，气体从再沸器顶部进入精馏塔内。

液体在再沸器内处于沸腾状态，要选择耐腐蚀的材料来制造再沸器。

双再沸器

图 5.13 再沸器的结构

三、冷凝器

精馏塔顶蒸出的甲醇蒸气在冷凝器中被冷凝成液体，作为回流液或成品精甲醇采出。在甲醇精馏中，预塔和主塔冷凝器的结构基本相同，有两种形式：一种是用水冷却；另一种是用空气冷却。

1. 固定管板式水冷凝器

以水冷却的固定管板式冷凝器（图 5.14）是化工生产中常用的换热器。甲醇蒸气在管间冷凝，冷却水走管内。为提高传热效率，冷却水一般分为四程，甲醇蒸气由下部进入，冷凝器的壳程装有挡板，使被冷凝气体折流通过。

为了保证甲醇质量，繁殖冷却水漏入甲醇，因此，冷凝器列管与管板间的密封十分严格，冷凝器的长度一般不得超过 3 m，否则，要采取温度补偿措施。

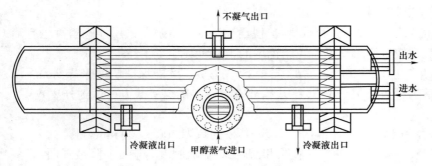

固定管板式水冷凝器

图 5.14 固定管板式水冷凝器

2. 翅片式空气冷凝器

在甲醇精馏过程中，要求冷凝液体温度保持在沸点上下，减少低沸点杂质的液化和提高精馏过程中的热效率，常常选用空气冷凝器。

图 5.15 为一般空气冷凝器的结构。列管可以水平安装或略带倾斜，用于甲醇冷凝时，通常进气端稍高，与水平方向约成 7.5°。鼓风机一般采用大风量低风压的轴流风机，可以置于列管下部或放在侧面。

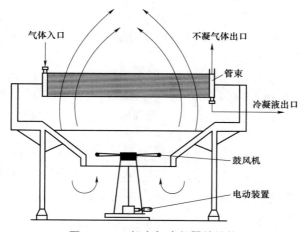

图 5.15　一般空气冷凝器的结构

为了强化传热，列管上都装有散热翅片，翅片有缠绕式和镶嵌式两种，如图 5.16 所示。

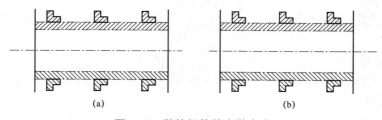

图 5.16　散热翅片的安装方式

（a）缠绕式；（b）镶嵌式

缠绕式的翅片缠绕在管壁上，为了增加翅片与管壁的接触面积，通常将翅片根部做成 L 形。

镶嵌式是在圆心管上切凹槽，将翅片埋在槽内，翅片与圆管的接触较好，但加工费用较高，而且造价也较高。

空气冷凝器的冷凝温度通常要比空气温度高 15～20 ℃，对于沸点较高的甲醇冷凝比较适用。空气冷凝器的优点是清理方便，不足之处是一次投资大，且振动与噪声也大。

【知识拓展】

两院院士侯祥麟

侯祥麟同志是中国科学院、中国工程院资深院士，是国内外著名化学工程学家、石油化工科学家。侯祥麟同志长期负责与组织领导炼油行业的科技发展工作，把自己全部的精力和聪明才智贡献给了祖国的石化科技进步事业，为发展我国的炼油科学技术和石油加工工业呕心沥血，敬业勤业，作出了巨大贡献。

我国现代炼油工业在初创阶段，技术基础薄弱，石油产品屈指可数。原子弹研制急需氟油、导弹研制急需特种润滑油脂、喷气式飞机需要航空煤油做燃料。

1958 年 10 月，侯祥麟临危受命出任新成立的石科院副院长，集中技术力量进行重点攻关，一年时间就完成了 102 种特种润滑油脂的研制，满足了国防部门的急需，开创了我国研制国防特殊润滑材料新领域。1960 年 9 月，解决了国产航煤的烧蚀问题。1962 年年底，原子弹所需氟油开发成功，质量完全合格。我国成为世界上少数几个能生产全氟碳油的国家之一。

1962 年，侯祥麟带领石科院的职工全力攻关，五项炼油新技术分别于 1964 年、1965 年开发成功，使我国汽油、煤油、柴油、润滑油四大类产品的自给率当时达到了 100%。从此我国炼油工艺技术实现重大飞跃，由此开创了独立自主发展我国炼油技术的新局面，并为以后炼油技术的发展奠定了坚实基础。

【自我评价】

一、填空题

1. 粗甲醇精制的原理是首先利用精馏的方法在精馏塔的顶部脱出_____，然后利用精馏的方法在精馏塔底部或底侧除去_____，从而得到精甲醇，其次根据特殊要求采取必要的辅助方法。

2. 精馏通常可将液体混合物分离为_____产品和_____产品两个部分。

3. 高压法合成甲醇，获得的粗甲醇质量较差，所以精制方法采用了_____和_____相结合。

4. 预精馏塔中进行萃取精馏时，加水量一般不超过粗甲醇进料量的_____。

5. 工业生产上普遍采用的双塔流程中有两台精馏塔：_____和_____。

6. 在预精馏塔中进行萃取精馏时，加水量一般不超过粗甲醇进料量的_____。

二、判断题

1. 预精馏塔的作用是脱除粗甲醇中的高级醇组分。　　　　　　　　　　（　　）

2. 粗甲醇中的高级醇组分是在常压精馏塔里脱除的。　　　　　　　　　（　　）

3. 粗甲醇中的乙醇组分是在加压精馏塔里脱除的。　　　　　　　　　　（　　）

4. 甲醇引入精馏系统前，精馏系统要求氮气置换合格。　　　　　　　　（　　）

5. 精馏系统在建立循环时，必须建立三塔液位。　　　　　　　　　　　（　　）

6. 精馏系统加碱是加在加压精馏塔里。　　　　　　　　　　　　　　　（　　）

7. 精馏系统加碱是为了促进部分羰基化合物的分解。　　　　　　　　　（　　）

三、选择题

1. 预精馏塔的作用是脱除粗甲醇中的（　　）。

A. 甲醇　　　　　　　　　　　　　B. 高级醇

C. 水　　　　　　　　　　　　　　D. 甲酸甲酯

2. 在精馏操作中，粗甲醇中的二甲醚是在（　　）中脱除的。

A. 预精馏塔　　　　　　　　　　　B. 加压精馏塔

C. 常压精馏塔　　　　　　　　　　D. 随甲醇污水排走

3. 常压精馏塔的作用是脱除粗甲醇中的（　　）。

A. 二甲醚　　　　　　　　　　　　B. 甲酸甲酯

C. 粗甲醇中溶解的合成气　　　　　D. 水

4. 粗甲醇中的高级醇在精馏塔的（　　）采出。

A. 侧线　　　　　　B. 塔顶　　　　　　C. 塔釜　　　　　　D. 回流

5. 加压精馏塔的作用是（　　）。

A. 脱除二甲醚　　　　　　　　　　B. 脱除甲酸甲酯

C. 脱除粗甲醇中溶解的合成气　　　D. 产出部分合格甲醇

6. 常压精馏塔再沸器的热源由（　　）供给。

A. 蒸汽　　　　　　　　　　　　　B. 加压塔塔釜液

C. 预精馏塔塔顶尾气　　　　　　　D. 加压塔塔顶甲醇蒸气

7. 在甲醇引入精馏系统之前，系统应进行（　　）置换。

A. 蒸汽　　　　　　B. 空气　　　　　　C. 氮气　　　　　　D. 合成气

8. 精馏单元引入甲醇操作是指将粗甲醇罐中的粗甲醇送到（　　）。

A. 预精馏塔　　　　　　　　　　　B. 加压精馏塔

C. 常压塔回流槽　　　　　　　　　D. 闪蒸槽

9. 甲醇两塔精馏工艺和三塔精馏工艺比较，两塔精馏工艺的优点是（　　）。

A. 节能　　　　　　　　　　　　　B. 投资少

C. 精甲醇产品质量好　　　　　　　D. 精甲醇产品水含量低

10. 甲醇三塔精馏工艺比两塔精馏工艺可节能大约（　　）%。

A. 50　　　　　　B. 40　　　　　　　C. 30　　　　　　　D. 20

11. 向甲醇精馏系统所加的碱液是（　　）。

A. 氢氧化钠　　　　　　　　　　　B. 氢氧化钾

C. 氨水　　　　　　　　　　　　　D. 氢氧化钙

四、简答题

1. 试述粗甲醇双塔精馏的工艺流程。

2. 加压精馏的目的是什么？何为双效法？

3. 双效法三塔粗甲醇精馏工艺流程是什么？

4. 双效法三塔精馏有什么特点？

5. 甲醇精馏中预塔的作用是什么？预塔加碱液的目的是什么？

6. 甲醇工艺中精馏塔的作用是什么？

任务三   粗甲醇的精馏操作

【任务分析】

粗甲醇的精馏过程中，对成品质量的控制，除了要求两个关键组分甲醇、水分离干净外，还要求降低精甲醇中有机杂质的含量，这是精馏操作控制中甲醇质量的关键问题。工艺人员应当从容易出现的质量问题入手，综合分析影响产品质量的各种工艺和操作因素，并能提出相应的控制措施。

【知识链接】

知识点一：粗甲醇精馏操作的理论依据

一、正常操作的依据

精馏塔的正常操作，主要应掌握物料、气液、热量三个平衡，现分别介绍如下。

1. 物料平衡

物料平衡式如下：

$$F = D + W \tag{5-18}$$

$$F_{xFi} = D_{xDi} + W_{xWi} \tag{5-19}$$

式中，F 为进料量；D 为塔顶出料量；W 为塔底出料量；x_{Fi} 为进料组成；x_{Di} 为塔顶出料组成；x_{Wi} 为塔底出料组成。

物料平衡的建立，是为了衡量精馏塔内操作的稳定程度，它表现在塔的生产能力大小及产品的质量好坏方面。通常应根据进料量和塔顶出料量来保持塔内物料平衡，从而保持精馏塔内操作条件的稳定。从塔压差的变化上可以看出塔的物料平衡是否被破坏，若进得多，采得少，则塔压差上升；反之，塔压差下降。例如，精馏塔在一定的负荷下时，塔压差应在一定范围内，若塔压差过大，说明塔内上升蒸汽的速度过大和塔板上的液层升高，物沫夹带严重，甚至发生液泛，破坏塔的操作；若塔压差过小，表明塔内上升蒸汽的速度过小，塔板上气液湍动程度低，传质效率差，对于筛板、浮阀等塔板，还容易产生漏泄，降低塔板效率。当失去物料平衡时，还会在塔的温度及产品质量等方面反映出来。

① 若 $D_{xDi} > F_{xFi} - W_{xWi}$，主精馏塔中 x_{Wi}（即塔釜甲醇组分）含量接近 0，即 $D_{xDi} > F_{xFi}$。这时甲醇的采出量大于进料量，塔内的物料组成增加，全塔温度逐步升高，以致精甲醇产品的蒸馏量降低，而干点升高，质量不合格。

② 若 $D_{xDi} < F_{xFi} - W_{xWi}$，即 $D_{xDi} < F_{xFi}$。这正与前一种情况相反，塔内各点温度下降，甲醇组分下移，以致 W_{xW} 大大超出指标，从而造成甲醇有效组分的损失。这时精甲醇产品可能会出现初馏点降低现象，也影响其质量。

由上述分析可知，物料不平衡将导致塔内操作混乱，从而达不到预期的分离目的。与此同时，热量平衡也将遭到破坏。在粗甲醇的精馏操作中，维持物料平衡的操作是最频繁的调节手段。

2. 气液平衡

$$y_i = p_i^0 x_i \qquad (5-20)$$

式中，y_i 为混合气中 i 组分的摩尔分数；p_i^0 为纯组分 i 在该温度下的饱和蒸气压；x_i 为溶液中 i 组分的摩尔分数。

气液平衡主要体现了产品的质量及损失情况，它是靠调节塔的温度、压力及塔板上气液接触情况来实现的。在一定的温度、压力下，具有一定的气液平衡组成。对于甲醇精馏塔来说，操作压力一般为常压，所以每层塔板上的温度实际上反映了该板上的气液组成，其组成随温度的变化而变化，产品的质量和损失情况最终也发生改变。

气液平衡是靠在每块塔板上气液互相接触进行传热和传质来实现的，所以，气液平衡和物料平衡密切相关。当物料平衡时，全塔所有塔板上具有一定的气液平衡组成（实际生产中不可能达到平衡，但其平衡程度相对稳定，仍反映在温度上），当馏出量变化破坏了物料平衡时，塔板上温度随之发生变化，气液组成也发生了变化。物料平衡掌握得好，塔内上升蒸汽的速度合适，气液接触好，则传质效率高，每块塔板上的气液组成接近平衡的程度就高，即塔板效率高。塔内温度、压力的变化，也可以造成塔板上气相和液相的相对量的改变，从而破坏原来的物料平衡。例如，塔釜温度过低，会使塔板上的液相量增加，蒸汽量减少，釜液量增加，甲醇组分下移，顶部甲醇量减少；当塔顶温度过高时，则相反。这些都会破坏正常的物料平衡。

3. 热量平衡

全塔：
$$Q_入 = Q_出 + Q_损 \qquad (5-21)$$

每块塔板：
$$Q_冷凝 = Q_汽化 \qquad (5-22)$$

式中，$Q_入$ 为物料带入的总热量；$Q_出$ 为物料带出总热量；$Q_损$ 为全塔损失的热量；$Q_冷凝$ 为每块塔板上气相的冷凝热量；$Q_汽化$ 为每块塔板上液相的冷凝热量。

热量平衡是实现物料平衡和气液平衡的基础，而又依附于物料平衡和气液平衡。例如，进料量和组成发生了改变，则塔釜耗热量及塔顶耗冷量均做相应的改变，否则，不是回流量过小影响精甲醇的质量，就是回流量过大造成不必要的浪费。当塔的操作压力、温度发生了改变时，塔板上的气液相组成随之变化，则每块塔板上液相的冷凝热量和液相的变化热量也会发生变化，最终体现在塔釜供热和塔顶取热的变化上。同样，热量平衡发生了改变，也会使塔内操作紊乱，从而使：

① 物料平衡被破坏，釜液排出甲醇量增加，塔顶甲醇量减少，塔的生产能力下降。

② 气液平衡也被破坏，塔内上升蒸汽量下降，气液接触变差，传质效率下降，处理不当就会影响精甲醇质量。

精馏操作主要是通过调节的手段，维持好物料、气液、热量三个平衡，需掌握好温度、压力、液面、流量及组成的变化规律及其相互的有机联系。通常是根据塔的负荷，供给塔釜一定的热量，建立热量平衡，随之达到一定的气液平衡，然后用物料平衡作为经常的调节手段，控制热量平衡和气液平衡的稳定。操作中往往是物料平衡首先改变（负荷、组成），相应通过调节热量平衡（回流量、回流比），从而达到气液平衡的目的（包括精甲醇的质量、残液中含甲醇量、重组分的浓缩程度等）。当然，当塔釜供热量改变使热量平衡遭受破坏时，则应调节供热量，使其恢复平衡，同时辅以物料平衡的调节，勿使塔内气液平衡遭受到严重的破坏。

二、温度的控制

为了控制三个平衡，要进行操作调节的参数较多，如压力、温度、组成、负荷、回流量、回流比、采出量等。而经常用于判断精馏塔三个平衡的依据及调节平衡的主要参数均为精馏塔的温度。塔温随着其他操作因素的变化而变化。

在正常生产情况下，塔的压力变化并不明显，在负荷一定的情况下，塔内具有一定的压力降，但压力降基本稳定。全塔的热负荷也不是经常作为变动的因素，它基于满足分离效率前提下所必要的回流比，而且多数装置采用自动控制的手段使其稳定。而粗甲醇的组成一般也是稳定的，处理负荷也不多变。稳定的操作因素是建立稳定的物料平衡，气液平衡也相对稳定，最终保证产品质量和甲醇的收率。由于只有气液平衡稳定，且每块塔板上的气液组成的变化首先由温度很敏感地反映出来，所以温度便成为观察和控制三个平衡的主要参数。

在工业生产中，可以通过对塔板上温度的监视，来判断塔内三个平衡的变化情况，然后根据情况，通过维持塔板上的温度在一定范围内，达到精馏塔的平衡稳定。精馏塔内的三个平衡实际上是不可能绝对平衡的，每层塔板上的组成（温度）在不断变化，但塔的设计允许其在一定范围内变动，一旦超出这个范围，就必须使温度（组成）返回到这个范围内，从而保证产品甲醇的质量。下面对双塔精馏中的主精馏塔温度控制作一介绍。

图 5.17 所示为甲醇主精馏塔内温度与甲醇含量沿塔高的分布曲线。由图可知，从塔顶直至塔的中部，温度和甲醇含量变化不大；从中部到塔底，温度和甲醇含量变化较大。

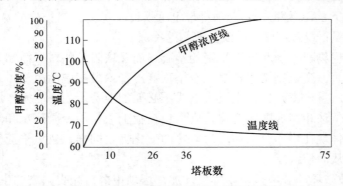

图 5.17　甲醇主精馏塔内温度与甲醇含量沿塔高的分布曲线

对主精馏塔内温度控制措施如下：

① 塔顶温度。精馏塔塔顶温度是决定甲醇产品质量的重要条件，常压精馏塔一般控制塔顶温度 66～67 ℃。在塔内压力稳定的前提下，如果塔顶温度升高，则说明塔顶重组分增加，使甲醇的沸程和高锰酸钾值超标。这时必须判定是工艺原因还是设备冷凝器泄漏原因。前者往往是因为塔内重组分上升，后者则由于塔外水分被回流液带至塔顶。如果是

工艺原因，则应调节蒸汽量和回流量，必要时可减少或暂停采出精甲醇，待塔顶温度正常后再采出产品，以保证塔内物料平衡。如果是设备冷凝器世漏，则应停车，消除世漏点，然后恢复正常生产。

② 精馏段灵敏板温度。由图 5.17 可知，从塔顶直至塔的中部温差很小，塔顶温度变化幅度也很小，必然在物料很不平衡的情况下才能明显反映出来，往往容易调节滞后，造成大幅度的波动，影响产品质量。而塔中部的温度与浓度变化较大，只要控制在一定范围内，就能保证塔顶温度和甲醇质量，当物料平衡被破坏时，此处塔温反应最灵敏。因此，往往在这部分选取其中一块塔板作为灵敏板，以此板温度来控制物料变化。主精馏塔的灵敏板一般选在自塔底往上数第 26～30 块板，温度控制在 70～76 ℃，可以通过预先调节，以保证塔顶甚至全塔温度稳定。在正常生产条件下，这个温度的维持，是全塔物料平衡的关键。

③ 塔釜温度，如果塔内分离效果很好，塔釜中为接近水的单一组分，其沸点约为106～110 ℃（与塔釜压力有关）。维持正常的塔釜温度，可以避免轻组分流失，提高甲醇的回收率；也可以减小残液的污染作用。如果塔釜温度降低，往往是由于轻组分带至残液中，或是热负荷骤减，也有可能是塔下部重组分（恒沸物，沸点比水的低）过多造成的。此时需判明情况进行调节，如调节回流（增加热负荷）、增加甲醇采出量（要参看精馏段灵敏板温度）、增加重组分采出等，必要时需减少进料量。

④ 提馏段灵敏板温度。当塔底温度过低时再进行调节，往往容易造成塔内波动较大。通常在提馏段选取一灵敏板，一般选在自下而上第 6～8 块板，温度控制在 86～92 ℃，可以进行预先调节。温度升高说明重组分上移，温度下降说明重组分下移，特别是温度降低时，应提前加大塔顶采出量或减少进料量。必要时，增加杂醇油采出，避免甲醇和中沸组分下移到塔釜。

对于预精馏塔的操作，其塔温分布同样标志着塔内组分的变化情况。一般塔顶温度过高，甲醇流失大；温度过低，轻组分脱除不净，会影响甲醇的质量。根据塔釜温度所显示的甲醇浓度，可以判断萃取水量是否合适。

知识点二：影响精馏塔操作的因素与调节

若将三个平衡作为精馏操作的基础，温度的控制视为维持平衡的主要信号，那么，除了设备问题以外，一般影响精馏操作主要因素如下。

① 进料的状态、组成、流量。
② 回流比。
③ 物料的采出量。

下面对双塔精馏中主精馏塔有关精馏操作的几个重要因素进行讨论。

1. 进料状态

主精馏塔的进料状态有 5 种情况：冷液进料（$q>1$）；泡点进料（$q=1$）；气液混合物进料（$0<q<1$）；饱和蒸汽进料（$q=0$）；过热蒸汽进料（$q<0$）。

当进料状态发生变化（回流比、塔顶馏出物的组成为定值）时，q 值也将发生变化，这直接使提馏段回流量改变，从而使提馏段操作线方程改变，进料板的位置也随之改变。进料状态对 q 线和操作线的影响如图 5.18 所示。

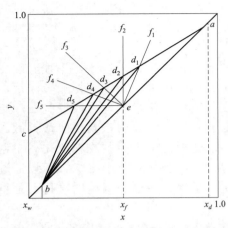

图 5.18　进料状态对 q 线和操作线的影响

图中，f_1、f_2、f_3、f_4、f_5 分别表示冷液进料、泡点进料、气液混合物进料、饱和蒸汽进料、过热蒸汽进料 5 种情况下的 q 线位置，d_1、d_2、d_3、d_4、d_5 表示对应 5 种进料状态下精、提两操作线的交点。由图可见，q 线位置的改变，将引起精、提两操作线交点的改变，从而引起理论塔板数和精馏段、提馏段塔板数分配的改变。对于固定进料状况的精馏塔来说，进料状态的改变，将会影响到产品质量及损失情况。

对一般精馏，多用泡点进料，此时精馏、提馏两段上升蒸汽的流量相等，便于精馏塔的设计。有故障时，也可根据精馏段和提馏段的能力，在调节入料高度同时，辅以改变进料状态，以达到精甲醇要求的质量标准。

进料状态改变时，由于引起精、提两段重新分配，必然将引起塔内气液平衡和温度的变化，要通过调节达到新的平衡。

2. 进料量和进料组成

甲醇精馏塔进料量和组成改变时，都会破坏塔内物料平衡和气液平衡，引起塔温的波动，如不及时调节，将会导致精甲醇的质量不合格或者增加甲醇的损失。

一般情况下，进料量在塔的操作条件和附属设备能力允许范围内波动时，只要调节得及时、得当，对塔顶温度和塔釜温度不会有显著的影响，只是影响塔内蒸汽速度的变化。但量的变动宜缓慢进行，否则，限于塔板的操作特点，短时间内可能造成塔顶、塔釜温度的变化，从而影响精甲醇的质量和损失。进料量变化后，应根据回流比情况，考虑调节热负荷。当然，若变化很小，可以不改变。当进料量增加时，蒸汽上升速度增加，一般对传质是有利的，但蒸汽速度必须小于液泛速度。当进料量减少时，蒸汽速度降低，对传质不利，所以蒸汽速度不能过低。有时为了保持塔板的分离效率，有意适当增大回流比，以提高塔内上升蒸汽速度，提高传质效果。这种方法自然是不经济的，说明精馏塔在低负荷操作下是不合理的。

随着进料量的改变，各层塔板上的气液组成重新分配，可以控制灵敏板一定的温度，以与其相适应。

精甲醇的组成一般是比较稳定的，只是在合成催化剂使用的前后期随着反应温度的升高而变化较大。但是预精馏后的含水甲醇中，甲醇浓度总会有些小幅度的波动。无论是其中甲醇浓度降低还是塔顶温度升高，都会增加甲醇损失或降低精甲醇的质量。此时，其回流比是适宜的，只需对精甲醇的采出量稍做调节，就可达到塔温稳定，物料和气液又趋平衡。如果粗甲醇的组成变化较大，则需适当改变进料板的位置，或是改变回流比，才能保证粗甲醇的分离效率。当合成催化剂后期生产的粗甲醇进行精馏时，有时为确保精甲醇的质量，可将精馏塔进料位置降低，同时适当增大回流比。当然，这样做不仅增加了热能的消耗，甚至塔釜残液的温度和组成也会发生变化。

3. 回流比

回流比对精馏塔的操作影响很大，直接关系着塔内各层塔板上的物料浓度的改变和温度的分布，最终反映在塔内的分离效率上，是重要的操作参数之一。

由精馏操作方程可知，当进料状况确定，x_D、x_W 在规定情况下时，操作线的位置仅随回流比 R 的大小而变化，如图 5.18 所示。

全回流时，回流比 $R = \infty$，精馏段操作线斜率 $\dfrac{R}{R+1}$，在 y 轴上的截距 $\dfrac{x_D}{R+1} = 0$，即操作线与对角线重合，这时所需的理论板最少，但塔的生产能力为零。全回流是操作回流比的上限，正常生产中并不采用。它只是在设备开工、调试及实验研究时采用，或用在生产不正常时精馏塔的自身调整操作中。

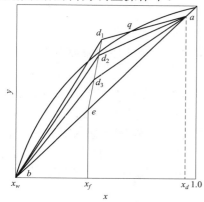

图 5.19　回流比对操作线的影响

当回流比减小到使精、提两操作线的交点恰好落在相平衡曲线上（图 5.19 中 d_2 点）时，这时的回流比称为最小回流比，此时，若在交点附近用图解法求塔板，则需无穷多块塔板才能接近 d_2 点。因此，在回流比为最小回流比时，不可能达到预定的分离目的。

由上述分析可知，实际回流比需介于最小回流比和无穷大回流比之间，即精、提两段操作线的交点应在相平衡线与对角线之间。适宜回流比应通过经济衡算来决定，即按照操作费用与设备折旧费之和为最小的原则来确定。一般情况下，选取适宜回流比为最小回流比的 1.3～2 倍。

甲醇主精馏塔的回流比为 2.0～2.5。其调节的依据是塔的负荷和精甲醇的质量。当塔的负荷较小时，塔板比较富裕，可以选取较低的回流比，这样比较经济，为了保证精甲醇的质量，精馏段灵敏板的温度可以略低；反之，则增大回流比，在保证精甲醇质量的同时，为保持塔釜温度，灵敏板温度可略低。对粗甲醇精馏，回流比过大或过小，都会影响精馏操作的经济性和精甲醇的质量，一般在负荷变动及正常生产条件受到破坏或产品不合格时，才调节回流比，调节后尽可能保持塔釜的加热量稳定，使回流比稳定。在调节回流比时，应注意板式塔的操作特点，防止液泛和严重漏液。

为了减小回流比，减小热负荷，达到经济运行，除了采用较新型的塔板外，适当增加塔板的数量也是适宜的。在双塔流程中，主精馏塔常常采用 85 层塔板。

当回流比改变时，必将引起操作线的变动，最终引起塔内每层塔板上组成和温度的改变，影响精甲醇的质量和甲醇的收率，必须通过调节，控制塔内适宜的温度，达到新的平衡。

由以上分析可知，对粗甲醇精馏塔的操作，可以概括为以下几点。

① 在稳定塔压下，采用较高的蒸气速度操作，这样既可提高传质效果，又最为经济。

② 选择适宜回流比，降低能量消耗。

③ 一般在进料稳定和变化缓慢的情况下，通过经常性小量调节精甲醇和重组分的采出量，来保持塔温的合理分布和稳定，维持好塔内物料、气液和热量三个平衡，使产品甲醇达到质量指标。

知识点三：产品质量的控制

一、提高精甲醇的稳定性

稳定性是衡量精甲醇中还原性杂质的多少（高锰酸钾值），以及衡量精甲醇质量的一项重要指标。因为高锰酸钾值高，不仅说明精甲醇中还原性杂质含量很低，而且说明其他绝大部分有机杂质含量也很低，所以稳定性是精馏操作中要经常检查的质量指标，从某种意义上说，比精甲醇蒸馏量（浓度）的检验更重要。在双塔精馏操作中，为了提高精甲醇的高锰酸钾值，一般从以下两方面着手。

1. 预精馏塔操作

在预精馏塔操作中，除了维持适当的负荷、适宜的回流比、合理的塔内温度分布与稳定以外，最关键的是进行好萃取精馏操作。

对一般萃取精馏来说，萃取剂的温度、浓度及用量对精馏操作都有影响，因粗甲醇预精馏塔的萃取剂是水，且用量有限，所以萃取剂对预精馏塔操作的影响主要是塔顶的加水量。当精甲醇的高锰酸钾值达不到质量指标时，应加大萃取水量，降低预精馏后含水甲醇的溴值，以提高精甲醇的稳定性。加水量一般不超过粗甲醇进料量的20%，再增加水量，肯定有益于有机杂质的清除，但会降低预精馏塔的生产能力，同时增加热能和动力消耗，对塔的其他工艺条件的控制也带来一定难度，所以，在生产中应视粗甲醇的质量适当调节萃取水的加入量。

若改善操作条件和加大萃取水量以后，仍不能达到降低预精馏后甲醇的溴值，往往是粗甲醇的质量不好引起的，则可在有机杂质浓集的部位（如回流液）采出一些初馏分，能有效地减少塔内的轻组分，进而提高产品中甲醇的稳定性。另外，适当提高塔顶冷凝器的冷凝温度，也有利于杂质的有效脱除。当然，对塔顶冷凝温度进行控制，在提高产品质量的同时，也应防备甲醇的精馏损失。

2. 主精馏塔

若对主精馏塔操作不当，也可能影响精甲醇的稳定性。主精馏塔除维持正常的操作参数，提高塔的分离效率以外，还可以从以下几个方面精心操作来提高精甲醇的稳定性。

重组分升至塔顶，是影响精甲醇稳定性的一个重要原因。在精馏操作中，除维持好塔内的三个平衡，控制好塔温，防止重组分上升外，连续有效地采出重组分是非常重要的。短时间内对重组分不采出，似乎对精甲醇的稳定性并不影响，但随着重组分在塔内的积累，它会逐渐上移（特别是当塔温度波动不稳定时），从而降低精甲醇的稳定性。重组分的采出量应根据分析结果进行调节。此外，重组分的采出对降低精甲醇中的乙醇含量也是有利的。

轻组分下移时，也可能影响精甲醇的稳定性，即精甲醇采出口以上的塔板数已不足以清除残余的轻组分。所以，过分加大回流比，对提高精甲醇的质量有时取得相反的结果，在精馏操作中，必须控制好适宜的回流比和塔温。

当预精馏塔的萃取精馏效果良好，主精馏塔的操作参数和采出量都正常时，精甲醇的稳定性仍不合格，可以从回流液中采出少量初馏分，能有效地提高精甲醇的稳定性。

二、防止精甲醇加水浑浊

水溶性（也称为浑浊度）是指精甲醇产品加水后出现浑浊现象。精甲醇的质量指标要求与水任意混合不显浑浊。当精甲醇中含有不溶或难溶于水的有机杂质时，加水后，这些杂质呈胶状微粒形式析出，从而出现浑浊现象。

影响精甲醇加水浑浊的杂质有两类，现介绍如下。

第一类杂质是在精馏塔顶部的初馏物中，当在初馏物中加水后，溶液分为两层，对上层油状物进行分析，大致组成见表5.16。

表 5.16　预蒸馏塔初馏物中油状物组成

名称	戊烷	己烷	庚烷	C_8异构烷烃	辛烷	C_9异构烷烃	壬烷	C_{10}异构烷烃	癸烷	已知组分	未知组分
含量/%（质量）	0.26	1.16	3.18	1.10	5.75	2.55	12.00	3.74	42.1	71.8	28.2
沸点/℃	36.1	68.7	98.4		125.6		150.7		174		

这类杂质的沸点绝大部分比甲醇的高，它们被带至预精馏塔的顶部，主要是由于与甲醇形成共沸物，共沸物的沸点比甲醇的沸点低，见表5.17。实验表明，将上层油状物配制到试剂甲醇中，当含量为0.006 0%时，加水不浑浊；当含量为0.008 0%时，加水后微浑浊，说明精甲醇中对这些杂质的含量只差20 mg/kg，即由加水不浑浊降为加水浑浊。显然这类杂质对产品水溶性的影响是显著的。

表 5.17　甲醇−烷烃形成恒沸物的沸点和组成

共沸体系	烷类沸点/℃	实验值			文献值		
		共沸温度/℃	共沸组成/%（质量）		共沸温度/℃	共沸组成/%（质量）	
			甲醇	烷烃		甲醇	烷烃
甲醇−异戊烷	31	24.2	4.4	95.6	24.5	4.2	95.8
甲醇−戊烷	36.1	30.1	6.3	93.7	31	6.2	93.8
甲醇−己烷	68.7	49.3	28.4	71.6	50.6	28.9	71.1
甲醇−庚烷	98.4	58.8	49.4	50.6	60.5	61.0	39.0
甲醇−异辛烷	109.8	58.3	51.0	49.0			
甲醇−壬烷	150.7	63.9	88.1	11.9			
甲醇−癸烷	174	64.3	98.8	1.2			

清除第一类杂质的手段主要是加强预精馏塔的操作，其方法与提高精甲醇稳定性的操作方法是相似的。首先，加水萃取精馏。由于这类杂质与甲醇形成共沸物的沸点与甲醇的沸点接近，很难分离，必须加水进行萃取精馏。生产实践表明，当精甲醇加水浑浊时，预精馏塔内萃取水量增加，加水量仍以15%～20%为宜。其次，温度的控制对产品水溶性有较大影响，因此，要根据合成粗甲醇反应条件的变化做相应的调整，把塔顶温度控制在一定范围内，一旦塔顶温度降低，就可能有此类杂质存在，应予以排除。

第二类杂质是在预精馏塔的釜液−含水甲醇中，常常可以明显地看到预精馏后的含水甲醇呈浑浊现象，这些使甲醇浑浊的杂质会浓集在主精馏塔的提馏段内，常漂浮在异丁基油馏分及塔釜残液之上，其组成见表 5.18。化学方法鉴定结果表明，其主要组成是 $C_{11}\sim C_{17}$ 的烷烃、$C_7\sim C_{10}$ 的高级醇，同时含少量的烯烃、醛、酮及有机酸。

表 5.18　主精馏塔提馏段油状物的特性和组成

外观	相对密度 d_4^{10}	沸程/ ℃	$C_{11}\sim C_{17}$ 的烷烃/%	$C_7\sim C_{10}$ 的醇类及其他/%
黄色油状	0.783	160～310	84	16

　　要清除第二类杂质，主要是控制好对主精馏塔的操作，与提高精甲醇稳定性的操作也颇为相似。首先，要严格控制塔内的各操作条件，特别是精馏段内的灵敏板温度，可以避免重组分上升至塔顶。重组分上升，就可能将第二类杂质带至精甲醇中。其次，在提馏段内应坚持采出重组分——异丁基馏分，同时可将第二类杂质一并排出。此外，在塔釜残液中，也可带出一部分第二类杂质。

　　一般来说，在精馏过程中通过操作提高精甲醇稳定性的同时，也清除了使精甲醇加水浑浊的有机杂质。

三、防止精甲醇水分超标

　　精甲醇质量标准（GB 338—2011）要求水分含量<0.1%；但针对不同的用户，各生产厂家对精甲醇产品也制定了内控的不同要求，有控制水分<0.08%的，也有控制水分<0.05%的。

　　从工艺方面分析，回流比小，重组分上移，则会造成水分超标。此种情况下，则应加大回流比，并控制好精馏段灵敏板温度。

　　从设备方面分析，主精馏塔的回流冷凝器泄漏或精甲醇采出冷却器泄漏均会使精甲醇水分超标，这就需要判断是冷凝器泄漏还是冷却器泄漏造成的。查冷凝器是否泄漏的方法之一是测回流液中的水分和密度，对证实泄漏的设备，应予以停车堵漏。

　　主精馏塔内件损坏、分离效率降低，也会使精甲醇中水分含量增加，此时加大主精馏塔回流比是临时补救措施。

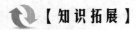【知识拓展】

甲醇精馏操作规程

一、开车（原始开车、系统大修后的开车）

1. 准备工作

　　① 检查设备是否具备开车条件，并联系电气、仪表人员检查所有电气、仪表，各泵送电、盘车、试车，工艺配合各调节阀调试完毕。

　　② 系统试气后，气密性合格，氮气置换合格，氧气含量 0.5%。

　　③ 工艺检查循环水、脱盐水、0.5 MPa 低压蒸汽、氮气等接至界区并具备开车条件。

　　④ 关闭各塔、槽、泵、管道的导淋及低点放净，关闭各放空阀、取样阀及各氮气充压阀。

⑤ 打开各压力表的根部阀，检查压力表、温度表、安全阀完好。

⑥ 调整好回水阀门，并调整好冷却器水槽水位。

⑦ 打开各调节阀、流量表前后切断阀，关闭副线阀，控制室人员将阀位手动打至关闭位置。

⑧ 检查 N_2 保护装置是否完好，并投用。

⑨ 碱液槽中配制好碱液，排放槽建立 30%液位。

⑩ 检查关闭预塔进料总阀。

2. 预塔开车

① 预塔建液位，将粗甲醇经进料总阀送至预塔。

② 当预塔液位达 50%时，控制进料量，先将预塔再沸器开小副线暖管后，开启预塔再沸器蒸汽总阀，控制室人员手动控制缓慢通入蒸汽进行升温。应注意加强与现场巡检岗位的联系，做好配合，保持再沸器液位的稳定，并在 80%稳定时投自动。

③ 当塔压升至 0.003 MPa 后，不凝气排至排放槽。

④ 当回流罐液位达 30%时，开启预塔回流泵向预塔内打回流，在液位 30%时投自动。

⑤ 根据回流液的温度，调整进水回水阀的开度。

⑥ 启动碱液泵送碱液，保持塔底的 pH 为 7～9。

3. 加压塔、常压塔的开车

① 当预塔建立正常的回流后，开启预后甲醇泵，向加压塔进料，当加压塔建立 50%液位后，（经暖管后）打开加压塔再沸器蒸汽阀，缓慢通入蒸汽，将再沸器投入使用（转化气再沸器的投用），加压塔底缓慢升温，并将塔釜液位逐步升至 80%投自动。

② 常压塔建液位，向常压塔进料，在液位达到 80%时打自动。从常压塔排出的精馏残液经五合一冷却器冷却后，送往生化处理。

③ 此时应调整各塔的进料量，保持各塔液位的稳定，忌顾此失彼。稳定的原则：从前向后，逐步稳定。

④ 当加压塔的压力升高后，控制塔压在 0.55 MPa。

⑤ 当常压塔的压力升高时，控制塔压在 0.04 MPa。

⑥ 当加压塔回流罐达到 30%液位时投自动，开启加压塔回流泵向加压塔内打回流，适时采出部分甲醇送粗甲醇储槽打循环。

⑦ 当常压塔回流罐达到 30%液位时投自动，开启常压塔回流泵向常压塔内打回流，适时采出部分甲醇，适时采出杂醇油送至杂醇储槽。

⑧ 及时调整三塔的工艺参数，使之达到工艺指标。在开车后，每半小时取样分析。当连续两次取样分析确认采出精甲醇质量合格后，将精甲醇采出改至精甲醇中间槽。

二、停车

1. 长期停车

① 当接到车间的停车指令后，停止向预塔进料，停碱液泵，关闭入工段进料总阀及 FV40503 前后切断阀。

② 将加压塔、常压塔的采出切到粗甲醇。

③ 关闭预塔再沸器蒸汽调节阀、加压塔再沸器转化气进口阀，LV–40513 打手动，关闭

蒸汽调节阀并打为手动。

④ 各回流槽液位降至 5%～10% 时，停回流泵，必须确保各塔回流泵不得抽空。

⑤ 常压塔塔底甲醇残液经五合一冷却器冷却后，送往地下槽打回粗甲醇槽。

⑥ 向加压塔送液，当液位降至低限 5%～10% 时，停泵。

⑦ 当液位降至 0 时，停止向常压塔送液。

⑧ 关闭预塔馏分和杂醇油采出的调节阀或流量表的前后切断阀。

⑨ 排塔和排净：通过各塔、槽、泵、管道的低点放净阀逐步将甲醇排入地下槽。

⑩ 关闭上水回水阀。

⑪ 关闭加压塔、常压塔的压力控制阀，视情况充 N_2 进行保护，不得出现负压。

⑫ 精甲醇中间槽液位降至低限后停泵。

⑬ 视情况将调节阀打至手动关闭位置，各塔进行充 N_2 保压。

2. 短期停车

① 停止进料。停进料泵，关闭入工段进料总阀，将加压塔及常压塔采出切至地下槽。

② 关闭蒸汽总阀前后切断阀。

③ 停泵。

④ 各调节阀打至手动且关闭。

⑤ 各塔、槽充 N_2 保护，保持正压。

3. 紧急停车

遇到爆炸着火、管道断裂、设备严重损坏、造成跑液漏汽等情况，人不能近前处理，或断电、断蒸汽、断循环水、断气等情况，应做紧急停车处理。

① 立即切断再沸器的蒸汽入口阀或切断阀。

② 立即停泵。

③ 关闭加压塔、常压塔的塔压控制阀。

④ 迅速查明原因或进行有效的隔离，防止事故的扩大或蔓延，各塔要保持正压。

⑤ 应同时向调度室和车间汇报。

三、不正常现象及处理

1. 断电

现象：所有泵停车。

处理：按紧急停车步骤处理。

2. 断循环水

现象：各塔塔顶突然超温超压，安全阀起跳。

处理：按紧急停车步骤处理。

3. 断蒸汽

现象：各塔塔温、塔压陡降，塔釜液位陡涨。

处理：按紧急停车步骤处理。

4. 断仪表空气

现象：各调节阀控制失灵。

处理：① 关闭各调节阀前后切断阀，各调节阀由自动切手动。

② 按紧急停车步骤处理。

5. 再沸器漏

现象：塔釜温度升高，压力上升，采出含水量陡增。

处理：若系统无法维持工艺指标和产品质量标准，应采取正常停车处理，进行检修。

6. 预塔塔底液位低的原因和处理方法

原因：① 入料量小；② 蒸汽量大，引起液泛；③ 加压塔入料量大；④ 粗醇泵故障；⑤ 液位指示失灵；⑥ 合成闪蒸槽排液量小。

处理：① 增大入料量；② 减小蒸汽量；③ 减小加压塔入料量；④ 倒备泵；⑤ 检查仪表；⑥ 与合成岗位联系，增大闪蒸槽排液量。

7. 预塔液泛的原因和处理方法

原因：① 入料量大，蒸汽量大；② 塔内设备问题；③ 回流量小。

处理：① 减小入料量，减小蒸汽量；② 检修预塔内部；③ 增大回流量。

8. 预塔淹塔的原因和处理方法

原因：① 入料量大，蒸汽量小；② 加压塔入料量小；③ 回流量过大。

处理：① 减少入料量，增大蒸汽量；② 增大加压塔入料量；③ 减小回流量。

9. 放空管喷醇的原因和处理方法

原因：① 蒸汽量大；② 萃取水不足；③ 水冷效果不佳；④ 回流量小。

处理：① 减小蒸汽量；② 加大萃取水量；③ 改善冷却效果；④ 增大回流量。

10. 预塔入料困难的原因和处理方法

原因：① 蒸汽量大；② 泵叶轮损坏；③ 粗醇槽抽空；④ 入料管线过滤器阻塞。

处理：① 减小蒸汽量；② 倒备泵；③ 倒粗醇槽；④ 清理管线与过滤器。

11. 预塔塔底温度低的原因和处理方法

原因：① 蒸汽量小；② 萃取水量过大。

处理：① 加大蒸汽量；② 适当减少萃取水量。

12. 预塔回流温度低的原因和处理方法

原因：① 蒸汽量小；② 循环水大。

处理：① 加大蒸汽量；② 减少循环水。

13. 预后醇比重过大过小的原因和处理方法

原因：萃取水量不均。

处理：减小或增大萃取水量。

14. 预后醇 pH 不在 7 ~ 9 的原因和处理方法

原因：加碱液量过大或过小。

处理：减小或增大碱液量。

15. 加压塔塔底液位底的原因和处理方法

原因：① 蒸汽量大；② 加压塔入料量小；③ 回流量小；④ 采出量大；⑤ 加压塔入料泵故障；⑥ 液位计失灵。

处理：① 减小蒸汽量；② 增大加压塔入料量；③ 增大回流量；④ 减小采出量；⑤ 倒备泵；⑥ 检查仪表。

16. 加压塔液泛的原因和处理方法

原因：① 入料量大、蒸汽量大；② AA 级精甲醇采出量小；③ 常压塔入料量小。

处理：① 减小入料量，减小蒸汽量；② 增大 AA 级精甲醇采出量；③ 加大常压塔入料量。

17. 加压塔淹塔的原因和处理方法

原因：① 入料量大、蒸汽量小；② 加压塔塔内设备损坏；③ 回流量大。

处理：① 增大入料量、减小蒸汽量；② 检修加压塔内部；③ 减小回流量。

18. 加压塔回流量小的原因和处理方法

原因：① 蒸汽量小；② AA 级精甲醇采出量大；③ 循环水量小；④ 常压塔入料量大。

处理：① 增大蒸汽量；② 减少 AA 级精甲醇采出量；③ 增大循环水量；④ 减小常压塔入料量。

19. 加压塔提馏段温度升高的原因和处理方法

原因：① 采出量大；② 回流量小；③ 入料量小；④ 蒸汽量大；⑤ 常压塔入料量大。

处理：① 减小采出量；② 提高回流比；③ 增大入料量；④ 减小蒸汽量；⑤ 减小常压塔入料量。

20. 加压塔入料温度低的原因和处理方法

原因：① 蒸汽量小；② 预后温度低。

处理：① 增大蒸汽量；② 增大预塔再沸器的蒸汽量。

21. 加压塔塔底温度低的原因和处理方法

原因：① 蒸汽量小；② 常压塔入料量小；③ 加压塔入料量大；④ 回流量大。

处理：① 加大蒸汽量；② 增大常压塔入料量；③ 减小加压塔的入料量；④ 减小回流量。

22. 常压塔塔底液位低的原因和处理方法

原因：① 加压塔塔顶采出量大；② 常压塔入料量小；③ 残液排放量大；④ 回流量小；⑤ GB 级精甲醇采出量大；⑥ 杂醇油采出量大；⑦ 液位指示失灵。

处理：① 减小塔顶采出量；② 增大入料量；③ 减小残液排放量；④ 增大回流量；⑤ 减小精甲醇采出量；⑥ 减小杂醇油采出量；⑦ 检查仪表。

23. 常压塔液泛的原因和处理方法

原因：① 入料量大，加压塔塔顶采出量大；② 塔内设备问题；③ 回流量小。

处理：① 减小入料量，减小加压塔塔顶采出量；② 检修塔内设备；③ 增大回流量。

24. 常压塔淹塔的原因和处理方法

原因：① 入料量小、加压塔塔顶采出量小；② GB 级精甲醇采出量小；③ 残液排放量小；④ 回流量大；⑤ 杂醇油采出量小。

处理：① 增大入料量、增大加压塔塔顶采出量；② 增大 GB 级精甲醇采出量；③ 增大残液排放量；④ 减小回流量；⑤ 增大杂醇油采出量。

25. 常压塔回流量小的原因和处理方法

原因：① 常压塔塔顶采出量小；② GB 级精甲醇采出量大；③ 循环水量小；④ 加压塔塔顶采出量小；⑤ 常压塔入料量大。

处理：① 增大常压塔塔顶采出量；② 减小 GB 级精甲醇采出量；③ 增大循环水量；④ 增大加压塔塔顶采出量；⑤ 减小常压塔入料量。

26. 常压塔精馏段温度升高的原因和处理方法

原因：① GB 级精甲醇采出量大；② 回流量小；③ 入料量大；④ 加压塔塔顶采出量大；⑤ 残液排放量大；⑥ 杂醇油的采出量大。

处理：① 减小 GB 级精甲醇采出量；② 增大回流量；③ 减小入料量；④ 减小加压塔塔顶采出量；⑤ 减小残液的排放量；⑥ 减小杂醇油采出量。

27. 常压塔塔底温度低的原因和处理方法

原因：① 回流量大；② GB 级精甲醇采出量小；③ 常压塔入料量小；④ 残液排放量小；⑤ 加压塔塔顶采出量小；⑥ 杂醇油的采出量小。

处理：① 减小回流量；② 增大 GB 级精甲醇采出量；③ 增大常压塔入料量；④ ⑤ 减小残液排放量；⑥ 增大杂醇油的采出量。

🔄 **【自我评价】**

一、填空题

1. 气液平衡是靠在每块塔板上气液互相接触进行_____和_____来实现的。

2. 塔釜温度过低，会使塔板上的液相量_____，蒸汽量_____，釜液量_____，甲醇组分_____，顶部甲醇量_____。

3. 精馏操作主要是通过调节的手段，维持好_____、_____、_____三个平衡，掌握好_____、_____、液面、流量及组成的变化规律及其相互的有机联系。

4. 只有气液平衡稳定，且每块塔板上建立在一定的气液组成的变化，首先由_____很敏感地反映出来。

5. 精馏塔顶温度升高，则说明塔顶_____增加，使甲醇的_____和_____值超标。

6. 由于塔中部的温度与浓度变化较大，对于塔中部的某块塔板，当物料平衡一旦破坏，此处塔温反应最灵敏，这块塔板则称为_____。

二、判断题

1. 精馏与蒸馏的区别在于"回流"，包括塔顶的液相回流与塔釜的部分汽化造成的汽相回流。　　　　　　　　　　　　　　　　　　　　　　　　　　　（　　　）

2. 精馏塔的负荷调整，是指调整回流量。　　　　　　　　　　　　　　（　　　）

3. 在精馏操作中，在生产负荷不变的前提下，提高回流量，就是提高回流比。（　　　）

4. 精馏塔热平衡微调整，通常采用调整回流量来实现。　　　　　　　　（　　　）

三、选择题

1. 精馏过程重组分在逐板下降的液相中轻组分（　　　）。

A. 越来越多　　　　　B. 越来越少　　　　　C. 不变　　　　　D. 先少后多

2. 稳定精馏操作的基础平衡是（　　　）平衡。

A. 物料　　　　　B. 热量　　　　　C. 气液相　　　　　D. 回流和采出

3. 精馏操作最终达到的平衡是（　　　）平衡。

A. 气液相　　　　　B. 热量　　　　　C. 物料　　　　　D. 回流和采出

4. 精馏操作过程中，塔内气相和液相在每一层塔板上都进行着（　　　）过程。

A. 传热不传质　　　　　　　　　　　　B. 传质不传热

C. 传热又传质　　　　　　　　　　　D. 既不传热，也不传质

5. 精馏塔回流比可以通过调整（　　　）参数而实现。

A. 塔压　　　　　B. 塔釜液位　　　　C. 塔温　　　　　D. 入料量

6. 精馏系统加碱的目的是（　　　）。

A. 防止设备腐蚀　　　　　　　　　　B. 调整塔压

C. 调整产品质量　　　　　　　　　　D. 脱除粗甲醇中的杂质

7. 要调节精馏塔操作压力，一般是（　　　）。

A. 调整回流量　　　　　　　　　　　B. 提高塔釜液位

C. 调整采出量　　　　　　　　　　　D. 降低塔釜液位

8. 提高精馏塔塔顶温度，一般（　　　）。

A. 调整采出量　　　　　　　　　　　B. 调整塔釜液位

C. 调整回流量　　　　　　　　　　　D. 调整加热蒸汽量

9. 精馏操作中，增加回流比的方法是（　　　）。

A. 减少采出量　　　　　　　　　　　B. 增加入料量

C. 减少回流量　　　　　　　　　　　D. 增加回流量

四、简答题

1. 简述回流比大小对精馏操作的影响。

2. 灵敏板温度控制的意义是什么？

3. 精馏塔塔顶采出量对精馏操作的影响是什么？

4. 五种进料状态对精馏操作的影响是什么？

5. 精甲醇产品常见的几种质量问题是什么？